U0192311

成都市规划设计研究院
成都市环境保护科学研究院 著

RESEARCH AND PRACTICE OF VENTILATION CORRIDORS PLANNING

通风廊道规划探索与实践

中国建筑工业出版社

图书在版编目（CIP）数据

通风廊道规划探索与实践 =Research and practice of ventilation corridors planning / 成都市规划设计研究院，成都市环境保护科学研究院著 .—北京：中国建筑工业出版社，2020.11
ISBN 978-7-112-25289-3

Ⅰ.①通… Ⅱ.①成… ②成… Ⅲ.①城市规划—空气流动—研究—成都 Ⅳ.① TU984.271.1

中国版本图书馆 CIP 数据核字（2020）第 114913 号

责任编辑：毋婷娴
责任校对：王 烨

本书以成都市通风廊道规划探索与研究为基础，运用气象学技术、环境科学技术、空间分析等定量研究方法，创新构建风源空间分布评估模型、冷热源空间分布评估模型，实现大气环境特征与地理空间的精准关联，其中风源空间评估核心技术方法属国内首创。本书在城市风道系统构建与规划建设管控方面形成突破性创新成果，在自然资源保护与利用规划实践中具有广泛的推广应用价值，可为其他城市通风廊道规划与实践提供方法与案例借鉴。

本书研究内容总体基于“成都市风道系统构建与规划建设管控研究”形成，该项目获得2019年度全国优秀城市规划设计奖二等奖。

通风廊道规划探索与实践
Research and practice of ventilation corridors planning
成都市规划设计研究院
成都市环境保护科学研究院 著

*

中国建筑工业出版社出版、发行（北京海淀三里河路9号）
各地新华书店、建筑书店经销
北京方舟正佳图文设计有限公司制版
天津图文方嘉印刷有限公司印刷

*

开本：889毫米×1194毫米 1/16 印张：16¾ 字数：354千字
2021年2月第一版 2021年2月第一次印刷
定价：198.00元
ISBN 978-7-112-25289-3
(36074)

编委会成员

主　　　编： 曾九利　汪小琦　杨斌平

副　主　编： 沈莉芳　谭钦文　杨　潇　阮　晨　唐　鹏　丁　睿

执行主编： 高　菲

编委

课题承担单位： 成都市规划设计研究院

编　写　成　员： 高　菲　肖竹韵　周姝雯　杜明阳　梁明瑗　曹　塽　吴长江　贾晓萌　刘　欣　于儒海　王　玲　张　诚

课题参与单位： 成都市环境保护科学研究院

编　写　成　员： 陆成伟　杨欣悦　宋丹林　张恬月

序

人与自然和谐共生是人类社会发展的永恒主题，“生态兴则文明兴”揭示了生态环境变化直接影响文明兴衰演替的自然铁律，“良好生态环境是最普惠民生福祉”诠释了生态文明建设满足人民美好生活需求的价值归依，也为城市环境治理提供了实践遵循。党的十八大以来，生态文明建设和绿色发展已上升到国家战略高度，党的十九大报告进一步明确提出要坚决打好污染防治攻坚战。打赢蓝天保卫战，解决当前快速发展中突出的大气环境问题，已经成为生态文明建设的重大议题，也成为维护城市良好环境质量的重要保障。

成都市地处青藏高原盆地，大气环境具有风速小、湿度大、云雾多、日照少的气象特征，“蜀犬吠日”传说即是成都大气环境容量先天不足的写照。从大气污染形成机理来看，四川盆地产业复杂，污染排放强度大，大气污染过程具有区域性、复合性和多变性，守护“成都蓝”困难重重；在外因不利的情况下，成都的自身努力就显得尤为重要。当下大气污染的基础理论和防治技术日新月异，成都充分利用了各种先进科技手段，不断探索科学治气、精准治气、依法治气之路，释放四大结构调整的污染减排潜力、提升重点源、敏感源的治理效率，深化区域联防联控，全力以赴打好大气污染防治攻坚战。在城市规划领域，成都长期坚持“以气定形”的营城理念，通过用地结构调整、用地布局优化等多种手段来促成更佳大气环境的城市空间格局、布局和形态，为大气污染防治贡献城市智慧。《通风廊道规划探索与实践》一书正是基于这一系列研究和实践探索经验总结形成的最新集成。通过理论分析，针对高静风频率城市特征提出了通风廊道体系构建的原则及系统方法。在空间规划逻辑指导下，运用环境科学技术、地理信息系统及数理统计分析，形成了多专业融合的重大突破，实现了风源空间的量化评估，并就其实践运用开展了多个层面广泛深入的探索，这些跨界的理论和方法探索将是长期做好大气污染治理工作的基础和关键。当前，通风廊道保护与建设已成为国内特大城市的共识，希望本书的研究成果可以为各地大气污染治理、通风廊道规划建设提供理论基础和方法借鉴，为以实现城镇村与山水林田湖草和谐共生为目标的空间规划治理提供思路方向。

从公园城市首提地到践行新发展理念的公园城市示范区，新时期的成都肩负着新的历史使命，要以独特生态本底为城市可持续发展探路，通风廊道是其中重要一环。相信风道能够成就这座城市亘古不变的风雅，构筑公园城市的最美底色，回应人民对美好生活的向往。同时，也相信未来将有更多城市投入到更多新领域的探索中来，以科技创新引领大气污染防治进入到精准管理的新阶段，让风爽、气清、天蓝成为中华大地的普遍气质。

张远航

2020 年 11 月 16 日

张远航，中国工程院院士，北京大学环境科学与工程学院教授

前言

党的十八大以来，党中央做出“大力推进生态文明建设”的战略决策，将生态文明建设纳入中国特色社会主义事业“五位一体”总体布局，“建设美丽中国”成为实现中华民族伟大复兴中国梦的重要内容。党的十九大报告进一步明确指出，要着力解决突出环境问题，其中首要的一条即明确表示“坚持全民共治、源头防治，持续实施大气污染防治行动，打赢蓝天保卫战”。2013 年国务院印发的《大气污染防治行动计划》是我国大气污染防治历程上的标志性文件，为我国大气污染防治工作明确了中心思想及行动方向。其中一条明确提出“科学制定并严格实施城市规划，强化城市空间管制要求和绿地控制要求，规范种类产业园区和城市新城、新区设立和布局，形成有利于大气污染物扩散的城市和区域空间格局”。合理构建通风廊道，形成良好的城市通风环境，促进空气流动，降低空气污染，成为近年来规划界研究讨论的热点问题。

由于特殊的地理气象条件，成都是典型的高静风频率城市，大气污染扩散条件差；同时成都又是一个拥有 1 600 万常住人口的特大中心城市，大气环境问题成为实现城市高质量发展的一个亟待解决的问题，需要加大投入、主动作为。近年来，成都市通过持续深入实施“铁腕治霾”，大力推进大气污染防治 650 工程，已经在大气环境质量改善方面取得了一定成绩。2018 年 2 月，国家领导人在成都首次提出公园城市理念；2020 年 1 月，中央财经委员会第六次会议明确提出支持成都建设践行新发展理念公园城市示范区。在新的发展目标指引下，需要成都市进一步提升大气环境质量，让蓝天碧水成为城市的永久风景，让市民在城市里也能“望得见山、看得见水、记得住乡愁”。

从城市规划角度，结合城市特征探索通风廊道体系科学构建方法，将通风廊道体系作为城市自然生态格局中的重要要素，造就山水田林湖城有机融合的生命共同体，是城市可持续发展必须遵从的原则，是建设践行新发展理念公园城市示范区的重要体现。成都市规划设计研究院自 2012 年开始，对城市通风廊道体系开展了持续深入的研究。基于对成都大气环境特征及生态环境问题的认识，在《成都市生态保护总体规划》中首次提出将通风廊道作为一个重要自然资源要素，形成了“两山两环，两网六片”的总体生态格局，其中“六片”主要承载城市组团间隔离通风的功能。在 2016 年修编《成都市城市总体规划（2016—2035 年）》时，按照“以气定形”控制城乡形态和城镇组团布局的基本原则，与北京市气候中心、中国城市规划设计研究院合作，开展成都市通风廊道构建专题研究。结合宏观气象模型模拟结果，初步划定了中心城区“6+X”的两级通风廊道体系，并从高度、密度等方面对风道内的建设提出了管控要求。为进一步提高通风廊道划定的科学性与准确性，将通风廊道作为城市空间结构调整的重要影响因素，加强对通风廊道的管控，自 2017 年到 2019 年，由成都市规划设计研究院牵头，联合成都市环境科学研究院，成立课题组持续深入地对通风廊道体系开展研究。通过学科跨界，融会贯通，针对高静风频率城市特征，探索了通风廊道体系构建的理论方法，在既有基础上优化完善形成了三级通风廊道体系；创新探索出应用于城市空间规划的风源和冷热源空间分布量化评估方法，开创了城市规划全新评估角度；在此基础上，综合应用 ArcGis 空间分析技术及 CFD、Envi-Met 等仿真模拟工具，就通风廊道体系对城市规划建设中的实践运用开展了广泛深入的探索，在规划方案的生成和优化比选中发挥了重要的技术支撑作用，将尊重自然、科学筑城、促进城市与自然和谐共生的理念贯彻到了各类规划实践中。

本书对成都市多年来在通风廊道方面研究形成的突破创新方法、规划探索及实践经验进行了系统梳理总结。本书共分为 8 章内容：第 1 章概述了通风廊道的相关理论及国内外的研究与实践经验；第 2 章介绍了成都市大气环境特征，明确了成都市构建通风廊道的现实意义；第 3 章介绍了成都市通风廊道规划的总体思路及探索历程；第 4 ～ 6 章详细阐述了综合运用多学科前沿技术，创新性构建适用于城市规划领域的大气环境空间量化评估模型的具体方法，以及考虑新旧城不同特征构建通风廊道体系的具体技术方法；第 7 章对通风廊道研究成果在不同类型城乡规划实践中的应用方向进行了梳理总结，以具体情景分析的方式展示了相关技术方法在指导城乡规划实践中发挥的科学支撑作用；第 8 章以专题形式详细介绍了通风廊道规划中涉及的环境科学领域的技术支撑。希望本书可以为通风廊道相关的各类规划实践提供借鉴和参考。

成都市自古以来，就有顺天应时的筑城思想，4500 余年前，古蜀先民趋“山形地势之利”、避“泽国水患之害”，开创了辉煌灿烂的古蜀文明；战国时期，张仪“因地相宜、立基高亢”修筑成都城，书写了 2300 余年城名未改、城址未迁的城市发展传奇。今天，在生态文明观的指导下，我们更有信心利用现代科学方法，通过合理构建通风廊道，塑造人与自然和谐共生的城市形态，促进大气环境改善，守护好城市的蓝天白云，为建设践行新发展理念公园城市示范区奠定坚实基础！

目录

第 1 章　通风廊道概述

Chapter I

Overview of Ventilation Corridors

Gallery

1.1 相关概念与理论

1.1.1 相关概念辨析

“风场”，环境科学术语，是指风向、风速的分布状况，分为水平风场和空间风场两种。风呈水平分布的称为水平风场，简称“风场”。风垂直分布的场称为空间风场。风场可显示气流的物理特性，不同的风场可表现不同的天气过程。

“风环境”是指室外自然风在城市地形地貌或自然地形地貌影响下形成的受到影响之后的风场。现阶段风环境最主要在建筑设计和城市规划的科学领域中被研究。

“城市通风廊道”一词源自德语的“ventilationsbahn”，由“Ventilations”和“Bahn”组成，分别是“通风”和“廊道”的意思。除“通风廊道”外，我国亦有“通风走廊”“绿色风廊”“楔形绿地”“绿色廊道”等相近似的说法；其作用均是为提升城市空气流通能力、缓解城市热岛、改善人体舒适度、降低建筑物能耗，并改善局地气候环境等。

香港于 2006 年首次在城市规划中明确城市通风廊道的定义及功能，在《香港规划标准与准则》第十一章城市设计指引中明确：“通风廊应以大型空旷地带连成，例如主要道路、相连的休憩用地、美化市容地带、非建筑用地、建筑线后移地带及低矮楼宇群；贯穿高楼大厦密集的城市结构。通风廊应沿盛行风的方向伸展；在可行的情况下，应保持或引导其他天然气流，包括海洋、陆地和山谷的风，吹向已发展地区。”

近年来，随着通风廊道的广泛应用，“通风廊道”的概念变得更为广义化，有学者提出“通风廊道”在城市规划中的应用和实施，是一个将开敞空间、绿地、林地、水系、山体和城市建设综合考虑的生态规划与设计过程，可通过控制用地功能、限制建设开发强度、确定街道走向和建筑布局，连接开敞空间和绿地形成风道网络。其空间形态可以为“点、线、面”的结合。

综上所述，城市通风廊道主要指利用江河、湖泊、山谷等自然通风道和人工建立的绿地、水体以及城市主干道来引导城市空气流动、改善城市空气品质的规划技术手段。城市通风廊道合理的布置对于确保城市局地空气流通、加快城乡空气交换有着重要的作用，能达到降低城市热岛、提高人体舒适感的效果，已成为城市规划和建设中必不可少的考虑因素。

1.1.2 相关理论

自古以来，通风廊道的思想就影响着城市的规划和建设。例如，在中国古代城市选址和城市建设中，“依山傍水”理念强调借助山风和河风的地利因素，营造城市的通风环境，“挡风聚气”则是古人对于季风环境在城市布局上的解读。

1）局地环流理论

在现代通风廊道的研究中，德国学者克瑞斯（Kress）根据局地环流的运行规律提出了下垫面气候功能的评价标准，主要是从气候的角度对城市空间的功能作用进行分类，将城市通风系统分为作用空间、补偿空间与空气引导通道。

其中作用空间指需要改善风环境或降低污染的地区；补偿空间指产生新鲜空气或局地风系统的来源地区；而空气引导通道是指将空气由补偿空间引导至作用空间的连接通道，即风道。

（1）作用空间

作用空间是以城市核心区为中心向四周逐步扩展的区域。在城市空间中通常指的是存在热污染或空气污染的建成及待建区域，主要是指以城市中心为原点、周边城市化比较严重的区域。

此类区域是城市通风道建设的重点和难点。由于城市空间结构不能轻易变更，因此只能采取对下垫面进行适当改造作为补救措施。城市通风的主要驱动力为城市风压差和城市热压差。对于作用空间（即城市建成区及待建区）来说，提高接纳能力，促进空气流通，主要涉及的是城市风压差。城市风压差主要缘于城市环境中的建筑格局的影响，城市环境中在建筑迎风面和背风面会产生较大的压力差值，因此在独体建筑周围会形成一定的风影区；在群体建筑中则容易形成“狭管效应”，形成基于建筑格局的局地疾风区和局地静风区，从而影响城市环境中的自然通风效能。为提高自然通风能力，从水平结构上，应合理降低建筑密度，相当于将带状结构或网状结构转变为有机分布的散点，从而有效地使空间分割转变为空间的镶嵌，扩大气体环流的作用空间；垂直结构上，宜将高层建筑与低层建筑有机结合，形成具有一定高度的通风道。

在作用空间中，最为密闭、对空气流通影响最大的应为建筑空间（除此之外还包括道路布局、绿地系统结构及自然气候因素等），因此，完善建筑布局是促进城市通风道建设的重要方面。除此之外，还可在以下几个方面采取措施：选择热容较小的表面材料以缓解热污染；避免污染物排放、控制污染源以缓解空气污染问题；扩大补偿气团在作用空间中的影响范围、提高静风天气下冷空气的穿透性，以促进补偿气团发挥气候调节功能。

（2）补偿空间

补偿空间，即气候生态补偿空间，附属于某个毗邻的作用空间，作用空间中的热污染与空气污染能够基于两者的位置关系在与空气交换过程中得以缓解。

补偿空间通常直接紧邻作用空间，在城市空间中主要为四周生态区，未开发建设区域，以及两者之间的过渡地带，近郊林地和内城绿地均为理想的冷空气生成区域，是城市重要的热补偿空间。补偿空间在功能上应满足已建区与生态区的气流交换，使得补偿空间为作用空间提供新鲜、低温的清新空气，提高外围地带对核心区的净化、降温效率，以在整体上维护和加强城市系统的自我调节能力，保障系统气候的良性循环。

与补偿空间（生态补偿空间）相关性较大的是城市热压差，即城市环境中的热压梯度。城市环境由于其特殊的下垫面构成及城市内部的热源扩散而形成了城市热岛效应，即较大的热压梯度。研究表明，补偿空间减小热压梯度的效率与其位置、质量与面积有关。根据克瑞斯的研究，补偿空间可分为两类：一类是激发空气循环的补偿空间，其气候调节功能主要针对作用空间，即确保源源不断的冷空气流入作用空间；另一类是降低空气污染的补偿空间，主要针对补偿空间，即对流入作用空间的空气进行净化。结合补偿空间与城市热压差的关系，笔者将补偿空间划分为三类：生产的冷空气能够到达作用空间的冷空气生成区域；能够在日间提供适宜的生物气候条件的热补偿区域，如近郊林地、郊野公园等；能够改善空气卫生条件的大型内城绿地与公园。

（3）空气引导通道

空气引导通道，即通风廊道，指气流阻力很小的区域，即使在静风天气中也不会阻碍补偿气团由城郊补偿空间向市区的流动。根据运输气团及来源地的热力学特征与空气质量，空气引导通道被分为三类：通风通道、新鲜空气通道与冷空气通道。研究表明，冷空气通道是最应通过城市规划得以保护与发展的通风廊道。根据克瑞斯的研究，冷空气通道的气候调节功效取决于通道表面粗糙度、长度、宽度、边缘状态与障碍物等因素。在实际规划中则更倾向将通风廊道分为热诱导型通风廊道和地形诱导型通风廊道。

建立通风廊道的一个较为便利、经济的方法是利用城市公共空间，在满足城市公共活动的基础上，将城市通风道的功能融入其中。城市公共空间通畅性较好、污染相对较低且拥有改善空气质量、形成空气流动的植被，因此适合作为城市通风道。按城市的空间属性，城市通风廊道可以分为三类：道路型风道、绿地型风道和河道型风道。道路型风道指城市中的道路，包括快速路、主干路、次干路、支路以及城市慢行系统；绿地型风道包括城市公共绿地（公园、游憩林地）、防护林带、生产绿地、交通绿地以及市内或城郊的风景区绿地等，绿地型风道利于形成清洁空气，形成局地环流，改善周边风环境和空气质量；河道型风道是城市中的自然江河，水体的下垫面易形成局地环流－河陆风，对滨水区域的风环境具有良好的改善作用，尤其是静风频率较大的区域。

在城市通风廊道规划和建设中，往往要依据气象学者对城市本身的气候环境进行分析，再通过城市规划师将气候环境特征和城市三类城市通风廊道的分布及特征转化为规划语言，为城市规划建设提出管控和指引。

2）“城市形态学”理论

基于“城市形态学”的通风廊道构建方法，是对城市建成区的通风潜力评估，更接近于通风环境识别。其原理是根据空气动力学，在惯性参考系中，大气的运动主要受到重力、摩擦力、科里奥利力和气压梯度力影响，城市在实际建设过程中难以改变重力与科里奥利力，而气压差与地表粗糙度则会改变和影响大气运动。气压梯度力分为垂直气压梯度力和水平气压梯度力，由高压指向低压区。水陆风、地形风、热岛环流等风系统均由地表覆盖类型差异形成温差导致气压差；此外，建筑物高低遮挡产生前后气压差，也会形成空气流动。同时，近年城市大规模开发建设使地面粗糙度增大，阻碍了空气流动，风速随离地高度的降低而逐渐减小，形成垂直梯度风。通常绿地、水面、沙漠等的地表粗糙度相对较低，梯度风的垂直变化小；而城市中心区内往往建筑高大密集，导致地表粗糙度较高，使梯度风的垂直变化较快。

2001 年，阿道夫（Adolphe）借助 GIS 技术提出 “形态学法”（Morphologic），用于考察城市形态和小气候之间的关系。主要针对城市建成环境，用定量指标去描述城市风环境中影响城市通风的形态因素，主要包括密度、褶皱度、孔隙度、曲度、闭合度、紧凑度，等等。例如，褶皱度将建筑群视作一系列凸起障碍，这种高低起伏在宏观层面反映出城市的形态和肌理，城市褶皱度越高，通风潜力越低；孔隙度将城市形态描述为多孔的介质，空气穿过这些分布不均的孔隙时，速度受到相应影响，孔隙度越高，自然通风潜力（NVP）越高。而后，海斯（Hsie）于 2006 年借助 GIS 和 CFD 对谢菲尔德市的城市风环境进行分析和研究，提出了一套指引城市提高通风潜力的设计标准，以辅助城市绘制当地的城市气候图，同时 Hsie 对 Adolphe 针对城市风环境提出的形态衡量指标进行了拓展与优化，提出了建筑平均高度、建筑体积、建筑迎风面积密度、建筑表面积密度、街道高宽比等指标，并将这些因素与城市风压、风速等要素进行关联，分析其中的关系最终提出城市形态设计标准。

3）流体动力学理论

计算流体动力学（Computational Fluid Dynamics，简称CFD），以计算机为运行平台，对流体力学各类问题进行数值模拟分析。主要通过数值求解控制流体流动的微分方程来获取流体流动的流场在连续区域内的离散分布情况，从而对流体运动情况进行仿真模拟。英国人通（Thom）于 1933 年，首次运用手摇计算机数值对二维黏性流体偏微分方程进行求解，计算机流体动力学自此诞生。

目前，国内外对 CFD 软件的运用多集中在建筑单体及街区等较小尺度的风环境模拟分析，且已较为成熟，例如高层建筑单体设计建成对周边人行区域造成的风环境影响；街区内部的建筑群的组合形式、建筑高宽比、绿地和水体的规模及布局等对地块风环境、热环境及污染物浓度的影响。总体而言，大量基于 CFD 对于风环境的研究主要侧重于小尺度的分析和评价，对于整个城市范围风环境的分析研究较少，当前处于“小尺度建筑空间应用技术较为成熟，在不断向大尺度城市空间演变”的阶段。

1.2 国内外通风廊道的实践与探索

国外关于通风廊道的研究开始较早，自 20 世纪 50 年代起，德国已率先在城市环境气候等方面开展研究，确定了气候分析的基本原则，提出城市环境气候图概念，并将通风廊道研究应用在城市规划领域。从 20 世纪 80 年代中期开始，欧洲许多国家受德国的影响，如瑞士、奥地利、瑞典、匈牙利以及英国都相继开展了城市环境气候图研究；在德国和日本研究员的合作下，日本主要大城市如东京、大阪、神户、横滨、仙台先后开始环境气候图的研究，在亚洲处于领先地位。

国内对城市通风廊道研究起步相对较晚，随着城市大气环境污染日益严重，雾霾、城市热岛现象突出，20 世纪 80 年代开始，有研究提出“将新鲜空气引入城市”，将城市绿地系统作为改善城市气候条件的主要手段。2003 年，香港开展了对高密度城市环境下的《空气流通评估可行性研究》，研究建筑物对周边风环境的影响；在此基础上，于 2006 年开展了针对香港高密度城市环境的城市环境气候图研究，同时通过分析香港城市风环境状况，对城市整体与街区建筑层面实施风道建设的相关研究。该研究成果纳入了《香港规划标准与准则》，指导城市规划和设计。

由于每个城市气候特点和地形环境不一，产生的气候环境问题也各异，因此研究案例的侧重点也不尽相同，笔者选取了通风廊道实践最为成功的著名城市，以及近年来加快探索且与成都有类似特征（如空气污染严重、热岛效应等）的城市，作为案例借鉴的主要对象，总结通风廊道构建方法，力求为行业提供借鉴和参考。

1.2.1 通风廊道成功实践的经典城市

1）德国斯图加特

斯图加特作为高静风频率城市成功构建通风廊道的代表，其通风廊道体系对于类似城市尤其值得借鉴。

（1）基本情况

斯图加特市位于德国西南部，是德国南部巴登 - 符腾堡州的首府、德国第六大城市，人口 270 万。斯图加特气候温和，市中心四周被山环绕，位于盆地内部，由于地势原因导致城市常年弱风频率较高，市中心年平均风速仅为 1.5m/s，而周边高地地区的年平均风速为 2.5m/s。市中心的弱风环境以及地形特征引发了自然通风不畅和城市热岛效应，城市通风廊道建设成为缓解其气候环境问题的重要抓手。

斯图加特区的建设用地呈现以斯图加特市为中心，向外沿廊道放射布局的空间形态。高端生产性服务业在中心城市高度集聚，制造、应用创新、物流等非核心职能则主要分布在外围县市。

由于工业的高速发展和严重的交通污染，斯图加特曾被冠以德国“雾都”。为缓解弱风环境下的城市气候污染问题，20 世纪 70 年代，斯图加特率先将气候学知识应用于实际的土地利用规划中，构建城市通风系统。经过长期有效管控，以及合理的城市开发和建设，20 世纪 90 年代后，该市因良好的空气质量成为著名的“疗养胜地”。斯图加特市城市建设空间不断拓展、机动车数量持续增加，但大气污染物（CO、SO_2、NO、PM_{10}）含量却在此期间显著降低。

（2）体系特征

在斯图加特的通风廊道体系中，风是最珍贵的气候资源，故保护风源是通风廊道体系的核心和基本出发点。运用软件技术，建立了全域下垫面气候功能的评价标准，识别出作用空间、补偿空间和城市通风廊道。经分析，山区是自然风源的产生区域；城市边缘区是实现空气向城市中心区流动的主要区域，因此将山区、城市边缘区和城市中心区形成三个通风控制区，并且在城市边缘区识别出主要通风通道，划定为一级通风廊道；在城市中心区内通过土地利用调整构建冷热微循环，将冷热岛之间实现空气流动的廊道划定为二级通风廊道。

（3）通风系统构建

斯图加特环境气候研究以下垫面气候功能评价为基础，通过识别作用空间、补偿空间和通风廊道，利用冷空气气流，通过通风廊道将来自补偿空间的新鲜冷空气引入作用空间，缓解其中的热污染与空气污染。

第一，基于地形、现状建设和气候条件，初步识别补偿空间与作用空间，判断新鲜冷空气的来源地与目的地。斯图加特的作用空间主要集中在山谷，补偿空间为山顶与上风向的未开发区域。低密度、绿化好的山坡是大型补偿空间的扩展区域；林地、农业用地、城区以外的花园、绿带与市中心大型绿地则是冷空气来源区域。

第二，通过对静风条件下的冷空气流动状况模拟，找到所有可能存在补偿气流的区域，即所有可能建设城市通风廊道的区域。运用冷空气气流模型（KALM）模拟冷空气流动状况，将土地利用类型划分为密集建筑群、松散建筑群、森林、开放空间、水面五类，并采用土地利用类型、大气运动情况等参数作为模型修正参数，计算得到区域内的所有冷空气通道，即通风廊道。

第三，以日热力状况变化、地形位置、土地利用方式、污染物排放量等因素作为衡量指标，绘制精细气候区划图，确定城市热岛实际分布，判断最优补偿气流。经模拟结果分析，热污染在密集建设的老城、山谷西侧与东侧最严重，城市边缘大多较凉爽，山坡尚未受到污染或补偿气流能够发挥最佳的气候调节作用。

综合叠加以上要素，确定需优化的冷空气通道，绘制城市气候规划建议图，划定不同的作用区域，针对不同作用区域，提出相应规划措施，保障城市通风系统的效益最佳。

（4）分类、分级管控

通过上述确定的作用空间、补偿空间和通风廊道空间，针对城市中心区、城市边缘区和山区不同的气候环境条件，分别提出管控要求，保障通风廊道的最佳效益。

在城市中心区，以保护冷空气气流为核心，避免继续开发建筑群；扩大绿化植被面积，提升微气候，改善局部热环境，促进局部通风。

①建筑屋顶绿化。政府强制私有及商业建筑必须进行屋顶绿化，1986 年至今，已完成 30 万 m^2 的屋顶绿化面积。

②广场、市政设施绿化，如铁轨等。在城市边缘区，即山坡地带，出台《斯图加特市山坡地带规划框架指引》，以保留冷空气通风廊道为核心，减小热污染。

③保留现状绿地走廊。

④处于绿化网络或冷空气通道内的建设用地调整为公共绿地。

⑤依据建设用地所处区域对气候的显著影响程度，进行建筑高度、密度、用地铺装等控制。

⑥确定通风廊道宽度控制要求。

通道在某一方向上长度至少为 500m，最好能够达到 1 000m 以上；

通道宽度至少为边缘树林或建筑的 1.5 倍，最好达到 2 ～ 4 倍；

在任何情况下通道宽度不应小于 30m，最好达到 50m；

冷空气通道的理想通道为 400 ～ 500m，最小宽度为 200m；

通道要具备平滑均匀的边缘，即无大型建筑或植被突出物；

通道中障碍物垂直于气流流动方向的宽度应尽量小（≤ 10%× 通道总宽度），障碍物高度不超过 10m，相邻 2 个障碍物高度与水平间距的比值不应超过 0.1（建筑物）与 0.2（树木）。

在山区，以确保最优补偿气流为核心，保护未经开发的补偿空间。

（5）规划管理机制的建立

斯图加特的通风廊道规划体系得益于德国联邦政府对城市气候环境的重视。在德国，规划尺度和体系不尽相同，因此城市规划体系中要求在不同尺度进行气候环境评估，用于指导该尺度的规划建设。例如在德国联邦层面，有国家级气候地图，在斯图加特大区域层面，对应了中观尺度的气候地图（图 1-1）。可以看出，气候环境评估已进入常态化和体制化，成为城市规划的基本组成部分，用于指导规划建设和项目落地。

斯图加特城市通风道规划中，主要通过在城市全域范围内进行气候环境评估，综合考虑气候、现状建设、空气污染、土地利用类型等要素，城市层面建立栅格数据图集，通过模型软件分析出补偿空间、作用空间和通风廊道，将其与城市规划的土地利用空间进行叠加，提出分级管控策略，用于管控和指导城市规划建设。另外，德国已经建立全域的城市规划与气候环境评估对应体系，这是斯图加特通风廊道规划实践成功的保障。

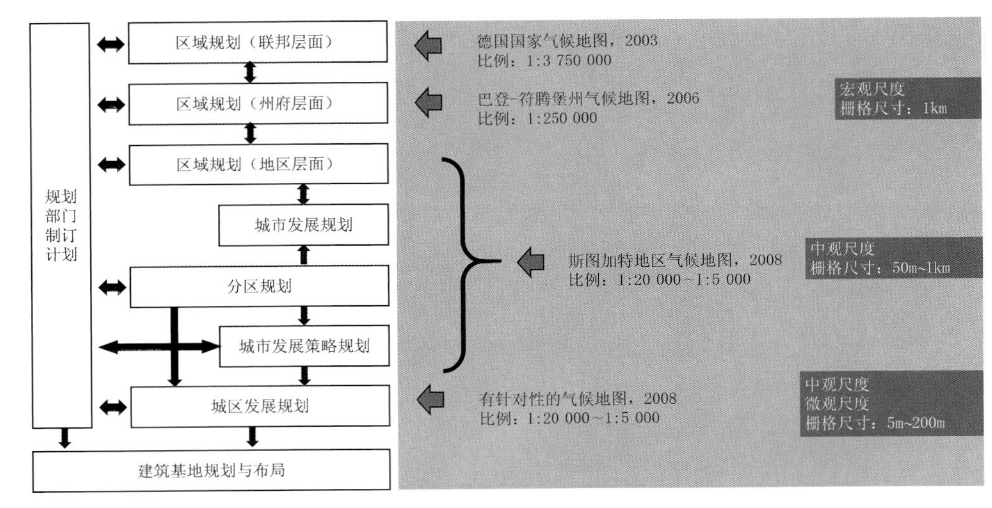

图 1-1 德国城市规划与气候环境评估的层级和尺度
（图片来源：任超，吴恩融．城市环境气候图：可持续城市规划辅助信息系统工具 [M]. 北京：中国建筑工业出版社，2012）

2）日本东京

东京曾经是世界上热岛问题最严重的城市之一。在构建通风廊道后，东京的热岛现象得到有效控制，这对于城市热岛规划应对方法的研究具有借鉴意义。

（1）基本情况

东京临东京湾，为海滨城市，属温带海洋性季风气候，夏季天气潮湿、炎热，且随着气候变化和城市热岛效应而加剧。在过去 60 年间，全球平均气温上升了 0.74℃，东京平均气温升高了约 3℃。为缓解城市热岛效应，日本政府开展通风廊道研究，并于 2007 年在东京都八都县首脑会议上公布了《风道研究工作——调查报告书》，以东京为例详细叙述如何在城市规划中利用通风廊道缓和夏季热环境的负面效应，并针对热岛现象提出缓和措施。经通风廊道的构建，日本东京的热岛效应得到缓解，东京 23 区平均风速趋于稳定。

（2）体系特征

在东京的通风廊道体系中，东京首先从城市的尺度上通过热岛效应成因要素和城市规划要素的叠加，评估得出东京 23 区热环境图。通过实地气象数据的观测识别风源，并运用软件模拟技术得到风环境图。经过风环境分析，得出发挥缓解城市热岛效应作用的三类风类型，即海陆风、山谷风和公园绿地产生的冷空气。在街区尺度上，通过构建补充风道，使城市局部地区在没有外部风源的情况下促进空气流动。在建筑尺度上，东京还针对地面硬化引起的热岛提出了改善措施，提出了在地块绿化、建筑材料上的指引要求。东京在街区尺度利用公园绿地局地降温和建筑尺度出台建筑设计指引，可以作为高静风频率城市通风廊道构建的借鉴。

(3) 通风廊道的构建

研究首先根据东京都热岛效应的研究，将热岛成因分为三大类：人为废热排放，机动车、空调等大量使用；地面硬化，森林、水面、绿地等被建筑物或不透水材料覆盖，白天蓄积热量；城市通风能力降低，由于城市建筑拥挤，阻挡了城市的通风廊道。其次，按照土地利用类型划分为高密度商业区域、高密度住宅区域、绿地及空地、高地价区域、混合用地区域五类。通过两要素的叠加，确定 10 个热环境分类，揭示不同地区气候升温的原因，绘制热环境图。

然后，根据气象观测数据、地形地貌信息等，识别存在的风的类型、来源、产生时间、风速、作用效果等信息（表 1-1）。经研究发现，海、山林、绿地等是冷空气及新鲜空气的主要来源。在此基础上，运用“the Earth Simulator”，结合风环境信息、城市建设的相关 DEM 和 GIS 数据，包括风源、气象监测风速、风向、地形地貌、土地利用、建筑高度、尺度、街道宽度、角度等气象信息和规划设计信息，模拟得到全区域覆盖的 10m 高空处的展示风速、风向的风环境信息图。

东京风类型概要一览表　　表 1-1

	风的类型	规模	范围	时间	风向	风速	缓和效果
海陆风	海风	大规模	首都圈	白天—夜间	南—东南	＞ 5m/s	中心升温被抑制
		中规模	区内	中午前—中午后	东南偏东	＜ 5m/s	海湾升温被抑制
	陆风	中规模	琦玉—都北部	夜半—早晨	北—西北	大约 2m/s	热带夜缓和
山谷风	山风	中规模	山谷谷口呈扇状分布	夜半—早晨	西—西北	数米 /s	夜间高温化缓和
	谷风	中规模	山间沿山谷方向	白天	东—东南	数米 /s	未知
公园绿地	沿下风向流出	小规模	绿地下风向毗邻的街区	白天	南—东南	数米 /s	白天升温缓和
	四周	小规模	绿地周边街区	夜间—早晨	绿地周边各个方向	10 ～ 30 cm/s	热带夜缓和

再叠加热环境图、风环境信息图，以“利用新鲜空气缓解城市热岛效应”为基础，利用与河流、绿地、街道、建筑物间的空隙空间，规划风道路径，连通风源与热岛区域。

最后，综合考虑风源、风速，以及作用范围大小等因素，划分风道等级，构建主要风道、次要风道和补充风道，分别导入海陆风、山谷风和公园绿地产生的冷空气。

①主要风道——促进海陆风的流动和渗入，风速最大，作用范围最广，热岛缓和效应最明显。根据可利用空间的尺度、引入海陆风的流动和消减程度，将主要风道细分为三级。

一级风道：利用位于隅田川和多摩川的大规模河川，使得海陆风可以渗入内陆的都道府县。

二级风道：利用行政区界内海旁的河川和道路连接形成网络，辅助一级风道利于海陆风的流动。

三级风道：利用较宽的街道和建筑物的布局等引入海陆风。

②次要风道——导入山谷风，风速较大，作用范围较广。

③补充风道——导入城市街区内部的公园、绿地和大面积农地所产生的冷空气，便于其向周边渗透和流动，风速较小，主要作用周边区域。

（4）城市建设指引

日本政府在 2005 年还出台了《热岛控制技术导则》，根据热环境产生的不同热源和热压等级差异，针对热岛效应显著的高密度商业区域和高密度住宅区域，从建筑环境尺度提出改造措施，降低建筑的热辐射，改变区域的热环境。

3）中国香港

香港是国内首个成功实践通风廊道的城市。由于香港城市建设的历史问题，城市的热岛效应显著。2003 年，香港爆发的非典型性肺炎（SARS）也同缺乏良好的通风条件有关，引起了香港市民对自身城市居住环境的高度关注。香港通过构建通风廊道，改善了室内外的通风条件，提升了市民舒适度，得到了业界和市民的广泛认可。

（1）基本情况

香港总面积 1 104km^2，24% 为建设用地，76% 为非建设用地（主要以草地、林地、灌木和农业用地为主）。260km^2 建设用地中生活近 700 万人，是典型的高密度城市，平均人口密度达 6 554 人 /km^2，最高人口密度达 55 204 人 /km^2。在城市中心区，平均容积率高达 8，一半以上的建筑高度达到 100m 以上。同时，由于历史建设原因，为了最大化地获得良好的海景，开发商倾向建造高层建筑甚至超高层建筑，因此临海区域形成“屏风楼”，阻挡了风向市区流动；城市中心因建筑高度高、人口密度大、地面硬化面积大、开放空间狭小、通风性差等原因，热岛效应显著。据香港天文台统计资料，1981—2010 年间，香港气温平均每十年上升 0.26℃（图 1-2）；市区风速平均每十年下降 0.6m/s（图 1-3）。香港特区政府为改善城市内部通风环境，提升室内外通风条件，重视行人高度通风，提高市民舒适度，开展多项有关城市气候与环境的研究项目，并将研究成果纳入《香港规划标准与准则》。

（2）体系特征

香港作为海岛城市，在自然地理和气候上并不缺乏风源，因此香港通风廊道的建设主要集中于如何打通风道，将风引入城市。再者，香港是高建成度的高密城市，通风廊道研究更多从市民舒适度出发，识别城市内部冷热源，在城市微更新时打通风道，调节微气候。

因此，在构建通风廊道时，在宏观尺度上，香港首先采用规划数据与建筑数据得出城

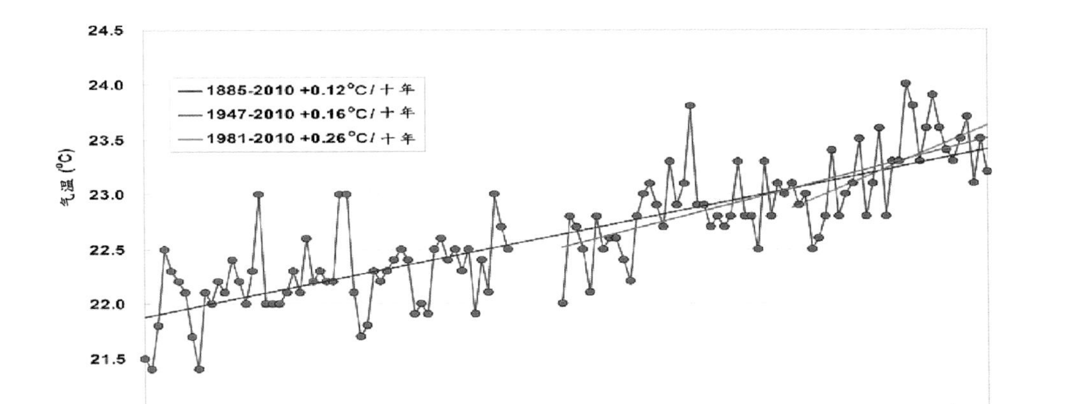

图 1-2 香港近 20 年平均气温变化情况
（图片来源：香港中文大学《都市气候图及风环境评估标准》）

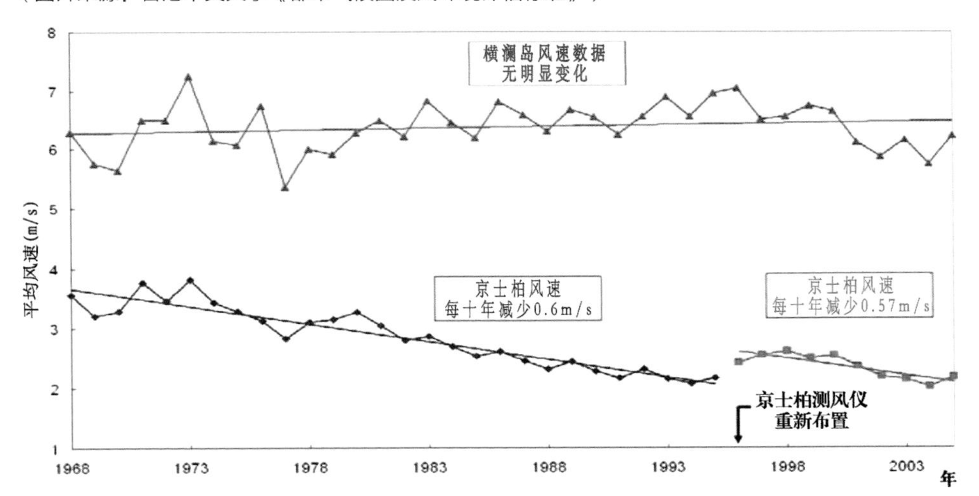

图 1-3 京士柏风速与横澜岛风道变化趋势对比
（图片来源：香港中文大学《都市气候图及风环境评估标准》）

市热负荷分布和城市风源空间分布，然后再采用模型模拟的方法综合以上分析结果，初步形成城市气候分析图和气候规划建议图，力求引风入城；在微观尺度上，香港进行了较为深入的研究，将市民热舒适度调查纳入评价因子，在城市更新时，通过 CFD、风洞试验等方法，对城市规划方案的通风环境进行评估，以此作为建设项目规划落地的重要准则（图 1-4）。

（3）通风廊道的构建

在城市尺度的通风廊道构建上，首先，香港天文台提供了近十年香港的气象资料（含气温、风向、风速、风频率、太阳辐射等），同时地政署和规划署提供了 GIS 数字式土地利用和城市规划数据（含土地利用、建筑、海拔高程、街道、绿化景观等各个方面）。然后，

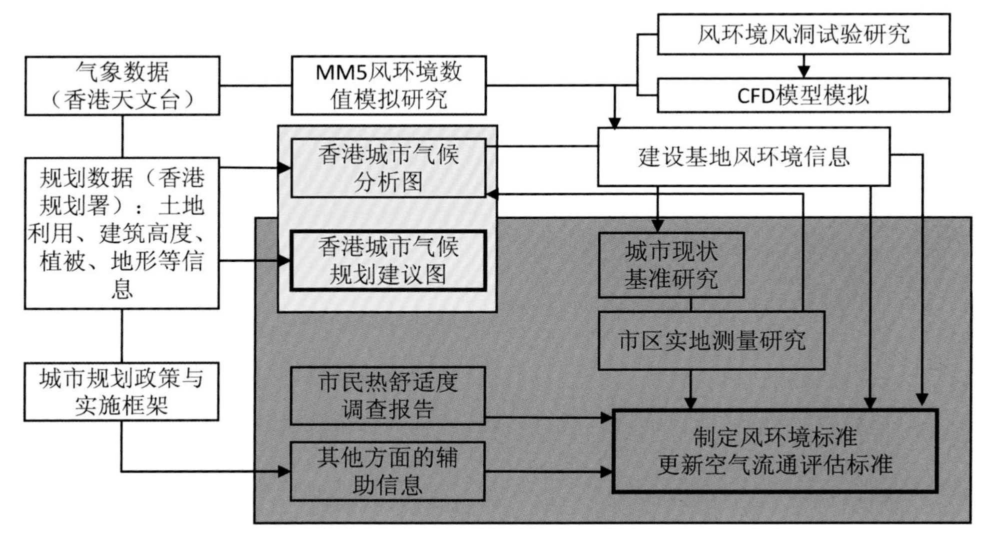

图 1-4　香港环境气候图研究框架
（图片来源：香港中文大学《都市气候图及风环境评估标准》）

研究运用 GIS 和 CFD，综合分析城市形态要素（建筑物体积、地面覆盖率、地形地貌、绿化空间等）、气候气象要素（太阳辐射、空气温度、湿度、风环境信息等）等，得出热负荷分析图和风流通潜力分析图，即得出城市的热岛效应产生的主要来源和环境城市热岛效应的通风廊道，也就是城市气候的正面和负面影响，再结合天文台提供的城市风环境 MM5 模拟图，最后得出都市气候分析图。

在街区尺度和建筑尺度上，香港运用适用于微观的 CFD 模型和风洞试验结果，提出了六项可改善都市气候的规划和设计基本措施，作为改善城市微气候的主要手段，并建立了空气流通评估系统，用于评估项目的通风条件，指导项目落地。

（4）分级分类管控

在城市尺度上，在得到城市气候环境地图的基础上，通过市民问卷调查、人体生理等效温度评估、衡量不同城市气候级别的热舒适度，以及实力测量数据的分析结果，以人体舒适度为依据，从促进风环境流通与热负荷效应的影响幅度方面，划分 8 级城市气候级别。（表 1-2）

城市气候级别 1 类：表示该地区受海拔及绿化蒸发降温影响，热负荷出现偏负值；

城市气候级别 2 类：表示该地区受绿化蒸发降温影响和斜坡风的影响，热负荷出现轻微偏负值；

城市气候级别 3-8 类：表示热负荷逐渐增强偏正值，同时风流通潜力逐渐减小，导致市区内部气温增高，同城市气候级别 1 或 2 类地区温差增大，城市热岛效应也逐渐增强。

香港城市气候级别分类 表 1-2

	城市气候级别	对人体舒适度的影响	所在区域
1	中度负值热压及良好风流通潜力	⊙⊙中度	海拔较高的山区与植被良好的坡地
2	轻度负值热压及良好风流通潜力	⊙轻度	自然植被覆盖区域
3	低热压及良好风流通潜力	—中和	分散的村镇附近及未开发区域
4	一般热压及风流通潜力	⊕轻度	低至中等建筑密度且拥有开敞空间的区域
5	中度热压及一般风流通潜力	⊕⊕中度	中等建筑密度且有绿化的区域
6	中度热压及低风流通潜力	⊕⊕⊕次强	中至高等建筑密度且少有绿化的区域
7	高热压及低风流通潜力	⊕⊕⊕⊕强	高建筑密度且有少量开敞空间的区域
8	非常高热压及低风流通潜力	⊕⊕⊕⊕⊕非常强	非常高建筑密度的区域

注：⊙表示降温效应；⊕表示增温效应。
（表格来源：香港中文大学《都市气候图及风环境评估标准》）

基于城市环境气候地图和上述分析结果，制定气候规划建议图，按城市气候价值和气候敏感度细分气候规划分区，并针对不同气候规划分区，根据气候敏感重要程度，制定相应的管控要求（表 1-3）。

香港城市气候级别分类及管控要求 表 1-3

	气候规划分区	城市气候级别	规划策略	管控要求
1	具有城市气候高价值的区域	1、2	保护	必须开发的小型发展项目
2	具有城市气候中价值的区域	3、4	保护及改善	具有规划和建筑设计指引的低密度发展项目
3	城市气候低敏感区域	5	改善	鼓励公共和私人机构在开发时，实施缓解措施
4	城市气候较敏感区域	6、7	建议采取修补行动	公共和私人机构在开发时，需要实施缓解措施
5	城市气候极敏感区域	8	必须采取修补行动	公共和私人机构在开发时，必须实施缓解措施

（资料来源：香港中文大学《都市气候图及风环境评估标准》）

根据香港气候建议规划图提出的建设指引，在街区尺度和建筑尺度研究人员通过风洞试验、实地气候测量研究等手段不断丰富并扩展相关研究。此外，香港针对城市的重点建设区域，采用 CFD 等模拟实验手段，从建筑密度、建筑布局、建筑高度、楼宇退距要求、建筑物通透度、绿化覆盖率等方面提出六项可改善都市气候的规划设计措施，对通过调节微气候，缓解城市发展对风环境的影响。

① 绿化

经香港学者以微气候模拟软件 ENVI-Met 进行研究，在香港夏季炎热潮湿的日间，30% 的绿化覆盖率（植树）可减少城市温度 0.8℃。（图 1-5）

■ 增加绿化，尤以在地面植树为佳。

■ 建议并保存城市绿洲。

■ 建立相连的绿化空间网络。

■ 高层的屋顶绿化可取，但对改善行人的热舒适度并没有帮助。

② 地面覆盖率

■ 减少地面覆盖（图 1-6）。

■ 鼓励狭窄街道两旁的建筑物向后退入（图 1-7）。

■ 划定“非建筑用地”以便透风。

■ 减少建筑物的临街面面积，以增加透风度（图 1-8）。

③与开敞地区的距离与联系

■ 保存及开辟通风廊和风道。

■ 沿通风廊的绿化可提供较为凉爽和清新的空气。

■ 划定和编排“非建筑用地”的方向垂直于海滨和植被山坡。

■ 以风道连接绿化空间。

④建筑物体积

■ 管制建筑物体积 / 天空遮蔽率。

■ 高建筑体积导致高热负荷和高温。

■ 在中高密度发展地区中，未来的发展应配合适当的建筑设计，以舒缓高的热负荷。

■ 避免楼层过高。

⑤建筑物通透度

采用流体动力学理论，利用 CFD 对区域风环境进行模拟，并引入了一项重要指标——风速比（VR_w）。V_∞ 是不受地面粗糙度、建筑物和局部场地特征影响的风边界层顶部的风速（通常假设其位于市中心屋顶上方一定高度）。V_p 是在仅考虑建筑物影响后的行人层面（距离地面 2 m）处的风速。V_p / V_∞，即风速比（VR_w），是指在考虑周围建筑物的情况下，某一具体位置上，地面上的行人可以体验和享受的风能。该指标的特点在于它可以将城市对于风环境的影响考虑在内，将城市空间与风环境相关联，进一步指导城市规划设计。

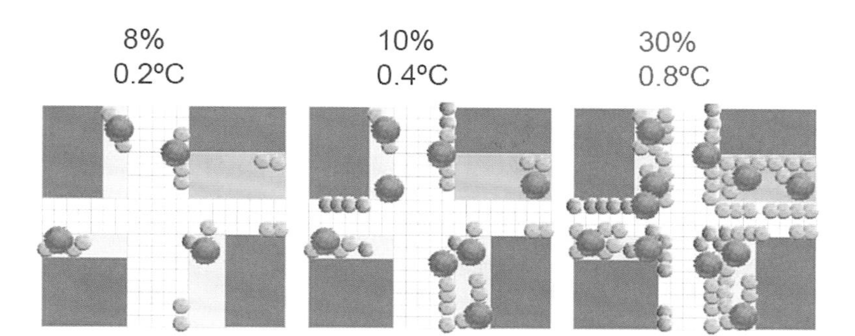

图 1-5 绿化覆盖率对城市气温环境的改善
（图片来源：香港中文大学《都市气候图及风环境评估标准》）

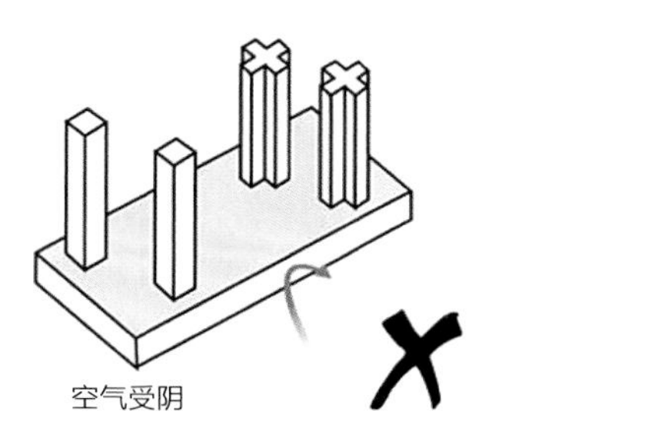

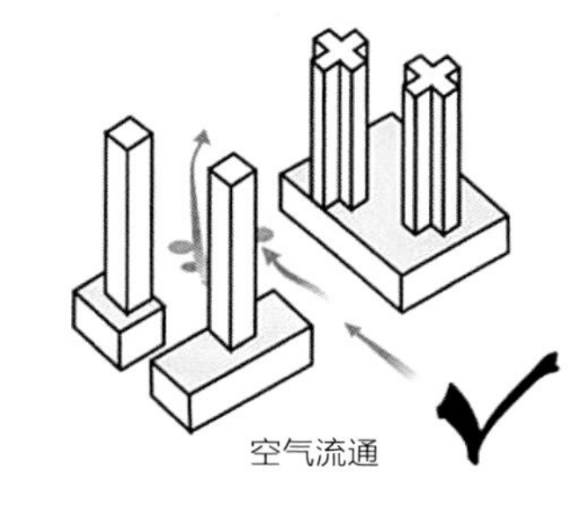

图 1-6 减少地面覆盖对通风的影响
（图片来源：香港中文大学《都市气候图及风环境评估标准》）

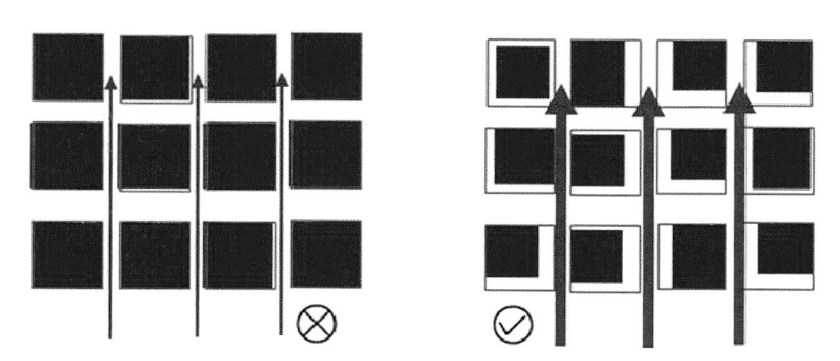

图 1-7 鼓励狭窄街道两旁建筑向后退入的示意图
（图片来源：香港中文大学《都市气候图及风环境评估标准》）

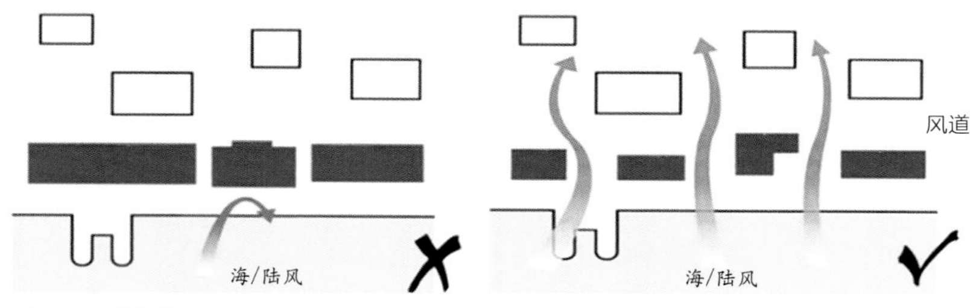

图 1-8 减少临街面面积
（图片来源：香港中文大学《都市气候图及风环境评估标准》）

根据风洞试验探讨区域平均风速比与地面覆盖率的关系，结果表明，建筑覆盖率越高，则接近地面的平均城市通风越差。因此在提出建筑物的通透度上，应注意：

■ 密集的建筑物会妨碍空气流动。

■ 提倡建筑物的空隙及间隔以促进空气流通（图 1-9）。

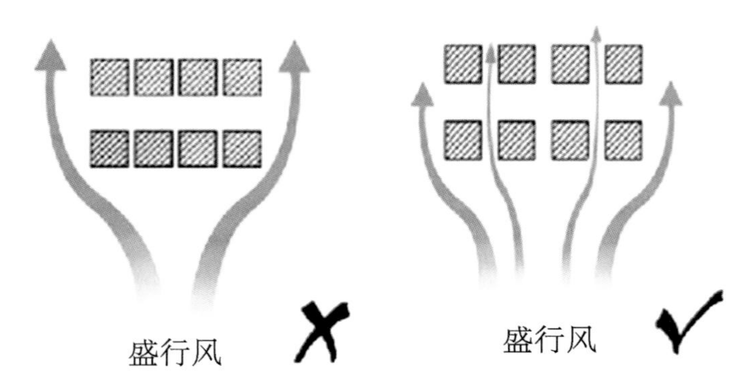

图 1-9 增加建筑物通透度示意图
（图片来源：香港中文大学《都市气候图及风环境评估标准》）

⑥建筑物高度

■ 在建筑物高宽比≤ 2 的中低密度发展区内，控制建筑物高度能促进城市通风。

■ 在建筑物高宽比≥ 3 的中高密度发展区内，仅控制建筑物高度未必有效，还要采取其他并行措施，例如提供建筑物间距、风道、建筑物向后退入和绿化及降低地面覆盖率。

■ 采用有变化的建筑物高度轮廓能促进通风。

（5）空气流通评估系统指导街区尺度建筑设计

研究人员选取香港旺角这一高密度地区作为研究对象，将其现状和采纳规划改善措施后的状况进行对比，在发展维持相似的建筑密度情况下，若有效利用开敞空间、设置合理通风廊道，控制建筑基底面积，采用合理布局建筑分布等有效规划措施，行人层的空气流通会明显提高。

1.2.2 近年来其他城市的实践探索

近二十年来，随着大城市、特大城市人口的急剧增长，城市热岛效应突出，“雾霾”天气呈全国式爆发，人民对城市环境问题空前关注。北京、武汉、深圳、杭州、西安、南京等城市也相继开展了通风廊道研究。笔者在此选取北京、杭州、深圳、武汉等 4 个城市，从城市规划建设角度的“引风入城”实践案例为基础，尝试为城市规划提供参考和依据（表 1-4）。

国内已经和正在开展“城市通风廊道”规划应用研究的城市　　表 1-4

城市	研究项目名称	研究时间（年）	实施单位与研究机构
香港	《空气流通评估》	2003—2005	实施单位：香港特别行政区政府规划署 研究团队：香港中文大学
	《都市气候图及风环境评估标准——可行性研究》	2006—2012	实施单位：香港特别行政区政府规划署 研究团队：香港中文大学
武汉	《城市建筑规划布局与气候关系研究》	2005	实施单位：武汉市国土资源和规划局 研究团队：武汉科技大学、武汉大学和武汉市国土资源和规划信息中心
	《武汉市城市风道规划管理研究》	2012—2013	实施单位：武汉市国土资源和规划局 研究团队：香港中文大学、武汉大学和武汉市国土资源和规划信息中心
北京	《北京城市总体规划（2016—2035 年）》	2015	实施单位：北京市政府
	《北京十一个新城规划（2005—2020）——顺义区》	2007	实施单位：北京市规划委员会
长沙	《长沙市城市通风廊道规划技术指南》	2010	长沙市规划管理局、长沙大河西先导区管理委员会、长沙市建设委员会、深圳市建筑科学研究院有限公司、清华大学研究院
	湖南省软科学研究重点项目《夏热冬冷地区城市自然通风廊道营造模式研究——以长沙为例》	2010	研究团队：湖南大学
杭州	《城市通风廊道规划研究》	2013	杭州市规划局、市环保局、杭州市环境气象中心、浙江省气候中心
西安	《西安市市域生态隔离体系研究》	2013	实施单位：西安市规划局 研究团队：西安城市规划设计研究院
南京	《南京市大气污染防治行动计划》	2014	南京市政府环保局
	《南京市生态文明建设规划（2013—2020）》	2014	南京市规划局

1. 北京

北京是我国首都，近 20 年来，北京饱受空气质量的困扰。在 20 世纪初，沙尘天气席卷华北地区，防沙成为北京大气治理的重点；2010 年以后，北京冬季雾霾天气加重，受到广泛关注，北京加强了雾霾的治理工作。近年来，大气环境治理工作成效显著，2010 年以后年平均沙尘天数由原来的 20 天降至 3 天；北京冬季空气质量 5 年来明显提升（图 1-10）。

1）基本情况

北京是全国政治中心、文化中心、国际交往中心和科技创新中心。北京市位于华北大平原的西北隅，地处山地与平原的过渡带，山地约占 62%，平原约占 38%。东北、北、西三

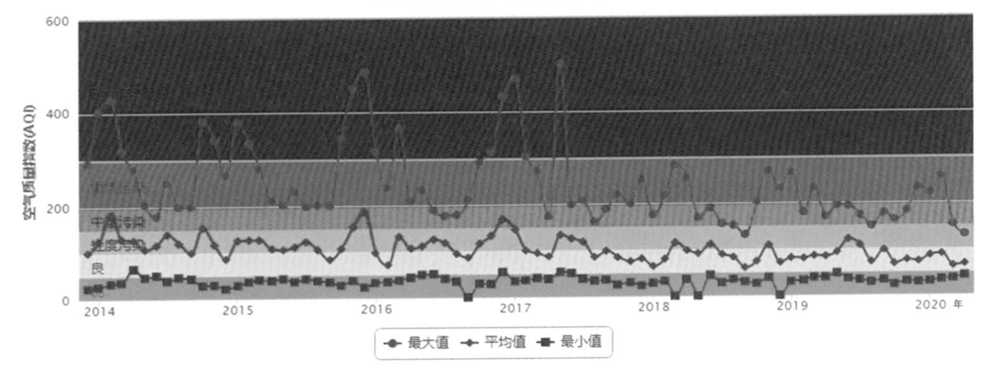

图 1-10 北京历年来空气质量变化情况
（图片来源：https：//www.aqistudy.cn/historydata/monthdata.php?city =%E5%8C%97%E4%BA%AC）

面群山耸立，东南部是平缓的向东南部倾斜的平原，形成一个背山面海的特殊地形，俗称“北京湾”。北京气候属于温带半湿润半干旱季风气候。春季气温回升快，昼夜温差较大；夏季炎热多雨；秋季冷暖适宜；冬季寒冷干燥。由于雨热同季，适宜多种农作物生长，气候资源丰富。但因地处冷暖空气交汇地带，年降水变率大，干旱、暴雨、大风、冰雹、寒潮、沙尘等气象灾害频繁发生。自 20 世纪 50 年代开始，北京饱受沙尘天气困扰，春季沙尘日平均多达 26 天，进入 21 世纪后，沙尘日数明显下降，在 5 ～ 7 天。在冬季大气污染方面，根据 2012 年检测数据显示，严重时，北京市城六区热岛面积占到该区域总面积的 77%；2013—2016 年，北京冬季的 AQI 达到了中度污染的程度，平均 $PM_{2.5}$ 浓度均超过 100。

根据《北京市城市总体规划（2016—2035）》对北京市产业的规划，提出以疏解非首都功能的“牛鼻子”，在产业上逐渐疏解退出一般性产业，并高效利用存量产业用地，提升产业发展质量，促进专业转型升级，鼓励利用产业园区存量空间，建设产业协同创新平台，重点实施新能源智能汽车、集成电力、智能制造系统和服务、云计算与大数据、新一代移动互联网等新产业；同时，推进生产方式绿色化，坚持绿色发展、循环发展、低碳发展，推行清洁生产，发展循环经济，形成资源节约、环境友好、经济高效的产业发展模式。

针对北京城市热岛效应显著、冬季空气污染严重的现实，北京市规划不仅从产业提出了腾退，2016 年北京市规划委还发布消息，构建多条通风廊道，用于环境城市热岛和空气污染。

2）体系特征

北京在气候灾害防治和大气污染治理上，既要防治风沙，又要缓解 $PM_{2.5}$ 对城市空气的污染。

在防治风沙方面，通过京津风沙源治理工程等方法对风沙源治理区进行生态保护与修复，采用造林绿化等手段，对草地和沙地生态系统的植被进行修复，提高了植被覆盖率，提高了生态系统的防风固沙能力，城市沙尘天气明显降低。

在雾霾治理方面，北京沿用了斯图加特保护风源的思想，建设通风廊道。与斯图加特不同的是，北京并非高静风频率城市，且冬季和夏季风热环境条件截然不同，因此在通风廊道构建方法的选择上存在差异。北京市将城市空间形态、局地气象要素和季节气温风场的变化特征结合起来，最终提出了“保护一源，构建两廊，提升城南”的思想，建立了 6 条一级通风廊道，多条二级通风廊道；并采用冷热源识别的方式，构建扩大“城市内部冷源”的气候生态效应，改善了北京的空气质量，消减中心城区的热岛效应。

3）风沙治理——风沙源生态修复

为改善和优化京津及周边地区生态环境状况，减轻风沙危害，2003 年启动实施了京津风沙源治理工程。在京津风沙治理过程中，研究人员通过地表植被、土壤的识别，分析出延庆康庄、昌平南口、潮白河、永定河、大流沙河流域五大风沙危害区，总面积 247.5 万亩。在上述区域开展平原百万亩造林工程，利用废弃砂石坑、荒滩荒地造林绿化，在五大风沙危害区加大生态修复力度，营造具有防风固沙、景观游憩等多功能森林 25.3 万亩，使五大风沙危害区得到彻底的治理。

在政策法规方面，2002 年 1 月 1 日颁布了《中华人民共和国防沙治沙法》。为了在法律层面更好地落实，北京制定了《关于加快本市防沙治沙生态体系建设实施意见》，通过开展植树节等节日进行广泛宣传，提高林业从业者和行政执法人员的法律素质，增强了依法行政的理念和能力，全面推进北京市防沙治沙的法治化进程，有力地支撑了风沙源治理工程的生态修复工作。

中科院基于规划目标对京津风沙源治理区生态保护与修复效应进行了评估，结果表明：① 2003—2017 年，京津风沙源治理区草地、耕地、沙地面积减少，而林地和其他类型面积增加。治理区植被覆盖度平均提高了 2.3%，其中林地提高了 4.3%，草地提高了 2.4%。②沙尘天气发生的春季，治理区土壤风蚀量减少了 54%。在防风固沙服务总量的贡献中，草地和沙地贡献了 71%。因此，草地和沙地生态系统的植被恢复，对治理区生态系统防风固沙服务的提高发挥了最为重要的作用。

4）雾霾防治——通风廊道构建

（1）通风廊道构建的技术路线

针对北京通风廊道构建的科学性问题，北京市城市规划与气象环境研究专家进行多学科交叉研究，构建了通风廊道研究的总体技术路线。北京城市规划建设与气象环境关系研究主要分为“多尺度数值模式系统”“评估指标”和“可视化工作平台”三部分，即将城市规划数据和气象基础数据结果进行模型模拟计算，将其结果代入评估指标体系中，评估不同方案的优劣。最后将以上结果在可视化工作平台上进行显示、评估、分析，通过一系列城市规划控制手段形成最终成果（图 1-11）。

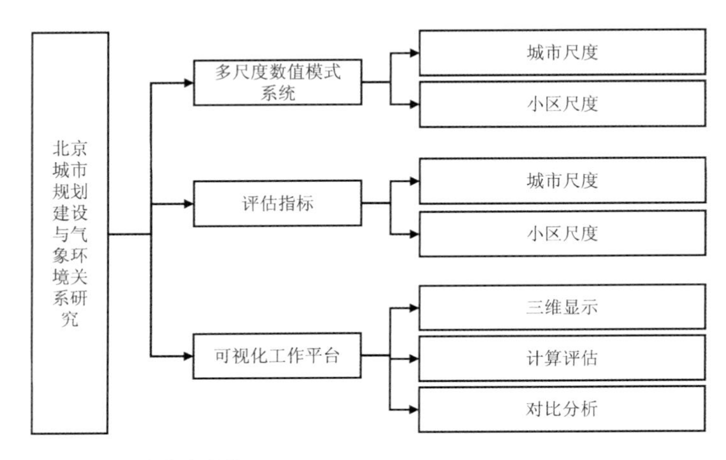

图 1-11 总体技术路线
（图片来源：任超，吴恩融 . 城市环境气候图：可持续城市规划辅助信息系统工具 [M]. 北京：中国建筑工业出版社，2012.）

针对城市规划的层次和精细程度，目前北京形成了两个尺度的气象环境问题研究体系，即城市尺度（数十公里至数百公里范围）和小区尺度（数公里范围）。利用多尺度数据模式系统刻画出研究对象由大到小、由粗到细的环境信息，掌握从中心城周边地区到城区至城市小区甚至街区内、建筑物间的气象与污染特征及变化。在城市尺度上，北京的通风廊道采用气候功能理论，识别城市大尺度的通风廊道。在小区尺度上，流体力学、三维模拟的技术得以应用。

（2）城市尺度通风廊道的构建

在城市尺度层面，在城市气候环境评估阶段，同时采用气象指标和规划指标，从科学性、客观性、完整性和有效性的原则出发利用层次分析法进行评估，识别城市的空间分布。

针对北京的城市气候问题，通过城市空间要素和城市现状气候要素的叠加生成城市气候环境分析图。结合城市气候环境分析的结果，通过加强高分辨率模拟技术，获得更加精细的城市特定季节气温和风场的变化情况，最后补充城市加密气象观测站的统计和分析结论，获取城市规划中有效利用城市气候资源，绘制出城市气候环境规划建议图（图 1-12）。

首先，北京的研究者通过对城市空间要素和城市气候要素的分析，同时借鉴了高密度城市香港的研究方法，除土地利用、地形地貌、植被覆盖情况等基本信息外，还考虑了包括地形高度、天穹可见度、绿化空间、水域开放空间等多类因子，以及建筑覆盖率、地表粗糙度，建筑高度等在内的 7 项影响因子，在 GIS 平台建立了一套适用于北京中心城区的城市环境气候图要素库。并采用传统的层次分析法（AHP 法）综合评估打分得出城市气候环境分析图。

然后，北京城市气候规划建议图是在城市环境气候分析图综合评估的基础上，采用高分辨率数值模型（WRF 模型）模拟中心城及周边区域冬、夏风速、风向空间分布情况，同

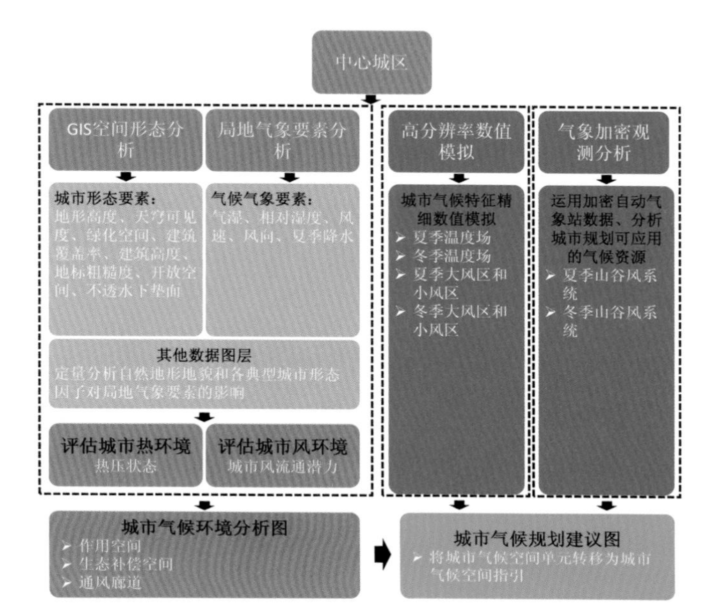

图 1-12 北京城市环境气候图构建的技术方法
（图片来源：尹慧君，吕海虹，贺晓东等 . 北京城市环境气候图构建与应用 .[M]// 中国城市规划学会，重庆市人民政府 . 活力城乡 美好人居——2019 中国城市规划年会论文集 . 北京：中国建筑工业出版社，2019：683-693.）

时加强对山谷风的监测分析，得出北京不同季节山谷风环流和城市热岛环流的空间分布规律，最后叠加中心城区污染系数玫瑰图，冬、夏两季大风区、小风区分布图，冷空气受阻区域等。将上述气候数据和信息与城市空间规划紧密结合，形成的北京中心城区气候规划建议图。该图将北京中心城区划分为 5 类城市气候空间规划区，第 1 类为城市气候高价值区域，是气候环境的重点保护区；第 2 类为城市气候中价值区域，即相对于重点保护区域气候环境稍差，需要大面积保护、局部改善的区域；第 3 类为城市气候低敏感区，是需要进行改善的区域；第 4 类为城市气候较敏感区，城市气候条件较差，建议采取修补行动，对应现状气候等级的第 4、5 级；第 5 类为城市气候极敏感区，必须采取相关措施进行环境修补，对应现状气候等级的第 6、7 级。

从保护补偿空间的角度，研究提出“保护一源，构建两廊，提升城南”的构想。依托市域生态本底和气候条件，保护城市的重要冷空气区域。根据北京规划委的消息发布，第一，构建 5 条 500m 以上宽度的一级通风廊道。第二，基于北京市冬、夏两季风向的特征，分析风向及风速，清洁空气来源及走向，结合现状及规划绿色开敞空间寻找通风机会区，在总体规划通风廊道的基础上，补充优化 6 条建议宽度为 80 ～ 500m 的二级通风廊道；再利用河道两侧通风能力较强的特点，根据现状条件适当加宽盛行风向的河道两侧，提出建设指引，扩大“城市内部冷源”的气候生态效应，消减中心城区内作用空间。

（3）分类管控要求

利用前文综合分析得出的城市气候环境规划建议图的分级分类的要求，提出四条规划管控策略：

①规模严控区为现状城市气候空间等级在 6 ～ 7 级的存量用地地块：应严控建设用地和建设强度，需通过疏解整治、拆除违建、见缝插绿等措施降低建设强度、提高绿化覆盖率，避免气候条件进一步恶化。对于已经建成，不能规模化改造的地区，建议通过增加屋顶绿化，垂直绿化等措施来实现局地气候调节。

②留白增绿改善区为现状城市气候空间等级在 4 ～ 5 级的存量用地地块：应结合下一步分区规划、控制性详细规划统筹落实用地规模、建筑规模减量，通过腾退还绿、疏解建绿等措施进行留白增绿，降低建设开发强度。在空间布局时，严格避免与气象条件较差区域再接连成片。

③生态优先区为现状城市气候空间等级在 1 ～ 3 级的存量用地地块：城市建设应以保护自然环境为先决条件，对现状绿地应保尽保，划定生态红线和生态控制线，优先布局绿色空间，提升生态品质，合理控制建设规模，运用多种手段顺应生态本底和自然规律进行生态化建设。

④对于现状的城市气候高敏感区域，应把“城市双修”“留白增绿”作为规划实施的前置条件，严格控制建设规模，进一步结合城市功能疏解，存量用地更新的机会，统筹落实建设用地和建筑规模的减量发展，通过腾退还绿等措施增加水绿生态空间比例，恢复良好的城市环境品质；优先改造位于通风廊道内的堵点区域，将其作为“减量提质”重点区域，结合拆违、旧村改造，进一步完善绿隔公园环的建设。

（4）街区尺度通风廊道的构建实例

在街区尺度通风廊道构建上，研究者以五棵松体育馆为例，以小区尺度对城市气候环境进行评估，并对建设方案进行比选。

五棵松体育馆位于北京市海淀区，四环路和复兴路的交会处。地段现状平整，周边为商业、办公和居住建筑及政府办公楼。北京市相关学者采用城市小区尺度的数值模式和北京市冬季、夏季的气象资料，对五棵松体育馆两种规划方案进行大气环境状况评估，同时叠加污染物因素对低层行人高度的污染物浓度分布进行模拟，最后以人体舒适度、地面污染物、建筑物周围污染物浓度、污染物滞留、扩散能力和分季评估为指标进行综合测评，对规划方案进行比选。

2. 杭州

1）基本情况

杭州位于中国东南沿海北部，在长江三角洲南翼、钱塘江下游、杭州湾西侧以及京杭大运河的南端，地形复杂多样。杭州市西部属浙西丘陵区，主干山脉有天目山等；东部属浙北平原，地势平坦，河网密布。2015 年年末，杭州全市总户籍人口达 723.55 万，市区总户籍人口达 532.86 万，全市人口密度为 436 人 /km²，其中市区为 1 435 人 /km²。

杭州属于典型的亚热带季风气候区，市全年平均气温 16 ～ 17℃，杭州城区的年平均风速为 2.14m/s，夏季的平均风速为 2.08 m/s。20 世纪 80 年代以来，杭州城市化进程加快，随着城市粗糙度增大，城市内部的通风能力下降。根据杭州 1951—2010 年气候观测资料，20 世纪 80 年代以来杭州年平均气温从 15. 5°C增至 17.5°C（图 1-13），年平均高温日数从 20 天跃增值至 40 天，年平均风速从 2.5m/s 降至 1.8m/s，下降趋势达到 0.36m/s（10 · 年）$^{-1}$，而这一气候变化集中期与杭州城市快速发展时段相对应（图 1-14）。自 2000 年以来，杭州的雾霾天数呈现跳跃式猛增趋势。其中，秋冬季节是雾霾高发期，每月雾霾天数高达 20 ～ 30 天。根据杭州空气质量指数月变化趋势图（图 1-15）可见，杭州近年来中度污染天数呈下降趋势，这与杭州大力治霾，构建通风廊道不无关系。

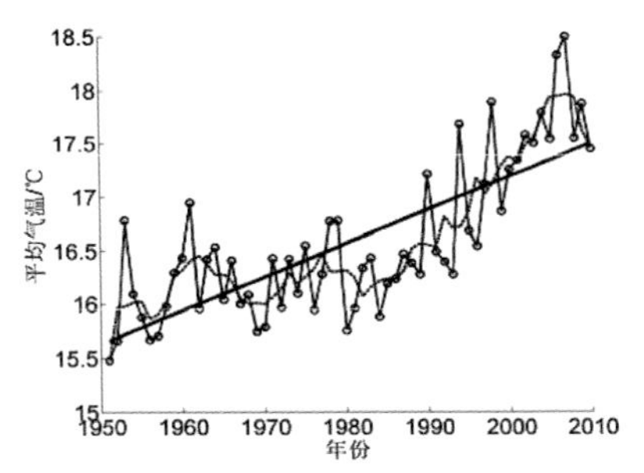

图 1-13 近 60 年杭州城区的年平均温度
（图片来源：俞布，贺晓冬，危良华等 . 杭州城市多级通风廊道体系构建初探 [J]. 气象科学，2018，38（05）：625-636）

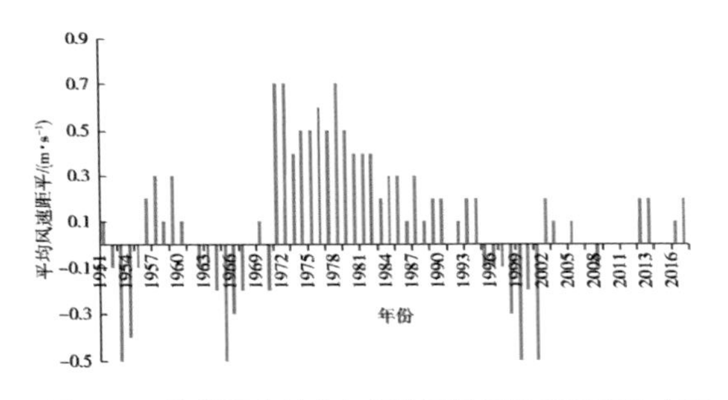

图 1-14 杭州国家基准气候站平均风速距平变化（平均值为 1981—2010 年近 30 年平均风速）
（图片来源：俞布，贺晓冬，危良华等 . 杭州城市多级通风廊道体系构建初探 [J]. 气象科学，2018，38（05）：625-636）

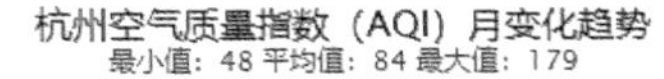

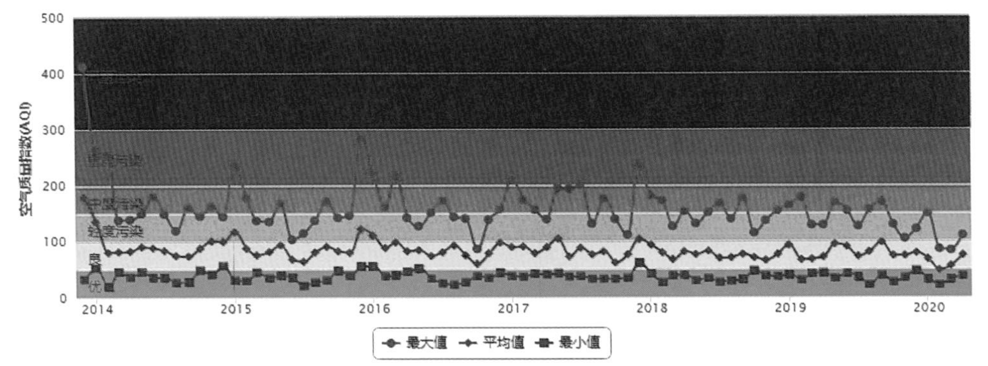

图 1-15 杭州空气质量指数分布图
（图片来源：https://www.aqistudy.cn/historydata/monthdata.php?city）

2）体系特征

杭州通风廊道的构建借鉴了东京通风廊道构建的思想，即直接通过风的模拟识别城市通风一级通风廊道。但在风源特征的识别上，未达到东京风源类型识别的深度。构建二、三级通风廊道时，将土地利用、建筑形态等数据纳入考虑，在中微观尺度下采用 CFD 技术进行通风廊道识别。因此，在中微观尺度下的应用，可作为高静风频率城市构建通风廊道的借鉴。

3）通风廊道的构建

根据杭州通风廊道构建的技术流程（图 1-16），首先，根据城市气候观测数据和多尺度的气象模拟数据，结合杭州的主导风向，识别杭州的一级城市通风廊道。然后再利用城市建筑形态、土地利用等要素，分析城区内部的通风潜力，同时结合市域内城市生态功能区规划、一级通风廊道，采用 CFD 技术共同识别城市二、三级通风廊道。

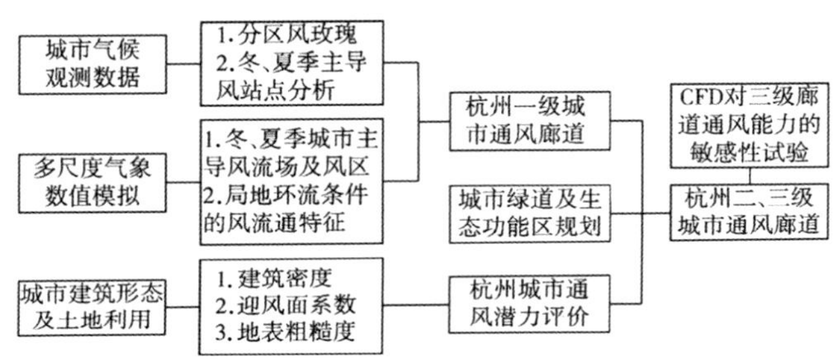

图 1-16 杭州城市多级通风廊道构建流程
（图片来源：俞布，贺晓冬，危良华等 . 杭州城市多级通风廊道体系构建初探 [J]. 气象科学，2018，38（05）：625-636）

根据杭州构建通风廊道的策略，杭州市叠加历年观测的风玫瑰信息，并通过模型模拟出杭州主导风向的风流场和风环境，得出相对大风、小风区域。由此构建城市一级通风廊道。一级城市通风廊道的划定需依从主导风流场、相对大风区等数值模拟结果，并结合站点风玫瑰验证，选择风流通潜力较大的区域为通道预设位置。为保证一级风廊的连续性和源地的清洁性，该通道还规避大型工业用地所处的开敞空间。

在构建二、三级通风廊道时，结合杭州冬、夏季主导风方向，分别计算研究区内的建筑迎风面系数，并将其与建筑覆盖率、土地利用类型作为城市风流通潜力评价的 3 个指标进行评价，得出城市风流通潜力识别结果。并通过 CFD 模型模拟综合分析得出 6 条一级通风廊道、11 条二级通风廊道和 12 条三级城市绿廊。

4）通风廊道的分布和下一步管控计划

杭州一级通风廊道主要以生态功能区、滞蓄洪区和低强度开发区为主。既是主导风条件下的重要空气引导通道，又是山谷风、海陆风等与城市交互的空气交换空间，气候环境价值极高。一级风廊的保护和拓展按照生态限建区标准对风廊沿线加以管控，营造山城之间的生态联系。

二级通风廊道主要分布在城市边缘，作为一级风廊向城市内部延伸的“城市通风静脉”，呈现“七横四纵、外承内接”的空间分布特征。受城市下垫面粗糙度增大影响，二级风廊的通风能力有限且难以实现城市贯通，后期需结合城中村改造、腾退用地等城市改造契机，预留并拓宽廊道空间，打通关键通风结点，并通过构建带状绿楔等尽可能向城市内部延续。同时须结合主导风方向合理规划街道和建筑朝向，降低建筑物对风道的阻尼作用，促进城市内部的空气流通。

三级通风廊道总体位于城区内部，呈现“五横七纵”布局。根据观测，三级风廊已不具有明显的通风功能，但仍可作为二级风廊渗入城市内部的“毛细血管”，对缓解局部热压，改善局地空气流通具有重要的气候价值。

3. 武汉

1）基本情况

武汉，湖北省省会城市，地处长江中下游，武汉市市域面积达到了 8 494km^2，占湖北省面积的 4.6%；中心城区中的 7 个主城区总面积为 863km^2，其中建成区面积达到 808km^2（不含水域面积），全市绿化覆盖率 39.55%，建成区绿化覆盖率为 37.54%。武汉地处北亚热带季风区，夏热冬冷、湿度大。近年来，随着大规模的开发建设，城市通风环境恶化，空气污染和热岛效应加剧。

2）体系特征

武汉是中国“三大火炉”之一，通过构建城市通风廊道，可以起到缓解城市热岛效应的作用。武汉在构建通风廊道时，充分利用城市现状的建筑资料，以“形态学”的各项因素，作为城市通风潜力评估的主要影响要素，形成武汉现状通风潜力图，从而识别出城市通风廊道。武汉水网密布，在城市内部不乏冷热源，通风基础较好。武汉通风廊道的构建主要对城市的在形态控制上保证通风导入的作用，因此武汉的通风廊道亦用于下一阶段规划的空间形态指导。对于成都这类高静风频率城市而言，可以用于建筑尺度上规划的指引借鉴。

3）通风廊道的构建

在“城市形态学”的理论基础下，武汉市通风潜力评估以武汉市主城区 2010 年的建筑普查数据为基础，对包括建筑密度、建筑高宽比、迎风面积密度等在内的 8 个形态指标在 GIS 中进行计算，通过主观的层次分析法和客观的因子分析法相结合，得到各指标权重，最终得到武汉市主城区通风潜力综合评价图。同时结合 GIS 数据平台和城市盛行风主导风向的分析，计算城市表面粗糙度以及建筑迎风面积密度，对城市空间风渗透性进行量化及可视化描述，并指导通风廊道的布局规划。

基于上述研究成果，划定两级城市风道，一级风道宽度范围为几百米至 1 000m 宽，主要将外来的自然风引入城市区域；二级风道宽度为 100 ～ 300m，主要将一级风道引来的自然风引入城市较高密度区域。同时针对建筑密度和开发强度提出了建议控制指标。

4. 深圳

1）城市概况

深圳土地面积 1 997.3km²，常住人口 1 137.78 万，人口密度到 5 697 人 /km²，是高密度城市。随着城市的快速发展，建设用地极度紧缺，城市发展转向存量空间，建筑体量和密度越来越大，城市通风率降低，2008 年至 2016 年平均风速从 2.4m/s 降至 1.8m/s。

深圳拥有优越的自然通风条件，西临珠江三角洲，东临大亚湾，通过统筹城市内部生态景观资源，构建城市通风走廊，引导冷空气和新鲜空气进入城市内部，将有效提升城市通风环境质量，缓解雾霾和城市热岛情况，改善城市风循环系统。

2）体系特征

与武汉相似，深圳通风廊道的构建旨在已有足够风资源的城市，在中观尺度，从城市的形态角度出发对城市加以控制，形成通风廊道，将风引入城市内部，以达到利用风缓解空气污染和热岛效应的目的。深圳的通风廊道构建同样考虑了如何将城市内已有的风潜力作为城市风循环的动力，因此，在城市建筑尺度的指引上也有较好的借鉴意义。

3）通风廊道的构建

研究以建筑迎风面积密度描述城市地表粗糙度，根据近 10 年风环境数据，加权 16 个风向风频数据，综合绘制迎风面积密度图；确定风道起止点，采用最小成本路径法，基于迎风面积密度图运用 GIS 计算从起点到终点的累积成本，选择最小成本传递方向，模拟城市潜在风道。根据潜在风道模拟，结合城市形态分析，依托大面积植被和水体等开发空间，划定 5 条城市风道，从城市外围引入林风和海风，降低城市内部热岛效应，改善城市整体风环境质量。

1.3 小结

城市通风廊道体系从规划到实践，是一个复杂的系统过程，而通风廊道体系的形成更是需要长期、深入的投入。通过对以上案例实践的梳理，重点对风环境评估、通风廊道体系和通风廊道管控实践三个方面进行总结。

1）风环境评估

通风廊道的构建多是在对城市风环境准确把握的基础上开展的，因此风环境评估方法将对廊道体系构建起到基础性支撑的作用。城市风环境的评估根据城市气候特征、建设特征、核心需求的不同，评估方法多种多样，同时在城市通风廊道的规划中更多的情况是多种评估方法的综合运用，以达到对城市风环境的准确把握与认知。例如香港同时运用了风洞模拟、CFD 模拟、人体舒适感评估对城市风环境进行科学评估与描述，以从更多的维度对风环境进行把握，最终达到实现多维目标的目的。总体而言，现有常见的城市风环境评估方法从作用的空间尺度上来看可以分为三大类：①宏观层面，针对城市全域的风环境评估方法，主要有基于下垫面气候功能和基于风源类型两大类。其中，基于下垫面气候功能的城市风环境评估适合于静风、弱风环境的城市，对风源数据的要求不高，具有良好的可操作性，但在评估的准确性上有待加强；而基于风源类型的城市风环境评估适合于城市气候环境复杂、风源形成原理多样的城市，便于从源头上厘清风源类型，但多数情况下是一种基于经验的定性判断，缺少一些定量的技术支撑。②中观层面，以基于城市形态学的城市风环境评估为代表，该方法主要适合于城市建成区和一些以存量发展为主的城市，可以在建成区找到“堵点”，作为下一步旧城更新的重点对象，也可以作为在建成区内部寻找潜在通风廊道的基础，但该方法难以对城市全域风环境进行评估，评估对象有限但具有一定的针对性。③微观层面，以基于计算流体力学的城市风环境评估为代表，这种方法以计算机数值模拟为基础，在研究周期、成本、难易程度方面具有明显优势，目前主要运用于中小尺度的风环境评估，可以对街区、建筑、街道等尺度的风环境进行较为准确的模拟，在风环境评估中是一种精度较高的方法，目前在大尺度方面的研究应用也在不断探索中。

以上三类方法在应用尺度上各有其侧重，各种方法根据评估维度的不同对城市风环境做出了不同解读，在评估使用中各有其优劣，为进一步开展城市风环境评估提供了理论和实践积累：其一，对于城市风环境的评估应该建立在对城市气象环境特征准确把握的基础上，选择适宜的评估方法，以特征为切入点可以有效保障评估方法的有效性；其二，评估应对核心研究目的进行明确，以目标为导向，可以使风环境评估、通风廊道构建、通风廊道建设与管控始终保持统一，便于通风廊道系统的整体构建；其三，通风廊道构建的过程中是多种方法、多种学科的综合跨界运用，在适宜的尺度下选择适宜的评估方法更有利于通风廊道系统整体的科学性。

2）通风廊道体系构建

通风廊道体系的构建与城市本身的风环境情况高度相关。在此，笔者尝试将风环境简化为两大类，一类是以斯图加特为代表的风源稀缺的高静风频率城市，这类城市通风廊道体系的重点在于对风源的充分保护与利用以及通过局地环流等方式促进城市通风；而另一类则是风源相对充分的城市，如东京、香港都属于这类城市，这类城市通风廊道体系的主要目标在于对风源的充分利用，以达到将风源引入城市，改善城市风热环境的目的。

对于风源稀缺的城市来说，以斯图加特为例，通风廊道体系基于局地环流的原理，对城市全域空间进行了气候功能区划，分别划定出补偿空间、作用空间以及空气通道，并对各类空间提出了细致的分区建设指引，因此其通风廊道体系实际是覆盖全域的分区体系；对于风源相对充分的城市来说，如东京对风源进行了详细而深入的研究，将风源划分为海风、山谷风等，并着重研究城市所有的风源引导输送机制，重点考虑将海、山林、绿地等地域性冷空气及新鲜空气的来源进行连接，使新鲜湿冷的空气能够流入城市内部，实现城市内外空气的交换与流通，而其中与河流、绿地等空间连通的街道、开敞空间等则确立为风道。这种通风廊道体系没有明确的等级，主要根据输送风源的不同确定其功能。另外，如北京为风源较为充足的季风气候，其通风廊道体系的建立主要根据风道功能及尺度的不同划分为两级；一级风道主要位于生态区域，是重要的生态涵养地；二级风道则位于城市内部，主要发挥促进空气流动的作用。以上通风廊道体系主要依据城市风环境特征有不同的侧重，在实际规划工作中有必要因地制宜地建立与城市自身条件相匹配的通风廊道体系。

3）通风廊道管控实践

通风廊道的管控实践目前成功的案例仍然较少，国内大部分城市关于通风廊道的专项规划仍停留在概念性规划阶段，在管控方面的本地化探索还有很长的路要走。在成功案例的管控实践中，通风廊道的管控实际上不仅包含对于廊道本身的管控，还包含了对于城市风环境提升的详细内容，形成了完整的通风廊道管控与建设指引机制。

多数城市都以分级、分类的方式对通风廊道体系（包括廊道本身和其他片区）开展管控工作。对于通风廊道本身的管控，多数城市都针对廊道宽度进行了要求，部分对廊道长度提出了低值要求，以通过足够宽度的连续廊道空间改善城市风环境。此外，相关管控中还对廊道的内部构成提出了具体要求，包括其中障碍物限制、用地类型等内容，通过提升廊道内部的环境品质提高通风廊道通风效能。总结起来，一方面是要保障廊道的基本空间，另一方面则是要通过各方管控提高廊道的通风效能。对于其他片区的管控，主要目标在于提升或改善其风环境，如斯图加特建立了全域覆盖的气候环境评估体系，并针对不同气候分区提出详细的建设设计指引，在《山坡地带规划框架指引》中对 11 个具体的地块提出了功能及建设上的改造指引。此外，通过一系列法案的颁布保障建设指引的实际落地。在香港的案例中，香港虽未建立全体系的通风廊道，但对于各类地块建设从建筑形式、建筑高度等方面进行了具体指引，同时要求建设项目进行风环境评估，以分析其建设对周边环境的影响，做到了“具体问题具体分析”，这种精细化的“针灸式”建设指引也能为城市整体风环境的改善提供有力的支撑。

由于通风廊道的实践是一个长期的过程，因此以上对于通风廊道管控实践的总结仍局限于少数成功案例，对于我国众多的城市来说，建立与本地规划管理体制相适应的通道廊道管控仍有待在实践中不断探索和积累，在实践的反馈中获得更多有益经验。

城市通风廊道的研究与实践是一个复杂的巨系统，也是人与自然不断相互协调与平衡的过程，其中每个环节都需要深入而严谨的科学分析，才可有效支撑城市环境的不断改善。以上三部分的总结仅是笔者尝试从通风廊道研究与实践过程中提炼出的关键环节，希望能对城市规划及相关工作提供参考和借鉴，同时为通风廊道的具体研究与实践工作提供启示。

第 2 章　成都市大气环境特征及构建通风廊道的现实意义

Chapter 2

Characteristics of Atmospheric Environment in Chengdu and Practical Significance of Constructing Ventilation Corridors

成都市老城区 2012—2016 年风速小于 2m/s 频率统计　　表 2-2

位置	风速小于 2m/s 频率
成华新鸿社区	99.48%
青羊光华村	94.46%
青羊人民公园	98.68%
锦江三圣乡	95.96%
锦江合江亭	97.37%
高新西区创新中心	97.09%
新都区新繁镇	91.73%
蒲江县西来镇	82.74%
崇州市文井江镇	65.39%
彭州市隆丰镇	81.85%
龙泉驿区洛带镇	82.20%
平均	90.59%

（数据来源：成都市环境保护科学研究院环境监测数据）

2.2 成都大气污染特征及成因

2.2.1 成都市大气污染现状特征

2018 年，成都市空气质量优良天数为 251 天，占比为 70%（全国平均水平为 79%）（图 2-6），在全国 113 个环保重点城市中空气质量情况排名第 75 位（图 2-7）。对标建设践行新发展理念的公园城市的城市发展目标，成都市还需着力改善空气质量（表 2-3）。

2018 年部分环保重点城市空气质量情况对比　　表 2-3

环保重点城市	空气质量达到及好于二级的天数（天）	空气质量排名
深圳	345	11
上海	295	42
重庆	295	42
广州	294	43
杭州	269	64
成都	251	75
北京	227	84

（数据来源：《中国统计年鉴 2019》）

由成都市 2013—2017 年首要污染物占比可知，造成成都市空气污染的首要污染物为 $PM_{2.5}$。2017 年成都市环境空气质量超标共 130 天，其中 $PM_{2.5}$ 作为首要污染物的天数为 78 天，占比为 60%（图 2-7）。

根据近三年成都市空气质量统计数据，成都市空气污染时段主要集中在冬季，即 12 月、1 月、2 月（图 2-8）。$PM_{2.5}$ 浓度受气象因素影响较大，由于冬季易形成逆温导致垂直对流作用减弱，同时冬季风速和风力较小导致水平对流减弱，常出现极易造成 $PM_{2.5}$ 污染的静稳天气，因此冬季一般是 $PM_{2.5}$ 污染的高发期。

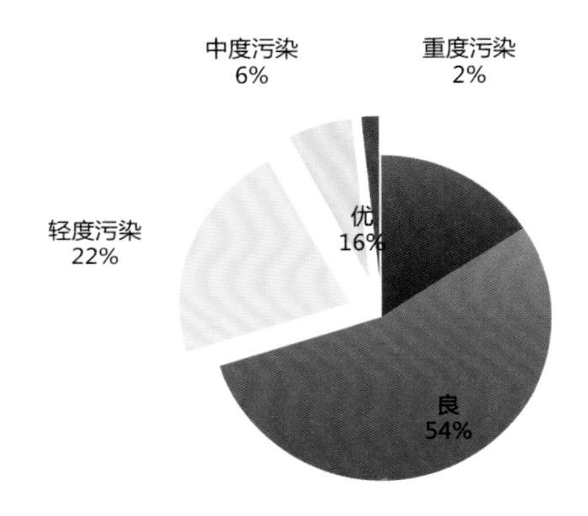

图 2-6 成都市 2018 年各类空气质量天数占比图
（数据来源：《2018 年成都市环境统计公报》）

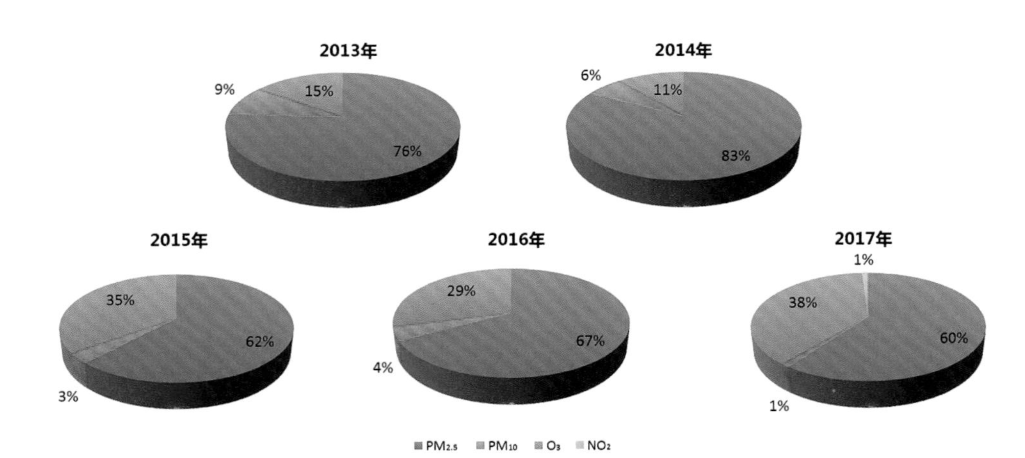

图 2-7 成都市 2013—2017 年首要污染物占比
（数据来源：2013—2017 年《成都市环境统计公报》）

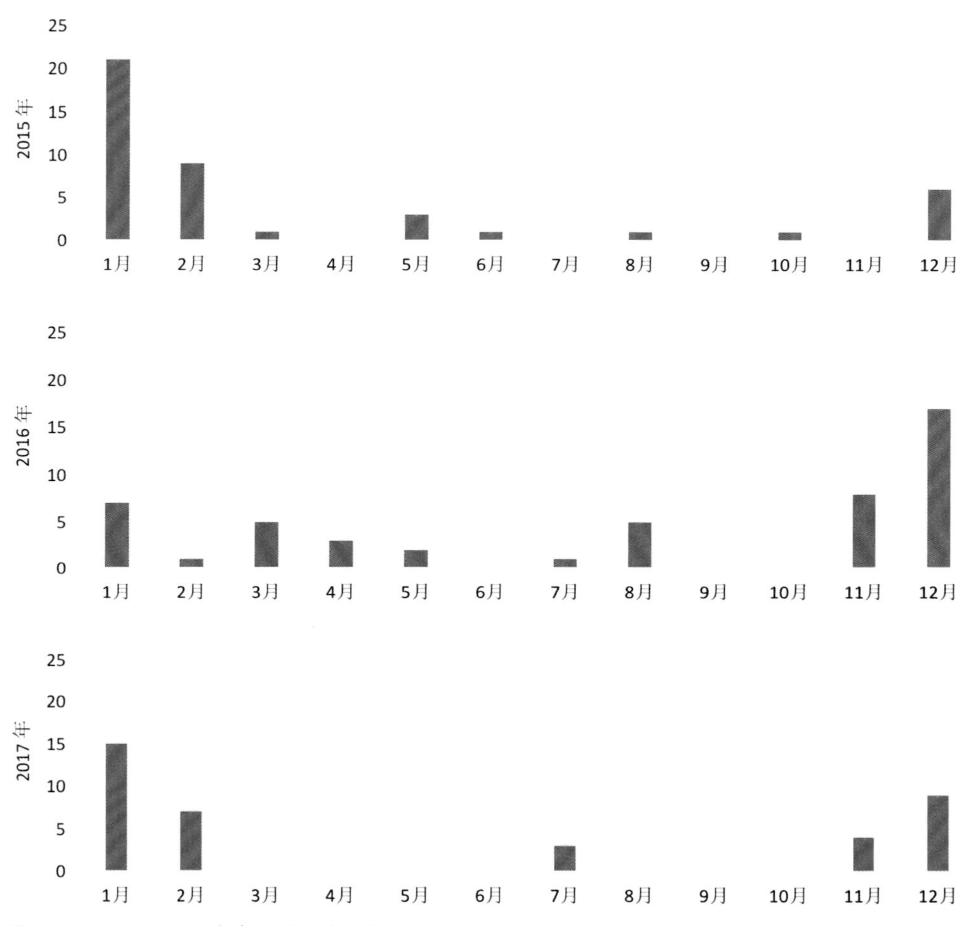

图 2-8 2015—2017 年每月中重度污染天气数统计
（数据来源：中国气象科学数据共享服务网）

2.2.2 成都市大气污染治理的历程

2014 年，成都市根据国务院《大气污染防治行动计划》和《四川省大气污染防治行动计划实施细则》要求，制定出台《成都市大气污染防治行动方案（2014—2017 年）》，提出以治理颗粒物和臭氧污染为重点，积极推进多种污染物协同减排，努力实现生态环境保护与经济社会协调发展。2017 年，成都市委、市政府办公厅联合印发了《实施“成都治霾十条”推进铁腕治霾工作方案》，要求大力推进铁腕治霾，打好蓝天保卫战，共建共享良好生产生活环境。为响应“铁腕治霾”的政策，各职能部门分别发布了职能部门下的工作方案，市经信委、环保局、市政府督察室、市委编办、市质监局、市园林局等均拿出了治理雾霾的方案，并进行有效的管控。近年来，成都市的治霾工作成果显著，近三年重度污染天数和严重污染天数明显减少（图 2-9）。在“铁腕治霾”政策指导下，至 2018 年，成都市空气优良天数增加了 103 天，较 2013 年空气质量优良天数增幅位居全国第一名，治霾成效显著（图 2-10、图 2-11）。

成都市治理雾霾的行动初见成效，但对标国家中心城市的空气质量目标，仍然有很大的改善空间，因此有必要进一步认识成都市大气污染的成因，从城市规划的角度认识成都的污染特征，并通过规划技术和管控手段提出解决办法，以达到改善持续大气污染的目的。

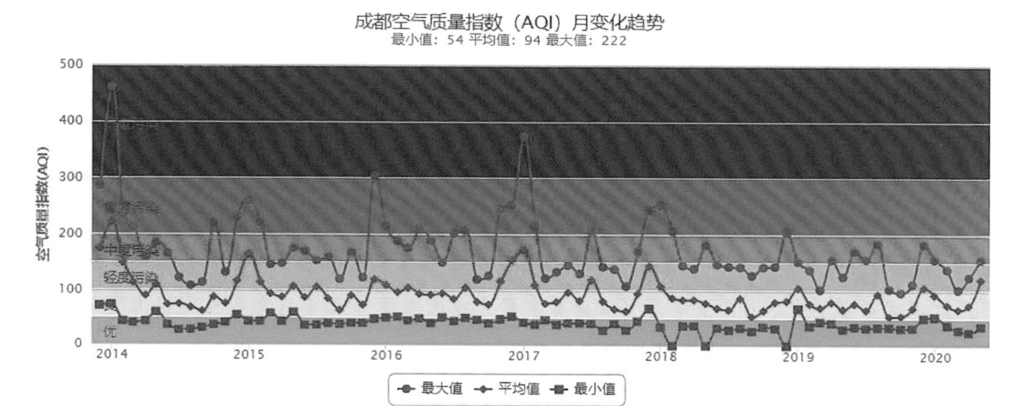

图 2-9 成都 2014—2020 年空气质量指数（AQI）月变化趋势
（图片来源：https：//www.aqistudy.cn/historydata/monthdata.php?city=%E6%88%90%E9%83%BD.）

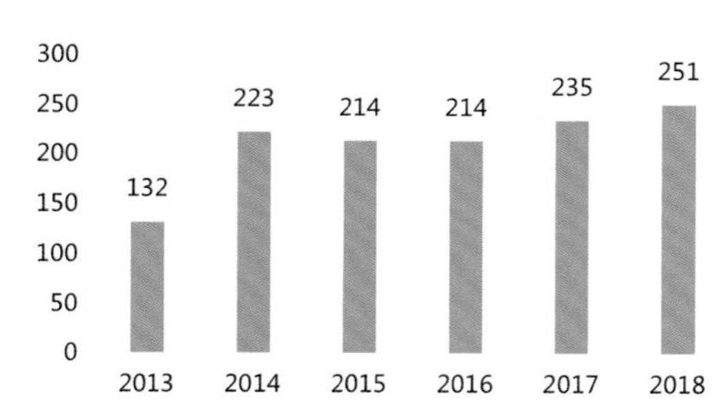

图 2-10 2013—2018 年成都优良天数变化趋势
（数据来源：2014—2019 年《中国统计年鉴》）

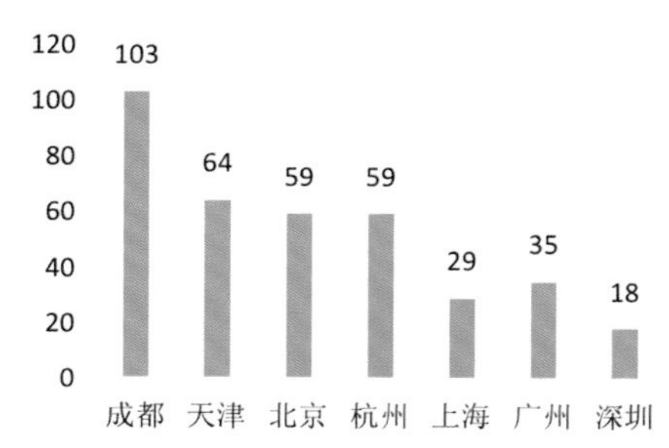

图 2-11 2018 年较 2013 年空气质量优良天数增幅
（数据来源：2014—2019 年《中国统计年鉴》）

2.2.3 成都大气污染的成因

造成大气污染的原因主要有两方面，一方面是大气污染物的排放，另一方面则是不利的气象条件。大气自身的运动对大气中的污染物有清除作用，如冷空气过境造成大风具有扩散和稀释作用，降水对大气污染物具有湿清除作用。国家气候中心的学者将大气自身运动对大气中污染物的扩散、稀释和湿清除能力定义为大气自净能力。利用全国 700 多个基准和基本气象站从 1961—2017 年的观测数据对各地的大气自净能力进行定量分析，研究发现，大气自净能力的分布特征与地形密切相关，四川盆地与塔里木盆地是大气自净能力最差的两大区域。四川盆地处于其西侧的青藏高原、南侧的云贵高原和北侧的秦巴山脉的环抱之中，无论是在偏北的冬季风环流，还是在西南夏季风环流的背景下，都处于背风死水区内。因此，四川盆地长年维持小风和静风，大气自净能力极差。与其类似的是新疆塔里木盆地，地处西风带环流中，由于西侧的帕米尔高原的阻挡，在塔里木盆地也同样形成了背风死水区，年平均风速小，大气自净能力差。

另一方面，根据成都市单位面积污染物排放量和 $PM_{2.5}$ 浓度与我国其他城市对比发现，成都市的单位面积污染物排放量相对其他城市较低，而空气质量的优良率却低于其他城市（图 2-12、图 2-13）。

由此推断，盆地的地形和气候特征导致通风条件差，大气自净能力极差，不利于 $PM_{2.5}$ 污染的扩散和缓解，这是造成成都这类高静风频率城市空气污染的主要原因。

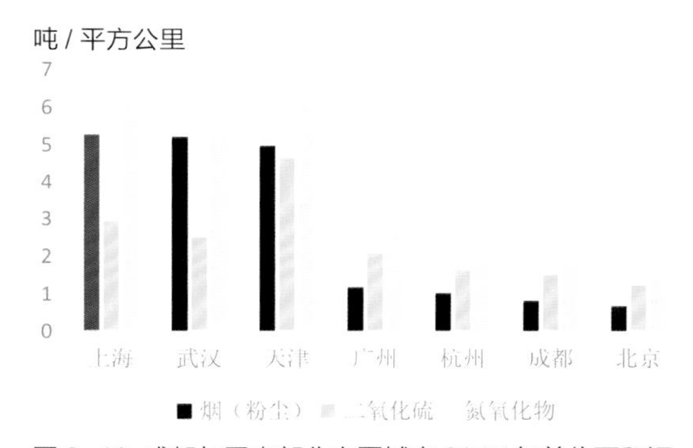

图 2-12 成都与国内部分主要城市 2017 年单位面积污染物排放对比
（数据来源：《中国统计年鉴 2018》）

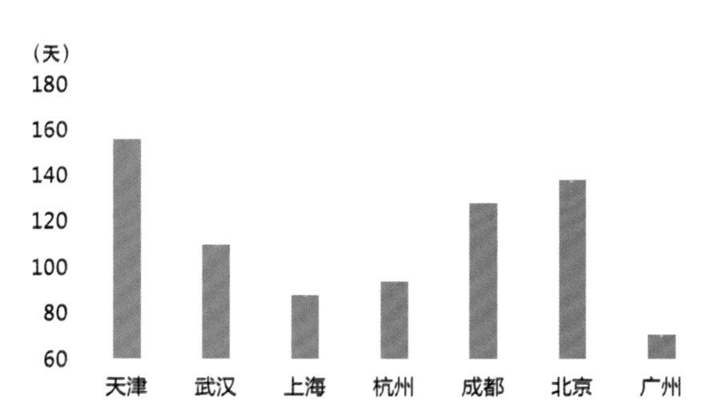

图 2-13 成都与国内部分主要城市 2017 年污染天数对比
（数据来源：《中国统计年鉴 2018》）

2.3 成都市构建通风廊道的现实意义

笔者借鉴古人营城智慧，参考国内外成功案例，结合对成都市环境监测数据的解析，从多方面证实了成都市构建通风廊道对改善大气环境具有重要作用，对于践行人与自然和谐共生的发展观、促进城市可持续发展具有重要现实意义。

1. 传承古代营城智慧

自战国时期张仪“因地相宜、立基高亢”修筑成都城以来，成都书写了2300余年城名未改、城址未迁的城市发展传奇，是古人营城理念延绵传承的最佳见证。自公元前316年成都已有的城市规划史录以来，筑城线路顺江河流向，走势与地形结合。当时，城市中轴线并非正南正北，而是北偏东，恰与主导风向一致。隋唐时期以后，成都已经形成了东北—西南走向顺应主导风向的路网格局，并一直延续至今。由此可见，依托自然地理条件、顺应自然风向、引风入城是成都自古以来的营城理念。

2. 借鉴其他城市成功经验

根据前文成功经验的总结，对于高静风频率城市来说，构建城市通风廊道是解决城市空气污染，改善城市热岛效应的重要途径。

（1）斯图加特作为高静风频率城市建立通风廊道改善城市空气环境的典范，将保护风源为目的，利用城市用地性质、地形地貌特征，识别城市的作用空间、补偿空间，通过模型模拟技术，识别城市主要通风廊道，并提出各类空间的管控策略。

①山区作为主要风源区域，通过限制开发保护风源生成空间，确保风源不受影响；

②城市边缘区保留大面积绿地，作为冷空气进入城市的主要通风廊道；

③城市中心区通过对建筑群的开发限制，留出冷空气流通通道，实现引风入城。

斯图加特的成功经验成为国内各大内陆城市借鉴的对象，均形成以保护风源和各级通风廊道的建设指引，并取得一定的成效。

（2）东京作为滨海城市、地形复杂的城市缓解热岛效应的标杆，通过对各类风类型和作用进行分解，通过补充风道的方式，构建城市与开敞空间的联系，导入城市街区内部的公园、绿地和大面积农地所产生的冷空气，便于其向周边渗透和流动。经过一系列规划建设控制方式，改善微气候，东京的城市内部风速降低的趋势有所缓解，并趋于稳定。

（3）北京、香港作为国内首批建立通风廊道的城市代表，形成了一套从宏观到微观尺度的通风廊道构建方法。在宏观层面，通过气象条件和规划条件的双重植入，分析得出全域范围内风环境和热环境评估结果，通过模型模拟的方式得到市域范围的通风廊道。在微观尺度上，采用CFD模型、风洞实验等模拟技术，在冷热源识别的基础上，以局部环流作为目标，构建片区或小区尺度的通风廊道，并控制城市用地的建筑形态、建筑排布方式、绿化等方式，用于缓解热岛，达到满足行人舒适的要求。

3. 环境监测数据实测验证

为进一步验证通风对大气污染的缓解作用，根据成都市环境保护科学研究院近5年的环境监测数据，将风速、降水量、相对湿度等气象条件与$PM_{2.5}$改善率进行Pearson相关性分析，结果发现风速和降水量均与$PM_{2.5}$改善率呈现显著正相关关系（表2-4）。

成都市近 5 年 $PM_{2.5}$ 浓度改善率与气象因子的相关性分析结果　　表 2-4

	$PM_{2.5}$ 浓度改善率	
风速	Pearson 相关性	.215**
降水量	Pearson 相关性	.212**
相对湿度	Pearson 相关性	.037
**. 在 0.01 水平（双侧）上显著相关		
*. 在 0.05 水平（双侧）上显著相关		
注：$PM_{2.5}$ 浓度改善率 =−（$PM_{2.5}$ 浓度 −前一天 $PM_{2.5}$ 浓度）/ 前一天 $PM_{2.5}$ 浓度		

（数据来源：成都市环境保护科学研究院环境监测数据）

进一步将风速与降水量指标与 $PM_{2.5}$ 浓度显著改善时间段进行数据比对，$PM_{2.5}$ 浓度较前一天有改善的天数中，风速集中分布在 1.2 ～ 1.5m/s，剔除降雨因素后，该规律依然存在（图 2-14）。即根据成都市实测数据的经验，对于成都市的气象条件，部分较大风力的软风（1.2 ～ 1.5m/s）就已经能够起到缓解大气污染的作用。因此，可以认为，在成都市常见的气象条件下，1.2m/s 以上的风和 1mm 以上的降雨能够对重污染天气实现有效缓解。

根据《成都市统计年鉴》的气象数据整理结果，成都市冬季月平均降雨天数和降雨量均较少，特别 2001 年、2002 年和 2010 年冬季月平均降雨量均不到 4mm（图 2-15）。因此，很难单依靠降雨实现污染天气的有效缓解。实际上。根据近五年的统计，剔除天气改善中存在降雨因素的案例，以风为主导因素实现重污染天气缓解的情况占总改善天数的 67%。

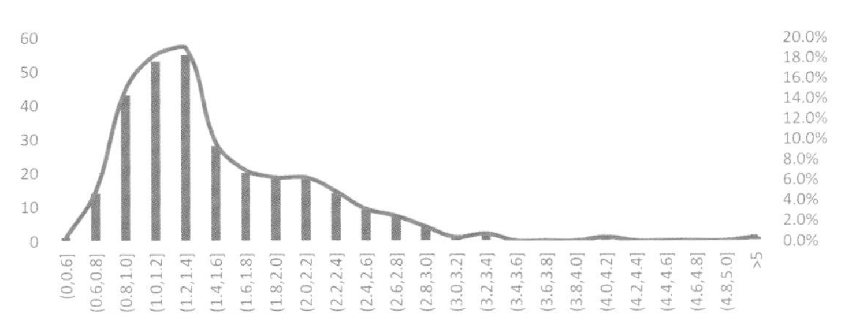

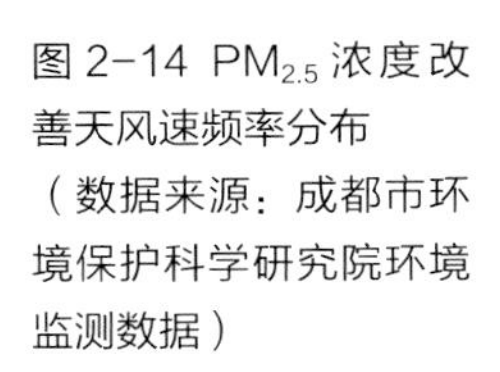

图 2-14 $PM_{2.5}$ 浓度改善天风速频率分布
（数据来源：成都市环境保护科学研究院环境监测数据）

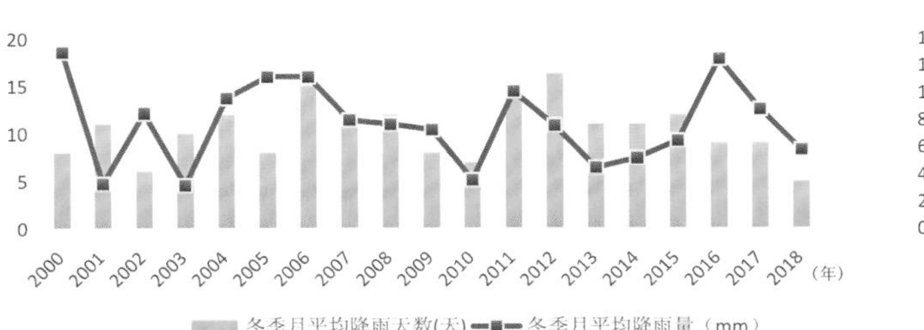

图 2-15 2000-2018 年成都冬季月平均降雨天数和降雨量变化图
（数据来源：历年成都市统计年鉴）

由此可见，在成都市以静稳天气为主的情况下，重污染天气的缓解只能通过特定气象条件如降雨、刮风才能实现，其中特别以风的改善效果最为明显。构建通风廊道能够提高进入城区的平均风速，能有效缓解大气污染问题。

4. 小结

顺应自然风向筑城，是成都市古已有之的营城智慧。不管是构建通风廊道缓解大气问题的成功案例，还是成都市自身的实测数据，都明确显示，构建通风廊道，优化城市通风环境，是缓解大气污染问题的有效途径。

对于成都市这类高静风频率城市来说，构建通风廊道虽然不能从根本上解决空气污染问题，但却是在兼顾城市建设发展的同时，最大限度地利用自然天气条件缓解空气污染问题的有效举措，体现了尊重自然环境、科学筑城的发展观，也是人与自然和谐共生，实现可持续发展的重要实践。

第 3 章　成都市通风廊道规划的探索历程与总体思路

Chapter 3

Research Process and General Idea of Ventilation Corridors Planning in Chengdu

3.1 成都市通风廊道规划探索历程

根据前述分析，通风环境对于成都市大气污染问题的改善至关重要。基于这样的认识，从 2012 年开始，成都市规划设计研究院着手对通风廊道进行了持续深入的研究。2012 年，评题组首次引入基于流体力学软件的风环境分析方法，将风环境作为重要自然资源要素纳入生态安全评价因子体系，塑造全域生态格局；到 2016 年，成都市规划设计研究院与北京市气候中心、中国城市规划设计研究院组建联合研究团队运用通行宏观气象分析方法，初步构建形成了“6+X”的城市通风廊道体系；目前，成都市通风廊道规划研究已进入 3.0 阶段，成都市规划设计研究院与成都市环境保护科学院合作，对通风廊道体系的精细化构建方法进行了深入研究，逐渐探索形成了一套适用于高静风频率城市通风廊道规划的完整技术方法，在原有通风廊道体系基础上进行提升完善，形成了“9+29+N”的三级通风廊道体系，并将相关技术方法应用到了各类规划项目中，积累了丰富的实践经验。

1）首次以风环境作为重要自然资源要素塑造生态格局

2012 年，按照党中央推进生态文明建设的总体要求，成都市启动编制《成都市生态保护总体规划》，从生态本底的保护角度出发划定全域生态保护总体格局，以此作为框定城市发展的重要限制条件。规划对成都市发展过程中面临的生态保护问题进行了通盘分析考虑，针对成都市空气污染和热岛效应加剧等问题，借鉴国内外相关城市的建设经验，首次提出将通风廊道作为其中一个重要考虑因素，纳入生态保护总体格局。

研究首次结合气象资料数据、借助软件分析手段，实现了对成都市风环境的初步分析评估。基于 CFD（Computational Fluid Dynamics）模型模拟技术，根据成都市气象资料构建了中心城区通风廊道的 CFD 模型，运用多情景对比方法从宏观尺度上模拟研究了楔形绿地对增加风速、贯穿风的重要作用（图 3-1、图 3-2）。

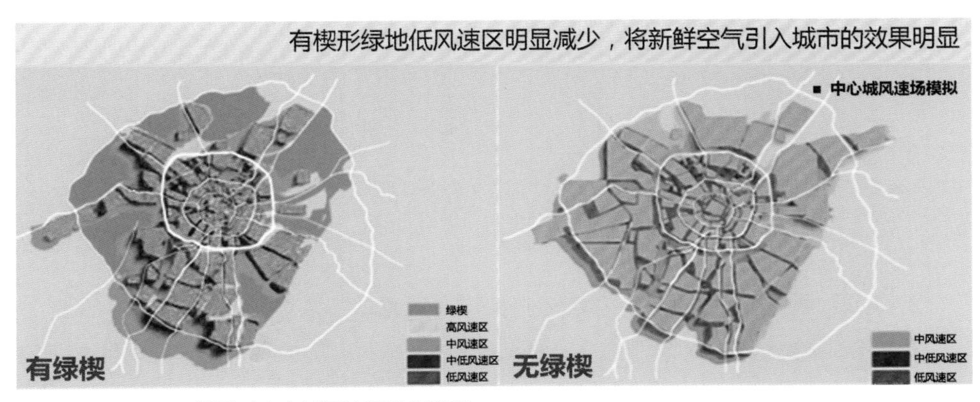

图 3-1 运用 CFD 模型对中心城风速场进行模拟
（图片来源：成都市规划设计研究院《成都市生态保护总体规划》）

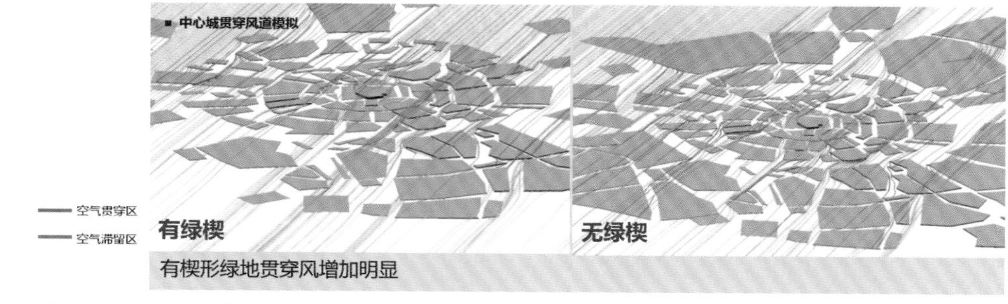

图 3-2 运用 CFD 模型对中心城贯穿风道进行模拟
（图片来源：成都市规划设计研究院《成都市生态保护总体规划》）

根据 CFD 模型模拟研究结论，研究识别出了对成都市通风环境有重要作用的六大绿楔，包括：新（都）青（白江）龙（泉驿）楔形绿地、郫（县）新（都）楔形绿地、郫（县）温（江）楔形绿地、温（江）双（流）楔形绿地及双（流）龙（泉驿）楔形绿地。研究将其作为重要生态要素，纳入全域生态格局，在全域构建形成“两山两环，两网六片”的总体生态格局（图 3-3）。

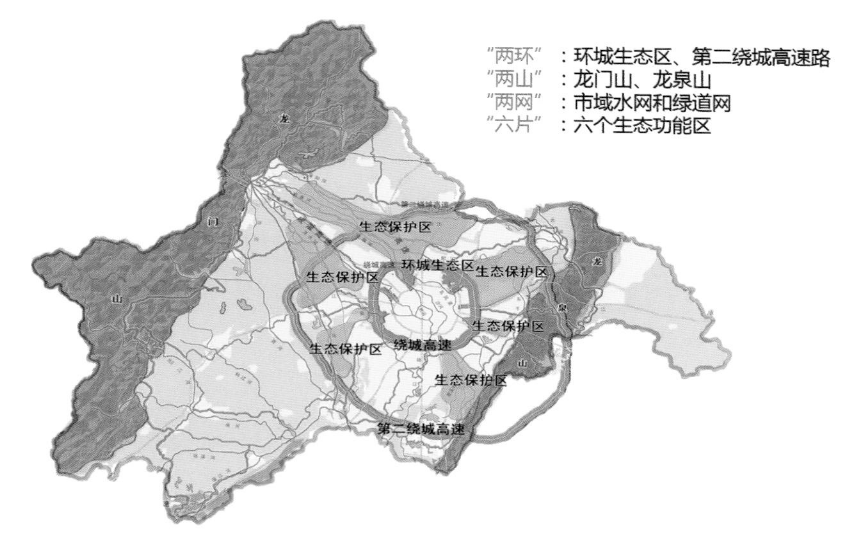

图 3-3 成都市市域生态格局图
（图片来源：成都市规划设计研究院《成都市生态保护总体规划》）

2）运用通行宏观气象分析方法初步构建通风廊道体系

2016 年，按照党的十八大生态文明建设要求，在编制新版成都市总体规划过程中，进一步明确了“以资源环境为前提，限定城市规模、布局和形态，促进成都绿色发展、集约发展”的思路，将“四定原则”作为总体规划修编的主要指导原则，即“以水定人”“以底定城”“以

度的准确量化（图 3-11）。其次，研究通过遥感技术与城市规划空间分析技术结合，结合气象学和城市规划学关于城市冷热源的研究成果，建立了冷热源空间量化评估模型，实现了对冷热源空间分布的高精度量化（图 3-12），具体模型构建方法会在本书第 4 章、第 5 章详细介绍。

图 3-11 精度 100m × 100m 的风源空间分级评估图

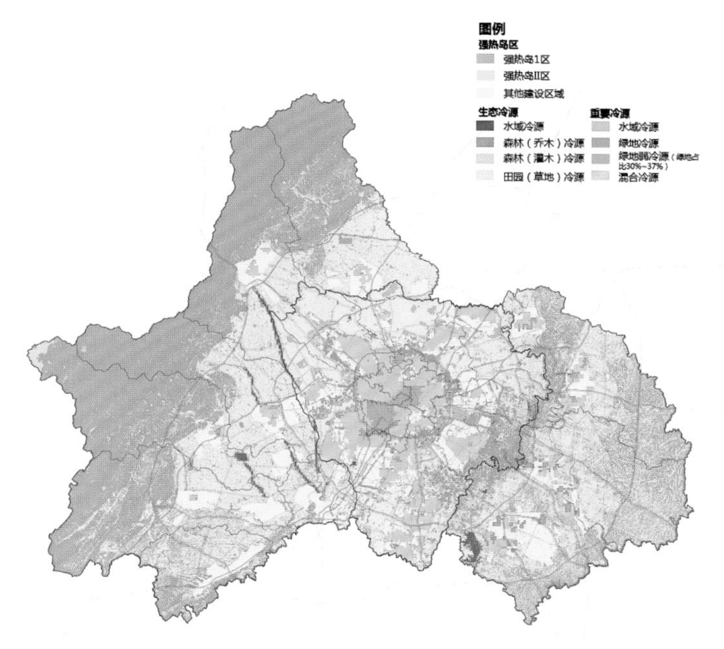

图 3-12 精度 100m × 100m 的冷热源空间分级评估图

3.3.3 积累了广泛应用于各类规划项目的可推广可借鉴的实践经验

依托多年在通风廊道领域深入的研究成果，成都市目前已经掌握了在宏观、中观、微观各个尺度对风环境进行数值模拟和空间分布的精准量化评估的技术方法。这些技术方法在指导各层级、各类型规划实践中发挥了重要作用，包括将风环境作为重要生态因子用以指导生态格局构建、城镇开发边界划定，以保护风环境为目标指导工业集中区规划，指导通风廊道内的项目选址及镇村规划，从改善风环境角度指导旧城更新、城市设计以及地块建设指标确定等，可以为规划同行提供从规划角度促进大气污染问题缓解、改善大气环境质量的成都经验（图 3-13）。相关实践案例会在本书第 7 章详细介绍。

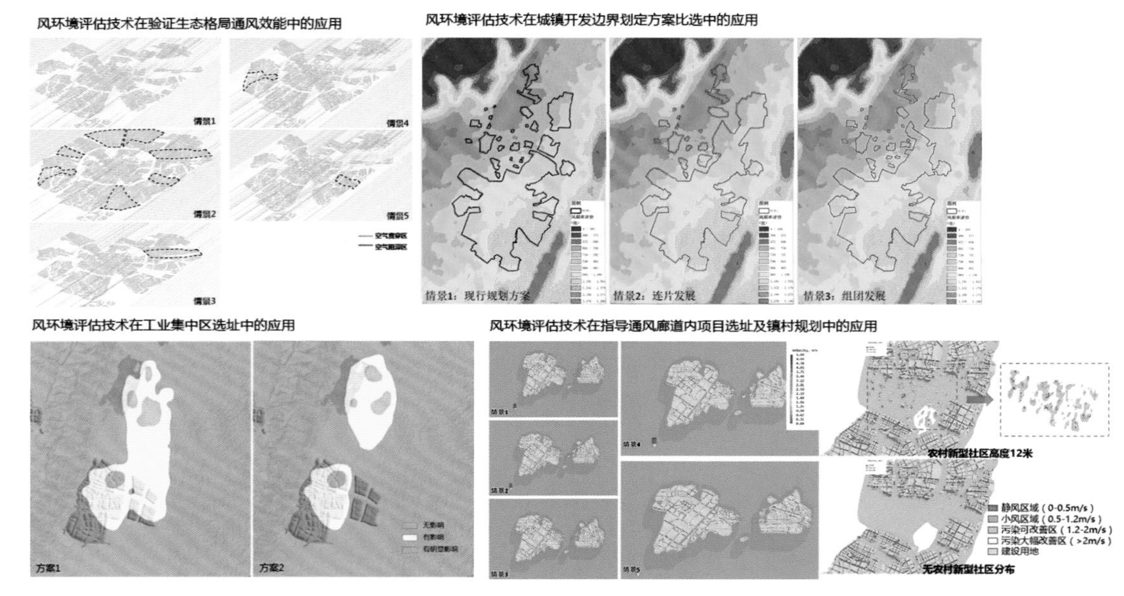

图 3-13 成都市风环境评估相关技术应用于各类规划项目的实践案例

第4章 风源空间分布评估模型构建

Chapter 4

Construction of Evaluation Model of Wind Source Spatial Distribution

城市风环境作为一个复杂的系统，各个城市的局地差异很大，且一般只能通过统计资料来获得城市尺度的风环境资料，如平均风速、主导风向等，但是这些参数通常是基于城市开阔处 10m 高度位置的实测值，对于城市尺度的真实风环境反映缺乏针对性和指导性。城市通风廊道的研究对象是城市风源，因此城市风环境评估是通风廊道构建的重要基础，是对城市风环境的调查与摸底，只有确保风环境研究的科学性与评估的准确性，才能保证通风廊道规划的科学、有效。

4.1 研究背景与目的

风——作为一种可感知的瞬时气象现象，常常被形容为“来无影，去无踪”，很难在空间上被准确地描述与量化。传统的环境科学对于风的计量多数存在于数理统计层面，而城乡规划的工作领域则集中于空间层面，建立起两者的实际联系是实现通风廊道科学划定的首要任务，同时也是通风廊道相关研究的难点所在。

传统规划对风的认知与应用主要停留在风玫瑰的层面，一般多为风向玫瑰图，包含风向和风向频率两个信息，根据其反映的城市主导风向对城市发展作出指导。但由于风玫瑰作为一种简洁、直观的气象科学统计图表，对于风向的表达一般用 8 个或是 16 个罗盘方位进行表达，其在空间的精度受到一定的限制；同时，受到城市地理空间范围大小的影响，用统一的风玫瑰表达城市整体的风向特征，实际损失了城市内部各地区准确的风向信息，不能满足城市层面需要空间落位的工作精度需求，且可能由于尺度的不对称导致信息有误；此外，相关研究也指出当城市风玫瑰图的主导风向与城市软微风玫瑰图的主导风向不一致时，城市绿地系统的建议结构和布局会截然不同，可见以风玫瑰图作为城市风环境的指导性要素存在诸多局限。

现有对于城市风环境的研究，运用计算机数值模拟是一种低成本、短周期的研究方法。目前常用的城市风环境模拟工具主要可以分为两大类，一类是以天气预报模型（WRF）为代表基于气象环境原理的模型，另一类则是基于计算流体力学（CFD，Computational Fluid Dynamic）的模型。WRF 模型是目前常用的中尺度气象模型，研发始于 20 世纪 90 年代，由美国国家大气研究中心（UCAR）、美国气象环境预报中心（NCEP）等机构合作开发完成，广泛应用于气象、环保、水文等领域，用于理想或真实大气环流特征的数值预报和模拟，但作为气象预报模型，WRF 只能展示瞬时的气流空间分布，空间精度较低，误差范围可能达到几公里以上，难以达到城市规划领域的精度要求；同时其对数据的模拟仅能展示瞬时的情况，由于缺乏规律性的气象资源推演，难以指导城市规划的建设内容。CFD 模型（主要有 Fluent，CFX，Star-CD，PHOENICS 等）常用于中小尺度等环境模拟，一般用于几十到几百公顷的城市组团，但 CFD 模型由于可以对气象数据资料进行输入，可以以平均风速、主导风向等信息反映城市长时间的气象规律，展示常态下的气象结果。基于以上两类模型的优劣，有必要针对城市规划的具体需求对两者进行优化运用，构建可反映长时间气象规律，并兼有空间属性的评估模型。

4.2 相关软件及技术介绍

目前主流的模拟技术包括精度在数米到数百米分辨率的计算流体力学（CFD）模拟和适用于数公里至数百公里分辨率的气象模型，前者将气象参数以边界条件的形势，针对建筑等下垫面信息进行建模后模拟，通常用于建筑群、工业区等小范围研究对象，若针对城市开展研究，一方面城市尺度建筑特征建模所需工作量巨大，进行流体力学模拟所需的计算资源较多，另一方面城市长时间的通风特征需要进行不同季节不同时间的模拟，使得计算成本和时间成本超过可接受范围。相比 CFD 方法，气象模型由于数据易于获取，计算量可根据实际模拟精度要求灵活调整，更适合用于开展城市尺度通风特征的研究工作中。

目前主流气象模式包括第五代中尺度模型（MM5）、天气研究与预报模型（WRF）和跨尺度预报模型（MPAS），其中 MM5 模型由美国国家大气研究中心和美国宾州大学共同开发，始于 20 世纪 80 年代，是一个有限域非静力地形跟随西格玛（Sigma）坐标系统大气环流数值模拟预报模式。MM5 模型早年在我国有广泛的应用，涵盖气象、环境、生态、水文等诸多领域，于 2007 年停止更新，加之模型基础数据老旧，运行及数据处理复杂，近年来逐渐被 WRF 模型替代。MPAS 模型是由美国洛斯·阿拉莫斯国家实验室和美国国家大气研究中心联合开发的多种尺度可变网格气象模型，综合考虑大气、海洋和其他地球系统，可用于气候、区域气候和天气研究，该系统目前尚在发展中，相关应用较少。

WRF 模型是由美国研究、业务及大学的科学家们共同参与开发研究的新一代中尺度模式，是一个完全可压缩的非静力模式，其主要开发语言为 Fortran 90，其水平方向采用荒川 C（Arakawa C）格点，垂直方向采用地形跟随质量坐标。WRF 模型是目前应用最为广泛的气象模型，可用于回顾性模拟及预报，同时 WRF 模型采用了更为简单开放的 netCDF 格式作为输入输出格式，数据后处理等方面更为简单。从应用层面看，WRF 模型可以用作大多数环境类模型的气象输入，包括公共多尺度空气质量模型（CMAQ）、扩展综合空气质量模型（CAMx）等，方便进行跨学科应用。

4.3 研究方法与技术路线

本研究拟选择 WRF 模型，首先对其进行本地化提升，提高数据精度，满足城市级应用的分辨率要求，以此作为基础构建评估模型。此外，利用 CFD 模型对通风廊道建设进行通风效果的模拟，以此验证通风廊道的作用。研究目的即在于通过构建适用于城乡规划尺度的风源空间分布评估模型，切实反映风源空间分布规律，以风源的空间具象实现风源在空间中的落位，以风源轨迹的长时间累积反映风源的空间分布规律，同时通过提升其空间分布精度，以满足城乡规划中对于通风廊道精确定界的需求，为通风廊道划定提供科学、可量化的技术依据。

通过以上分析明确主要研究内容后，研究基于多个学科的跨界融合，形成针对高静风频率城市风源空间分布评估模型的总体研究方法。

首先，利用本地下垫面数据构建本地化的 WRF 模型以提高模型精度和准确度，基于气象学原理利用模型模拟实现气象数据的空间再现，并将模拟数据与实测进行校验，保障模型模拟结果的有效性和可信度，为研究做好基础数据准备。

其次，通过环境科学模型分析，研究利用传输模型具化轨迹气流，实现气流轨迹可视化，同时选择适宜时间段的气流轨迹，实现单一到多风源的空间落位；同时，以风源到达的目标区域为条件对气流轨迹进行筛选，筛选到达中心城区和东部新城的有效气流，保障风源对于城市空间作用的实际有效。

最后，运用地理信息系统和统计学分析，建立 GIS 空间网格并进行空间网格风频率统计；利用城市规划空间分析方法修正风源空间分级评估模型，将风源空间信息进行插值处理以提高精度，并划分为五级，便于下一步通风廊道的实际划线及定界操作。

技术路线如图 4-1 所示。

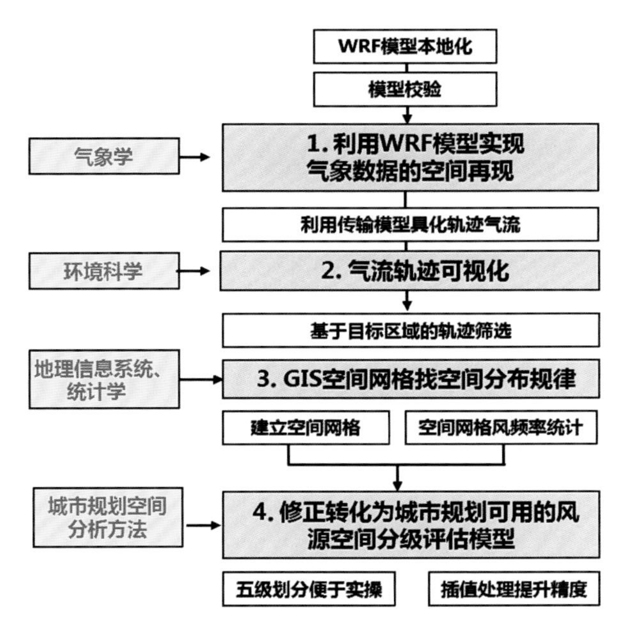

图 4-1 成都市风源空间分布评估技术

4.4 成都实践

4.4.1 研究主要内容

1）研究范围

研究范围为成都市全域及成都市周边对成都市风环境有影响的区域，主要包括北部德阳及南部眉山市，研究范围面积约为7万km^2。构建通风廊道体系的范围为成都市市域范围，面积为14 335 km^2，风道划定主要涉及区域分为中心城区和东部新城两大部分（图4-2）。

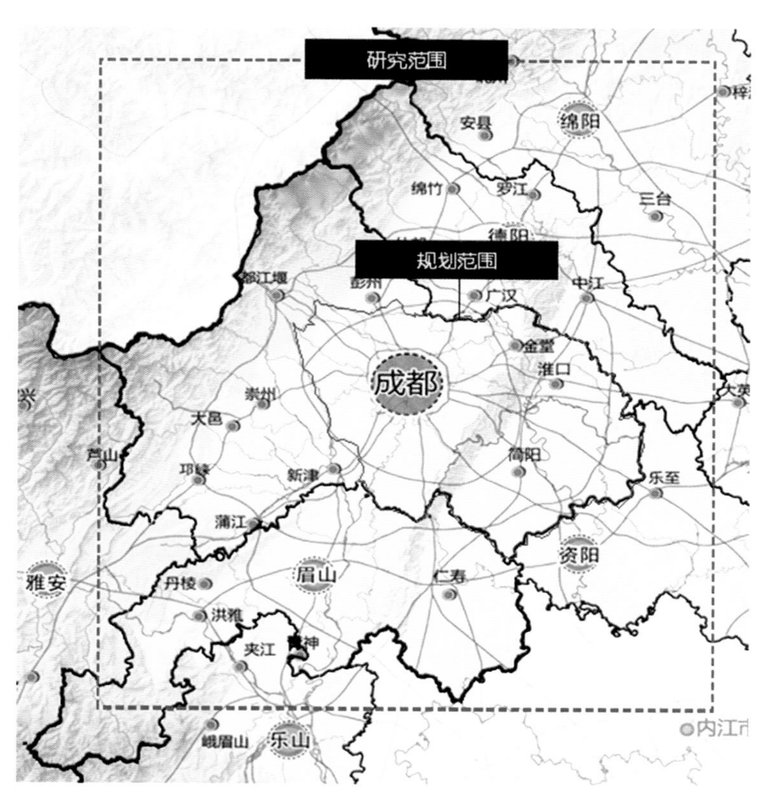

图4-2 本次研究范围及规划范围示意图

2）研究时间

成都属于亚热带季风气候，具有春早、夏热、秋凉、冬暖的气候特点，其风况也受到季节影响。对成都一年的气象数据进行分析，计算四季各气象站点有效实测数据中风速高于0.5m/s的数据占比，用于评价不同地区的静风频率高低（图4-3）。从相对关系来看，红色系区域静风频率高，蓝色系区域风况条件较好，而成都四季风况具有显著差异。

同时，分析成都市大气污染情况，首先对2017年年度AQI记录进行分析（图4-4），

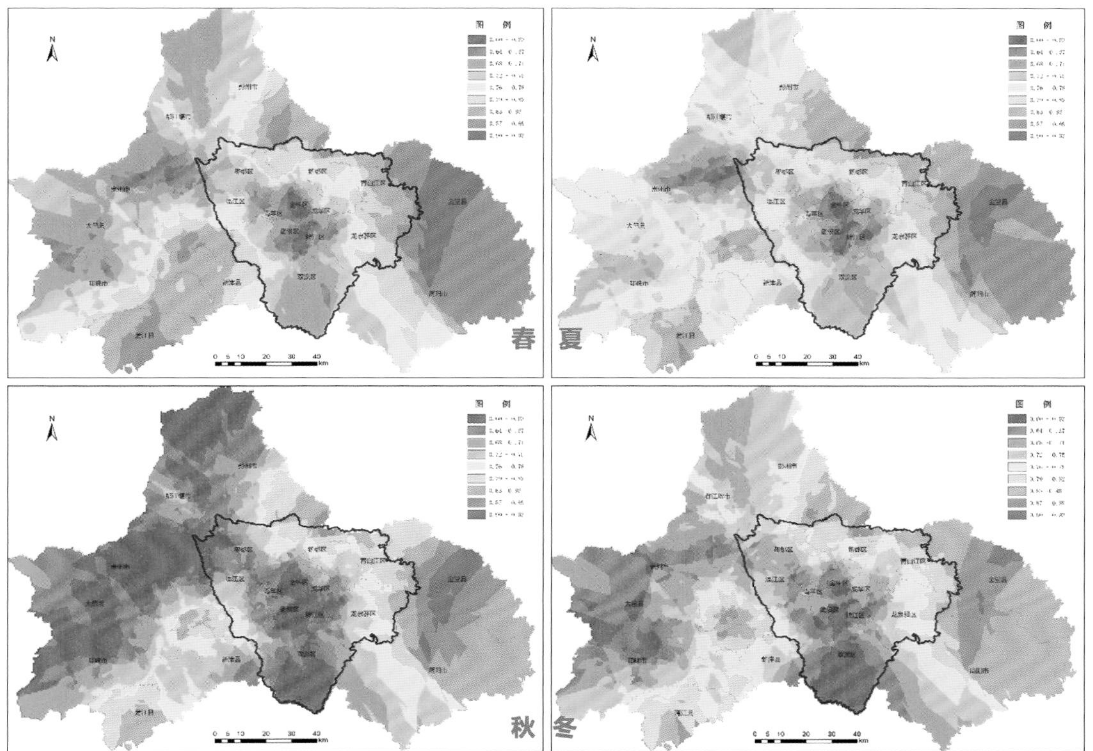

图 4-3 成都市四季静风频率分析
（图片来源：根据成都市气象站点实测数据绘制）

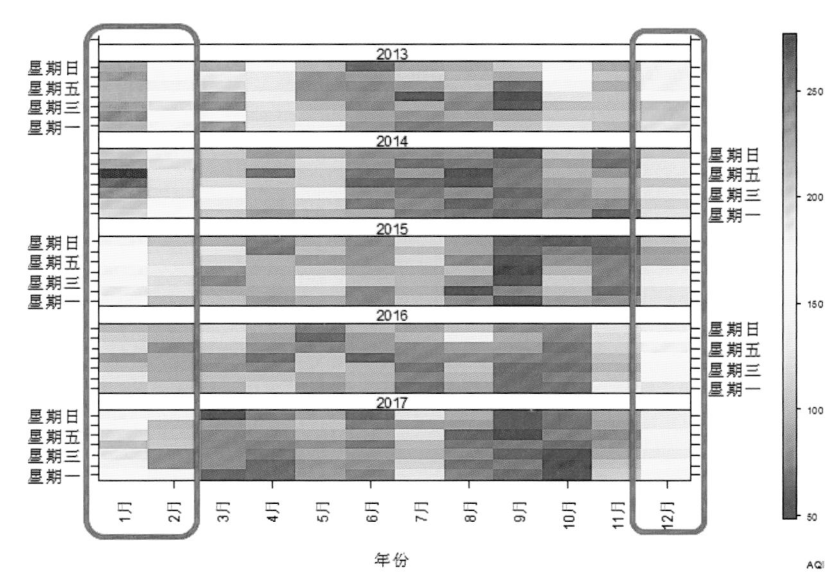

图 4-4 成都市 2013—2017 年 AQI 统计记录
（数据来源：成都市 2013—2017 年统计公报）

可见在一年的时间中，中度及重度污染主要集中于 1 月、2 月、12 月，少量发生在 7 月；同时为分析大气污染发生情况的时间规律，对 2013—2017 年的 AQI 数据进行统计分析（图 4-5），大气污染的发生主要集中于 1 月、2 月、12 月。经过上述分析可知，成都市大气污染发生的集中时段为冬季（主要为 12 月、1 月、2 月）。

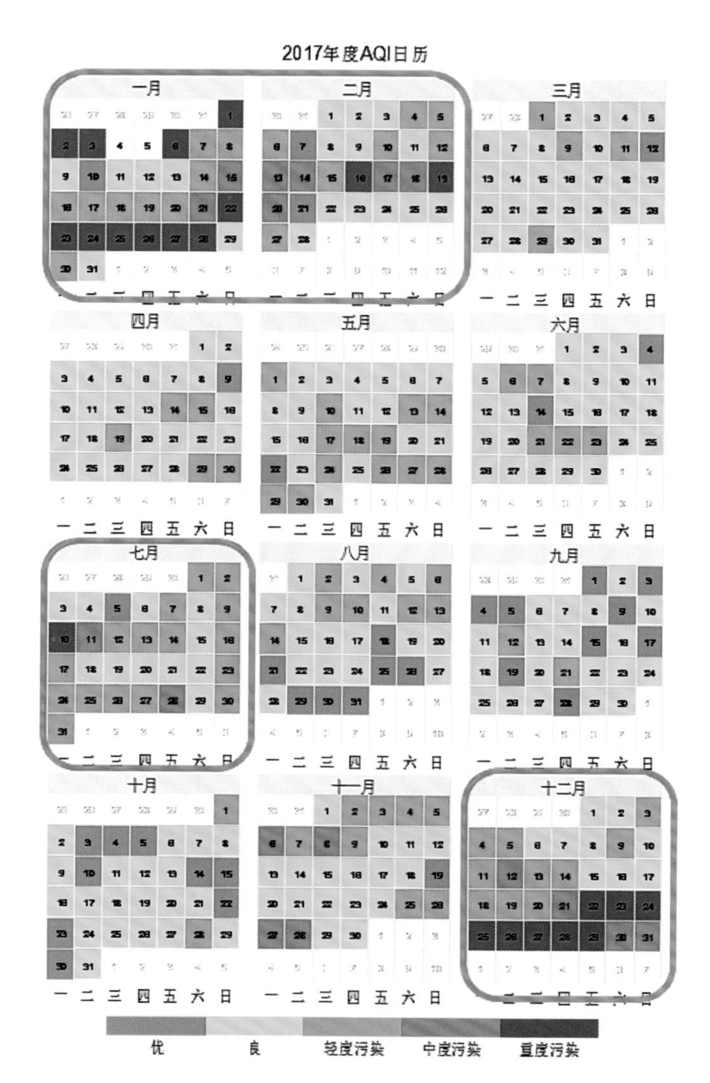

图 4-5 2017 年空气质量季节差异
（数据来源：成都市 2017 年空气质量统计数据）

综上所述，由于成都市风况受不同季节的影响显著，而大气污染同样具有较为明显的季节特征，因此为聚焦体现对大气污染有作用的风源空间分布规律，研究通过分析历年空气质量时间分布情况，重点关注中度污染和重度污染的日期，最终选取大气污染最为集中的时间段——冬季（主要为 12 月、1 月、2 月），研究该时间段内的风源空间分布特征。

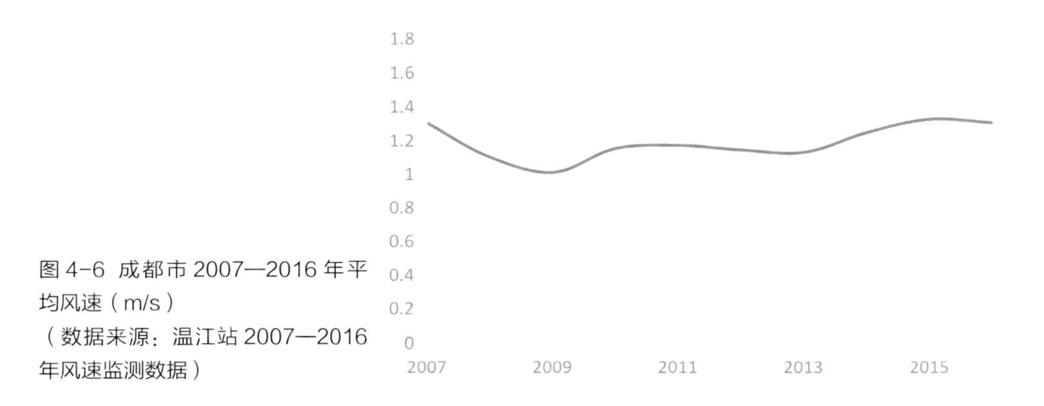

图 4-6 成都市 2007—2016 年平均风速（m/s）
（数据来源：温江站 2007—2016 年风速监测数据）

3）风源特征分析

通风廊道以风源作为研究对象，同时风源具有多种特征属性，一般包括风速、风高度、风频率等。在环境科学的专业术语中一般称风场特征，在后续研究中将予以详细说明。

（1）风速

从成都地区 2007—2016 年平均风速随时间变化趋势图可以看出，2007—2013 年，成都市年平均风速呈下降趋势；2013—2016 年，年平均风速略有上升。但整体来看，成都地区年均风速不足 2m/s（图 4-6）。同时，对成都市四季风速进行模拟，根据四季风速空间分布情况可见，在风速层面，四个季节风速没有明显的季节变化（图 4-7）。根据 2012 年 6 月发布的《风力等级》国家标准分级（表 4-1），研究区均处于软、轻风范围，总体而言没有明显差别。因此研究中对成都地区风速条件予以同一化考虑。

《风力等级》国家标准　　表 4-1

风级	名称	风速		陆地地面物体征象	海面状态
		km/h	m/s		
0	无风	＜1	0～0.2	静	静
1	软风	1～5	0.3～1.5	烟能表示方向，但风向标不动	微波
2	轻风	6～11	1.6～3.3	人面感觉有风，风向标转动	小波
3	微风	12～19	3.4～5.4	树叶及微枝摇动不息，旌旗展开	小波
4	和风	20～28	5.5～7.9	能吹起地面纸张与灰尘	轻浪
5	清风	29～38	8.0～10.7	有叶的小树摇摆	中浪
6	强风	39～49	10.8～13.8	小树枝摇动，电线呼呼响	大浪
7	疾风	50～61	13.9～17.1	全树摇动，迎风步行不便	巨浪
8	大风	62～74	17.2～20.7	微枝折毁，人向前行阻力甚大	狂浪
9	烈风	75～88	20.8～24.4	建筑物有小损	狂涛
10	狂风	89～102	24.5～28.4	可拔起树来，损坏建筑物	狂涛
11	暴风	103～117	28.5～32.6	陆上少见，有则必有广泛破坏	狂涛
12	飓风	＞117	32.7～36.9	陆上极少见，摧毁力	

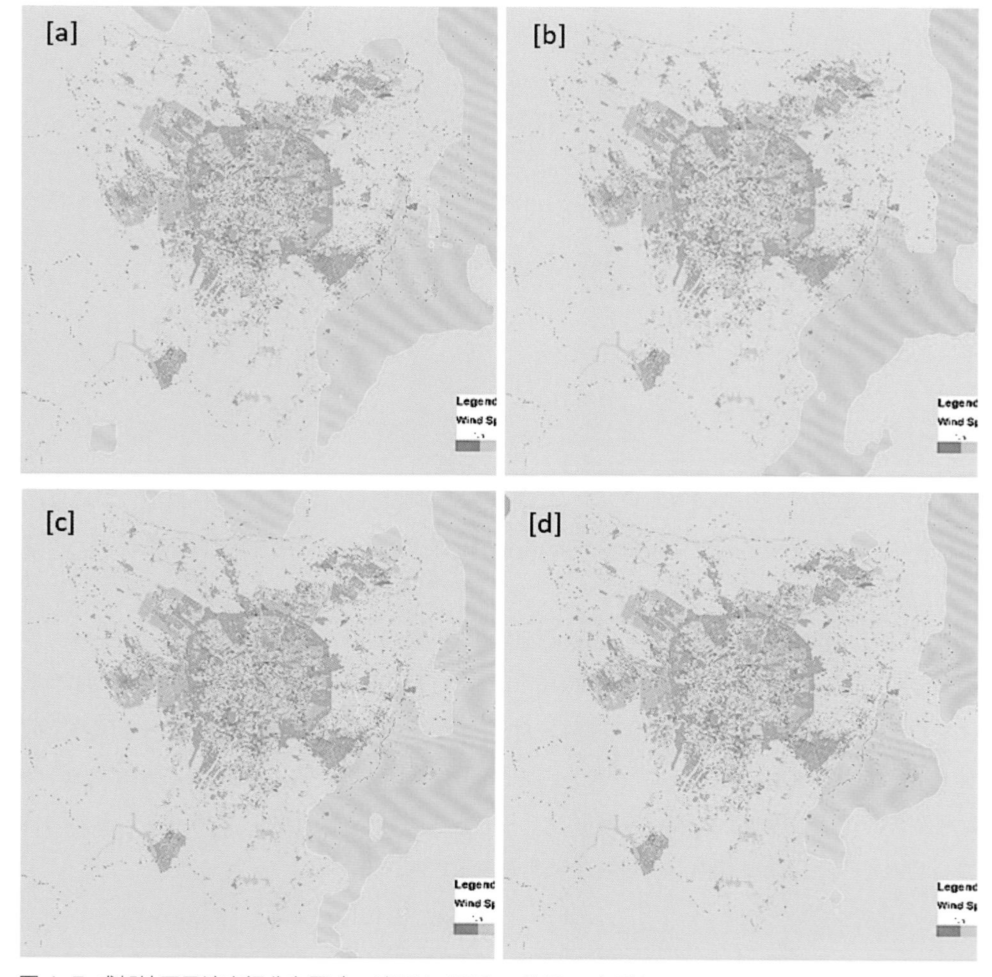

图 4-7 成都地区风速空间分布图（a. 春季 b. 夏季 c. 秋季 d. 冬季）

（2）风高度

从风的高度来看，由于中心城区建设具有典型性，因此对中心城区风高度进行模型模拟，模拟得到的风轨迹高度普遍在 100m 以下，能够反映气流进入城市范围后的运动轨迹及其受下垫面的影响（图 4-8），但经计算后显示同一区域内不同终点的气流轨迹高度呈离散分布，难以通过区域内气流平均高度反映其实际高度分布特征，对风高度的分析可操作性较差。

（3）风频率（包含风向信息）

从风向来看，成都市总体以东北风、北风为主，但各地区实际主导风向存在差异（图 4-9），同时受季节影响变化较大。而风对于缓解大气污染的作用主要在于空气流动带来的污染物扩散，与风向关系较弱。

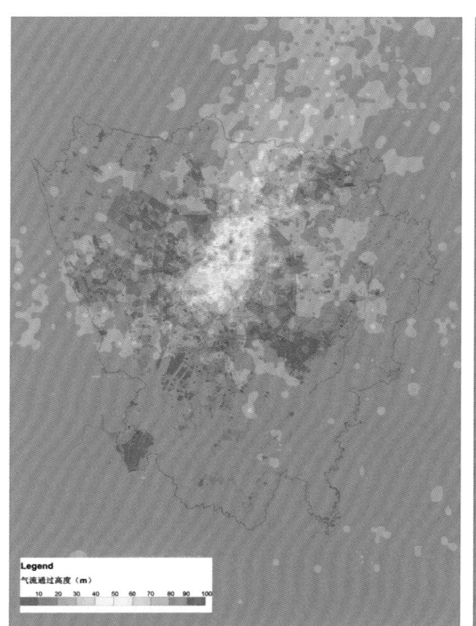

a. 现状地表风高度模拟

b. 规划后地表风高度模拟

图 4–8 成都中心城区地表风高度模拟示意图

图 4–9 成都市各地区风玫瑰示意图
（数据来源：成都市各地区风况监测数据）

从风的频率来看，风频率在空间中的落位实际包含了不同风向的气流轨迹在空间中发生的频率，通过风频率在空间上长时间的累积，可以实际反映城市常年的风向信息；同时，风频率的大小受地形等因素的影响具有明显的空间差异，可以直接影响污染扩散条件，尤其对于成都这样风速较低的城市来说，通风条件起到了决定性的作用。

综合以上对成都市风源特征的分析，此次研究选取风频率作为风源空间分布评估的主要研究对象。

4.4.2 气象观测数据空间再现

本次研究对于气象数据的空间再现主要采取模型模拟的方式，原因有以下三个方面：其一，目前现有的实测气象数据由于气象站点位数量等现实原因，其数据精度难以达到城市规划的精度要求；其二，气象监测数据可以对某具体位置瞬时的风况进行准确的表达，但区域长期的规律需要对数据进行大量的处理，在数据的获取和处理上目前仍有一定的难度；其三，本次研究中针对研究范围的下垫面进行了数据更新（包括建成区范围数据、成都市建筑高度特征等数据），模型对气象数据的模拟精度有一定的提升，可以有效支撑风源空间分布评估工作的开展，在成本、时间周期方面都具有一定的优势。

基于以上原因，因此本次研究主要运用模型开展成都及周边区域的风环境模拟，并且将模拟数据与实测数据进行了校验，在提升数据精度的同时保证了模型模拟的准确性，同时也可以更好地反映出风源空间分布的规律性。

1）本地化 WRF 模型构建

（1）模拟原理

WRF 模型基于全球气象模式的产品作为驱动，结合本地下垫面信息，基于大气物理方程，以数值方法重现大气物理过程，实现大气环流的数值模拟。WRF 模型开源发布，运行 WRF 模型所需的所有基础数据均对公众开放，驱动数据可通过网络获取，通常情况下可使用 FNL 分析场资料及 ERA 再分析场资料，对科研业务团队而言不存在模型运行的数据壁垒，但 WRF 模型在四川盆地的应用效果不佳，缺乏相应的本地化研究工作，主要有以下几点原因：天气研究与预报模型（WRF）为美国 NCEP 开发，并向全球开源，其基础数据为适应全球尺度的应用和数据体积的平衡，存在分辨率低、实效性差的问题，以成都市为例，其建成区面积所使用的数据与实际情况严重不符，最新的数据集来自 2001 年的 MODIS 卫星反演数据，难以适应成都市近年来的飞速发展，无法满足城市级应用的分辨率要求；此外，WRF 模式大气物理过程为用户提供了很多可以选择的参数化方案，不同的参数选择对模拟结果影响较大。

故本部分研究侧重于两方面内容：其一，以卫星遥感、国土资料等数据进行模型基础数据的更新，包括建成区面积、土地利用类型、叶面积指数、绿叶比、地表反射率等多个模型指标；其二，以数值正交试验的方法进行 WRF 模型不同参数方案的搭配模拟，筛选出最适宜成都市的参数化方案，改善气象场模拟效果。

（2）基础数据更新

WRF 模型使用静态数据描述区域地理特征，本书对 WRF 模型土地利用类型数据和高程数据进行了本地化更新。土地利用类型数据描述了不同模拟网格内不同土地利用类型的占比情况，不同的土地利用类型具有不同的物理属性，在反照率、叶面积指数、粗糙度等方面存在明显差异，可通过模型的 VEGPARM.TBL 或 LANDUSE.TBL 进行修改，而不同土地利用类型的分布则需要使用遥感资料进行修订，课题组使用了清华大学 FROM-GLC 2015 v1 数据（http：//data.ess.tsinghua.edu.cn/）和 MODIS 2018 数据进行本地化。高程数据主要影响温度、气压和风场的模拟，准确的高程数据有助于改善模型模拟结果，因此课题组使用 SRTM250m 分辨率高程数据对模型高程进行本地化。

土地利用类型数据使用课题组开发的程序（AMLUpdater）进行更新，该程序通过读取土地利用类型数据修改 WRF 模型 WPS 前处理程序生成的 geo_em 文件中土地利用类型相关变量实现土地利用类型数据的本地化，程序根据网格经纬度范围从原始土地利用类型数据中计算不同土地利用类型的占比，按 WRF 模型分类方法进行重分类后写入 LANDUSEF 变量，计算主导土地利用类型写入 LUINDEX 变量，值得注意的是，若更新土地利用类型后不订正修改为城市的网格对应的 GREENFRAC 变量，后续的空气质量模拟中这部分区域的沉降速率将被高估，更新程序可从网站获取（https：//github.com/airmonster/AMLUpdater）。

清华大学 FROM-GLC 数据具有 30m 的高分辨率，可通过网络获取，对四川盆地而言，FROM-GLC 2015v01 版数据部分农田被错误分类为草地，可能对结果存在一定的影响，使用时对部分分类错误进行了校正，虽然 FROM-GLC 2017v01 数据对农田错误分类的问题进行了修正，但由于 2017 版数据仅分为 10 类，无法满足模型需求，2018 版的 MODIS 土地利用类型数据分辨率为 500m，对林地的识别较为准确，但对水体和城市范围的识别效果不如 FROM-GLC 2015v01，虽然二者均存在一定的问题，但相较模型自带的 MODIS 土地利用类型数据而言，质量和实效性均有明显的提升，此外，在 MODIS 2018 土地利用类型数据的基础上，结合 FROM-GLC 2017v01 的城市、农田和水体进行融合，形成新的土地利用类型数据，保留 MODIS 2018 版数据在林地等方面的更新，同时修正其对城市范围和水体的错误识别（图 4-10）。

可见，由于模型自带 MODIS 土地利用类型数据更新时间为 2001 年，距今约 20 年，难以反映成都市近年来的发展情况，对成都市城市范围存在明显的低估，此外对龙泉山及以东丘陵地区的林地分布存在明显的偏差，多数林地被识别为农田；FROM-GLC 2015v01 则

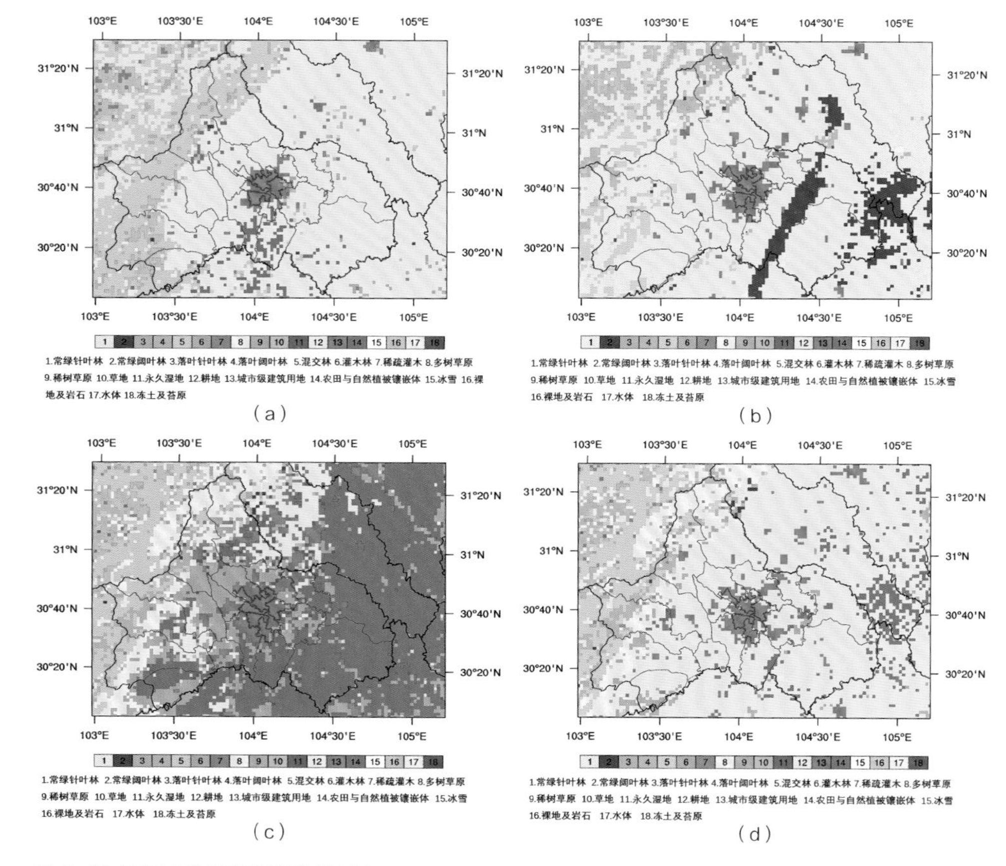

图 4-10 不同土地利用类型数据对比
（a. 模型自带 MODIS 土地利用数据；b. FROM-GLC 2015v01 数据；c. MODIS2018 年土地利用数据；d. 新融合的土地利用类型数据）

较好识别了龙泉山及以东丘陵地区的林地分布，城市范围也与现状较为符合，同时正确反映了三岔湖的位置；MODIS 2018 数据城市范围较实际情况偏大，且对农田的识别存在明显的问题，中心城区以西的农田被识别为稀树草原（Savannas），其余大部分地区则为农田与其他植被类型的混合（Cropland mosaics），三岔湖则识别为湿地，但该数据对龙门山脉林地识别较为准确；基于 MODIS 2018 数据和 FROM-GLC 2017v01 数据融合后的土地利用类型订正了 MODIS 2018 数据农田的错误，同时对城市范围进行了更准确的描述，水体的分布也更为符合实际情况。设计 4 个土地利用类型情景，基于模型自带 30s 分辨率高程数据进行模拟，如下：

C1（M30DO），使用 WRF 模型自带 MODIS 数据；

C2（GLCDO），使用 FROM-GLC 2015v01 数据；

C3（MDO），使用 MODIS 2018 版数据；

C4（MFGDO），使用 MODIS 2018 版数据并融合 FROM-GLC 2017v01 的城市、农田和水体。

为综合反映土地利用类型更新对成都市全域气象条件模拟结果的影响，课题组使用了成都市不同区县气象观测站点的实测数据对模型模拟结果进行检验，从相关系数 R 和归一化平均误差 NMGE 两方面分别评价不同土地利用类型数据对风速、气温和气压的影响，以 2019 年 11 月模拟结果为例，如表 4-2 所示。

风速模拟结果统计检验　　表 4-2

	相关系数 R				归一化平均误差 NMGE（%）				风速（m/s）				
	C1	C2	C3	C4	C1	C2	C3	C4	C1	C2	C3	C4	OBS
崇州市	0.51	0.5	0.59	0.48	44.84	43.37	47.31	44.07	1.46	1.43	1.52	1.45	1.05
温江区	0.55	0.59	0.58	0.6	48.95	36.83	46.52	39.38	1.65	1.47	1.65	1.51	1.14
都江堰	0.18	0.21	0.14	0.21	53.36	45.78	41.47	46.53	1.39	1.33	1.24	1.33	0.92
彭州市	0.18	0.16	0.24	0.27	47.44	30.35	28.96	30.27	1.77	1.12	1.15	1.17	1.23
郫都区	0.05	0.02	0.05	0.06	110.49	93.09	96.23	97.54	1.71	1.57	1.6	1.6	0.81
新津县	0.46	0.45	0.5	0.43	35.38	32.87	33.58	34.47	1.34	1.32	1.4	1.31	1.1
蒲江县	0.16	0.18	0.35	0.23	36.8	34.47	25.05	27.21	1.57	1.48	1.44	1.4	1.31
邛崃市	0.6	0.61	0.61	0.62	46.96	42.99	50.42	45.93	1.53	1.49	1.57	1.52	1.05
大邑县	0.52	0.53	0.6	0.51	42.92	35.59	26.38	25.43	1.52	1.4	0.94	1	1.11
龙泉驿	0.04	0.04	0.06	0.04	45.26	43.16	39.94	40.37	1.66	1.6	1.6	1.52	1.29
双流区	0.44	0.41	0.39	0.44	31.29	33.19	28.46	28.36	1	1	1.01	0.97	0.92
新都区	−0.19	−0.12	−0.13	−0.13	57.36	35.99	38.19	36.29	1.58	1.02	0.98	1.02	1.15
金堂县	0.05	0.05	0.12	0.13	47.53	42.92	39.39	40.88	1.8	1.52	1.62	1.61	1.5
平均	0.27	0.28	0.32	0.3	49.89	42.35	41.68	41.29	1.54	1.37	1.36	1.34	1.12

模拟结果显示，由于成都市总体平均风速偏低，模型模拟过程中，由于模拟网格分辨率为 2km，地形等下垫面数据有所平滑，导致下垫面对风的拖曳作用有所低估，模拟结果较实测数据有所偏大，但更新后的下垫面数据对风速模拟偏高的问题有一定的改善，站点归一化平均误差的均值由 49.89% 下降至 40% 左右，以 C4 情景最佳。从相关系数上看，模型对都江堰市、彭州市、郫都区、蒲江县等西部沿山区县以及龙泉驿区、新都区和金堂县等龙泉山沿山区县的模拟结果相对较差，其他区（市）县相关系数接近或超过 0.5，下垫面数据更新对部分区（市）县的相关系数存在轻微的负面影响，使其相关系数略有下降，但对大部分区（市）县而言至少有一个情景会造成相关系数的升高，从站点平均相关系数上看，风速相关系数最佳的情景为 C3，其次为 C4，但对模拟效果不佳的区（市）县，更

新下垫面资料带来的风速相关系数提升并不显著，可见在四川盆地复杂地形下的风速模拟仍然是个难点（图 4-11）。

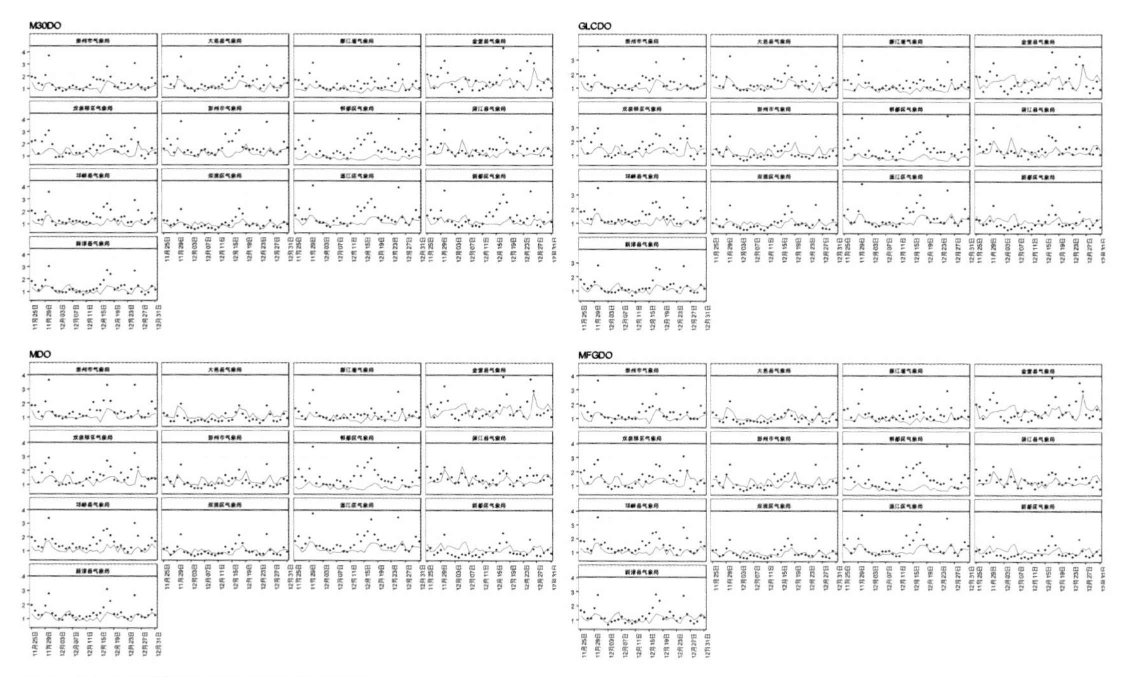

图 4-11 不同情景日均风速时间序列

从时间序列上看，各情景基本能够反映风速的变化趋势，但部分时段存在风速模拟显著偏高的情况，西部沿山区（市）县偏高更为显著，但更新下垫面资料后风速偏高的情况有所好转，综合统计结果和时间序列结果，结合土地利用类型数据与实际情况的差异，认为 C4 情景为最佳方案。

对气温模拟结果进行分析，如表 4-3 所示。

气温模拟结果统计检验　　表 4-3

	相关系数 R				归一化平均误差 NMGE（%）				气温（℃）				
	C1	C2	C3	C4	C1	C2	C3	C4	C1	C2	C3	C4	OBS
崇州市	0.7	0.7	0.74	0.71	19.47	20.46	21.53	18.72	9.81	9.9	10.04	9.75	8.31
温江区	0.67	0.68	0.71	0.68	15.29	16.47	16.72	15.13	9.2	9.39	9.51	9.24	8.24
都江堰	0.71	0.71	0.72	0.74	20.55	21.11	27.04	19.63	8.89	8.92	9.39	8.83	7.39
彭州市	0.64	0.65	0.69	0.65	11.02	12.51	13.68	11.52	8.78	9.19	9.42	9.03	8.42
郫都区	0.66	0.67	0.65	0.64	12.92	12.97	13.63	12.45	8.97	9.04	9.11	8.93	8.34

续表

	相关系数 R				归一化平均误差 NMGE（%）				气温（℃）				
	C1	C2	C3	C4	C1	C2	C3	C4	C1	C2	C3	C4	OBS
新津县	0.73	0.73	0.74	0.72	10.98	11.94	10.89	10.96	9.85	9.99	9.9	9.81	9.15
蒲江县	0.73	0.74	0.75	0.74	14.82	14.78	15.35	13.62	9.58	9.59	9.69	9.45	8.55
邛崃市	0.72	0.75	0.78	0.75	14.58	14.98	15.58	13.67	9.94	10.02	10.12	9.85	8.85
大邑县	0.73	0.75	0.78	0.77	16.51	17.39	21.89	18.76	9.75	9.85	10.29	9.99	8.46
龙泉驿	0.64	0.64	0.67	0.61	12.72	13.59	12.44	13.07	9.15	9.29	9.21	9.11	8.5
双流区	0.74	0.73	0.7	0.71	9.24	10.56	10.59	9.31	9.82	10.03	10.05	9.8	9.29
新都区	0.61	0.66	0.69	0.65	11.16	12.42	12.1	11.35	9.11	9.53	9.57	9.39	8.78
金堂县	0.61	0.61	0.66	0.61	11.09	11.51	10.86	10.82	9.3	9.38	9.51	9.2	9.02
平均	0.68	0.69	0.71	0.69	13.87	14.67	15.56	13.77	9.4	9.55	9.68	9.41	8.56

可见，成都市各区（市）县气温模拟结果较风速而言更好，相关系数普遍在 0.6 以上，部分区市县达到 0.7 以上，基本反映了实际气温的变化趋势。总体而言，不同情景对气温相关系数的改善存在差异，其中 C3 情景相关系数最高，站点平均达到 0.71，C2 和 C4 情景则基本一致，但土地利用类型数据的更新对气温相关系数的提升幅度有限（图 4-12）。从

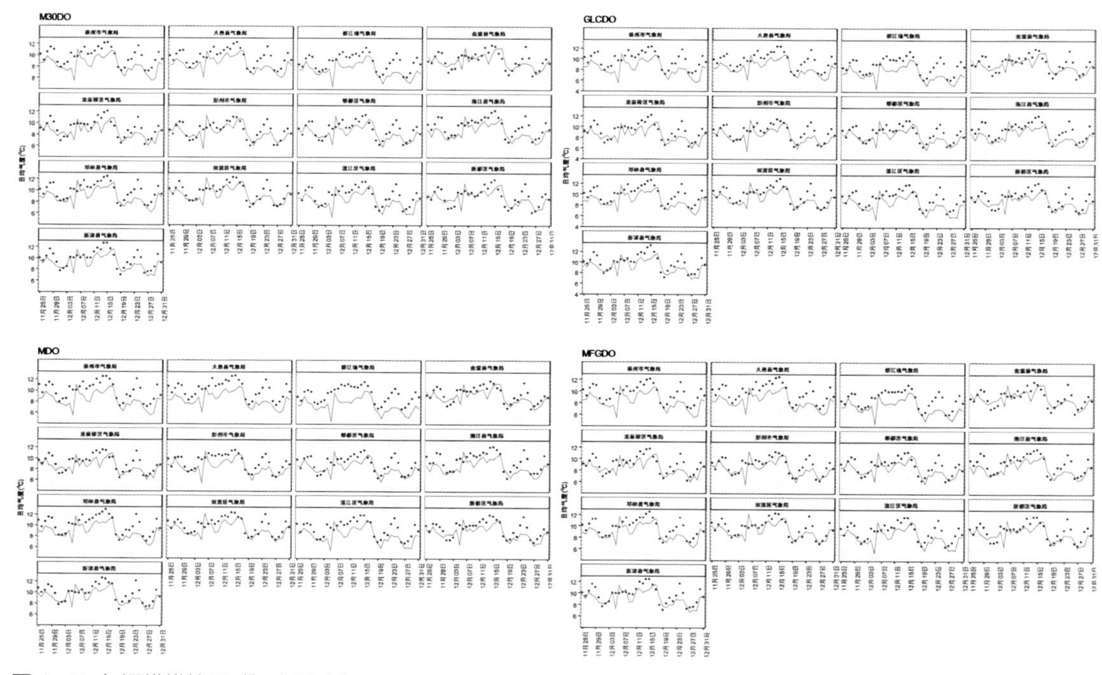

图 4-12 气温模拟结果时间序列对比

归一化平均误差来看，各情景相较实测值而言均存在 15% 左右的误差，其中 C2、C3 情景略高于模型自带数据模拟结果，C4 情景则对温度偏高的情况有一定的改善。综合相关系数和归一化平均误差来看，认为 C4 情景对气温模拟存在一定的改善效果。

从时间序列模拟结果上看，模型最平均气温的模拟存在高估，但模式对降温升温过程的把握较为准确，不同的土地利用类型资料并未对气温节点和量级的模拟产生显著的影响。

气压模拟结果统计指标如表 4-4 所示。

气压模拟结果统计指标 表 4-4

	相关系数 R				归一化平均误差 NMGE (%)				气压（hPa）				
	C1	C2	C3	C4	C1	C2	C3	C4	C1	C2	C3	C4	OBS
崇州市	0.99	0.99	0.99	0.99	0.3	0.29	0.29	0.3	963.3	963.24	963.23	963.34	960.42
温江区	0.99	0.99	0.99	0.99	0.16	0.17	0.17	0.16	958.11	958.05	958.04	958.14	959.67
都江堰	0.99	0.99	0.99	0.99	0.11	0.11	0.11	0.11	944.36	944.32	944.33	944.4	943.38
彭州市	0.99	0.99	0.99	0.99	0.16	0.17	0.17	0.16	954.13	954.07	954.08	954.16	955.69
郫都区	0.99	0.99	0.99	0.99	0.25	0.25	0.25	0.24	955.97	955.92	955.91	956.01	958.35
新津县	0.98	0.98	0.98	0.98	0.08	0.08	0.08	0.08	968.96	968.9	968.9	969	968.81
蒲江县	0.99	0.99	0.99	0.99	0.17	0.16	0.16	0.17	957.62	957.57	957.57	957.66	956.04
邛崃市	0.99	0.99	0.99	0.99	0.27	0.27	0.28	0.26	960.33	960.28	960.27	960.37	962.92
大邑县	0.99	0.99	0.99	0.99	0.09	0.09	0.09	0.09	959.17	959.12	959.11	959.2	959.8
龙泉驿	0.99	0.99	0.99	0.99	0.11	0.11	0.11	0.1	963.59	963.54	963.56	963.64	964.51
双流区	0.99	0.99	0.99	0.99	0.23	0.24	0.24	0.23	963.41	963.35	963.36	963.45	965.67
新都区	0.99	0.99	0.99	0.99	0.12	0.13	0.13	0.12	962.52	962.46	962.46	962.55	963.61
金堂县	0.99	0.99	0.99	0.99	0.07	0.07	0.07	0.07	966.15	966.11	966.13	966.2	965.81
平均	0.99	0.99	0.99	0.99	0.16	0.16	0.17	0.16	959.82	959.76	959.77	959.86	960.36

可见，模型对气压的模拟结果较为准确，和实际情况基本一致，相关系数接近 1，由于气压主要受高程的影响，不同的土地利用类型数据对气压的模拟影响基本可以忽略。

高程数据则采用 openwfm 小组提供的 convert_geotiff 程序（https：//github.com/openwfm/convert_geotiff）直接生成模型所需的二进制文件，修改 GEOGRID.TBL，增加对生成数据的引用路径、差值方法后，可供 WPS 直接使用，颇为遗憾的是，该程序无法正常处理土地利用类型数据。

SRTM250m 分辨率数据和模型自带的 30s 分辨率（约 1km）高程数据相比基本一致，

WRF 模型的参数化方案汇总 表 4-8

类别	方案	说明
微物理方案	Lin 方案	考虑冰、雪、霰过程，适用于高分辨率模拟
	WSM5 方案	较 WSM3 方案而言略微复杂，考虑混合相过程和超冷水
	Eta 方案	NCEP Eta 模型的业务方案，具有高分辨率选项
	WSM6 方案	考虑冰、雪、霰过程，适用于高分辨率模拟
	Goddard 方案	考虑冰、雪、霰过程，适用于高分辨率模拟
	新 Thompson 方案	考虑冰、雪、霰过程，适用于高分辨率模拟
	Morrison Double-moment 方案	考虑冰、雪、雨、霰过程，适用于云解析尺度模拟
	WDM6 方案	类似 WSM6
长波辐射方案	RRTM 方案	快速辐射传输模型，利用查表的方式保证计算速度
	GFDL 方案	Eta 业务辐射方案
	CAM 方案	CAM3 气候模型方案
	RRTMG 方案	RRTM 模型的更新版
	新 Goddard 方案	高效率的多波段模型
	Fu-Liou-Gu 方案	多波段、考虑云效应
短波辐射方案	Dudhia 方案	高效率计算云和净空条件下的辐射吸收和散射
	Goddard 方案	多波段方案，结合气候学考虑云和臭氧的影响
	GFDL 方案	Eta 业务方案
	CAM 方案	CAM3 气候模型方案
	RRTMG 方案	利用 MCICA 方法考虑随机云覆盖
	新 Goddard 方案	多波段方案，结合气候学考虑云和臭氧的影响
	Fu-Liou-Gu 方案	多波段，考虑云的影响，结合气候学考虑臭氧影响
地表层方案	MM5 近似方案	与 MM5 模型类似
	Eta 近似方案	Eta 模型所使用的方案
	QNSE 方案	QNSE 边界层方案使用的地表层方案
	MYNN 方案	MYNN 边界层方案使用的地表层方案
	TEMF 方案	总质能通量方案
陆面过程方案	5 层热扩散方案	仅考虑温度
	RUC 陆面模型	RUC 业务方案，考虑 6 层土壤温度和湿度
	Noah 陆面模型	考虑四层土壤温度和湿度
	Noah-MP 陆面模型	Noah 多物理过程方案，综合考虑植被冠层、冰雪覆盖等过程
边界层方案	YSU 方案	延世大学方案
	MYJ 方案	Eta 业务方案
	ACM2 方案	非对称对流方案
	QNSE 方案	TKE 预测，区分稳定和非稳定时段分别计算边界层
	MYNN2.5 方案	预测次网格 TKE
	MYNN3.0 方案	预测 TKE 和其他二阶动差
积云对流方案	GD 方案	适用于中尺度和高分辨率的积云对流方案
	GF 方案	改良的 GD 方案，适用于高分辨率

为了获得最适合成都市近地面的模拟参数方案，在缺乏相关参考资料的情况下，课题组建立了一套正交模拟技术，利用程序生成不同参数方案搭配下的 namelist，调用 WRF 模型完成模拟，提取气象站点对应的模拟结果与实测数据对比，通过相关系数、相对偏差、相对误差和 FAC2 进行总体评分，即 SCORE=R+（1-NMB）+（1-NME）+FAC2，理想模拟的得分为 4 分（图 4-14）。

图 4-14 最优参数方案流程图

由于 WRF 模型不同的参数方案选择较多，若将所有方案进行正交实验会导致情景数量过于庞大，故课题组基于前期研究成果，选择使用 WSM5 作为微物理方案搭配 RRTMG 长短波辐射方案，以及地表层方案、陆面过程方案和边界层方案进行正交模拟，以确定最佳边界层相关方案的选择，涉及以下参数方案选项：

地表层方案包括 Revised MM5（1）、Eta similarity（2）、NCEP GFS（3）、QNSE（4）、MYNN（5）、Pleim-Xiu（7）、TEMF（10）、MM5 similarity（91）。

陆面过程方案包括 5-layer thermal diffusion（1）、Noah（2）、RUC（3）、CLM4（5）、Pleim-Xiu（7）、SSiB（8）。

边界层方案包括 YSU（1）、MYJ（2）、NCEP GFS（3）、QNSE-EDMF（4）、MYNN2.5（5）、MYNN3（6）、ACM2（7）、BouLac（8）、Bretherton-Park/UW TKE（9）、TEMF（10）、Shin-Hong（11）、GBM TKE（12）。

正交情景数量共计 574 个，受时间限制，课题组仅针对一次冷空气过程开展 3 日模拟，过程包括了一次明显的增风降温过程，该模拟方式无法准确反映需要进行长时间初始化的方案（如 Noah 陆面过程方案）的模拟效果。

最终正常完成 129 个方案的模拟，提取相关的数据进行评价，并在此基础上选择最佳方案。经统计，33 个模拟情景得分超过 3 分，其中最高分情景（3.11 分）地表层方案使用了 MM5 similarity，陆面过程方案为 RUC，边界层方案为 MYNN3，而最低分情景（1.80 分）地表层方案为 NCEP GFS，陆面过程方案为 Noah，边界层方案为 Bretherton-Park/UW TKE，二者对比如图 4-15（绘图中并未进行 SLP 和本地气压的换算，下同）。

可见，最高分方案（图 4-15）基本可以重现成都市不同气象观测站点的风速、温度变化趋势，对风向的变化也基本描述准确，但最低分方案（图 4-16）则在风速模拟上存在明显的偏差，温度变化与实际情况也严重不符。对结果进行分析的过程中也发现，相同的陆面过程方案搭配不同的地表层方案和边界层方案，得到的结果差异也较大，以文献中使用较多的 Noah 方案为例，其模拟结果得分可高至 3.01 分，也可低至 1.80 分，但如前所述，大多数陆面过程方案需要一定时间的 Spin-up，受限于课题研究进度和计算能力的限制，导致仅进行 3 日的模拟结果存在较大的不确定性，本研究仅取相对最优方案，并将课题组的思路与读者共享，起抛砖引玉的作用。

最优方案的选择除使用评分机制排序外，还结合了课题组成员对模拟结果的人工判断，最终选择 MM5 Similarity 作为地表层方案，RUC 作为路面过程方案，并使用 MYN 边界层方案。

微物理方案是 WRF 模型的核心方案之一，该方案描述了云中水的不同形态之间的物理变化过程，及不同转换过程中感热、潜热等作用对天气过程的影响，直接影响温度、湿度和降水的模拟准确性。

为进一步研究微物理方案对模拟结果的影响，在其他参数方案不变的情况下，课题组对 WRF 模型中 Lin 方案（2）、WSM3（3）、WSM5（4）、Eta（5）、WSM6（6）、Goddard（7）、New Thompson（8）、Morrison double-moment（10）、WDM5（14）、WDM6（16）、Stony Brook University（13）和 HUJI（32）共计 12 中微物理方案进行了模拟实验，除 New Thompson 方案和 HUJI 方案未正常模拟出结果外，其他 10 个微物理方案实验结果评分最高为 3.12，最低为 3.01（图 4-17、图 4-18）。

可见，在设立的评分体系下，不同的微物理方案总体得分差异并不大，但针对不同的气象要素而言，不同的微物理方案模拟结果差异则较为明显，且难以通过单个要素的模拟结果评判整体的模拟效果。

从综合评分上看，最优微物理方案为 Stony Brook University 方案，而最差的方案则为 Eta 方案，但就单个要素的模拟结果而言，Eta 方案在风速、气温两个要素的模拟结果与实测相关系数均略优于 Stony Brook University 方案，但偏差高于 Stony Brook University 方案，此外，Morrison double-moment 的实际表现也处于尚可水平，尤其是较好地重现了温江站的风速变化情况，就风速和温度而言，WSM3 的综合评分也较高。总体而言，就地面要素而言，微物理方案对模拟结果的影响不如边界层相关方案的影响明显。

此外，为了明确 WRF 辐射方案对模拟结果的影响，分别使用以下长波辐射方案和短波辐射方案进行实验：

长波辐射方案包括 RRTM（1）、CAM（3）、RRTMG（4）、New Goddard（5）、FLG（7）。

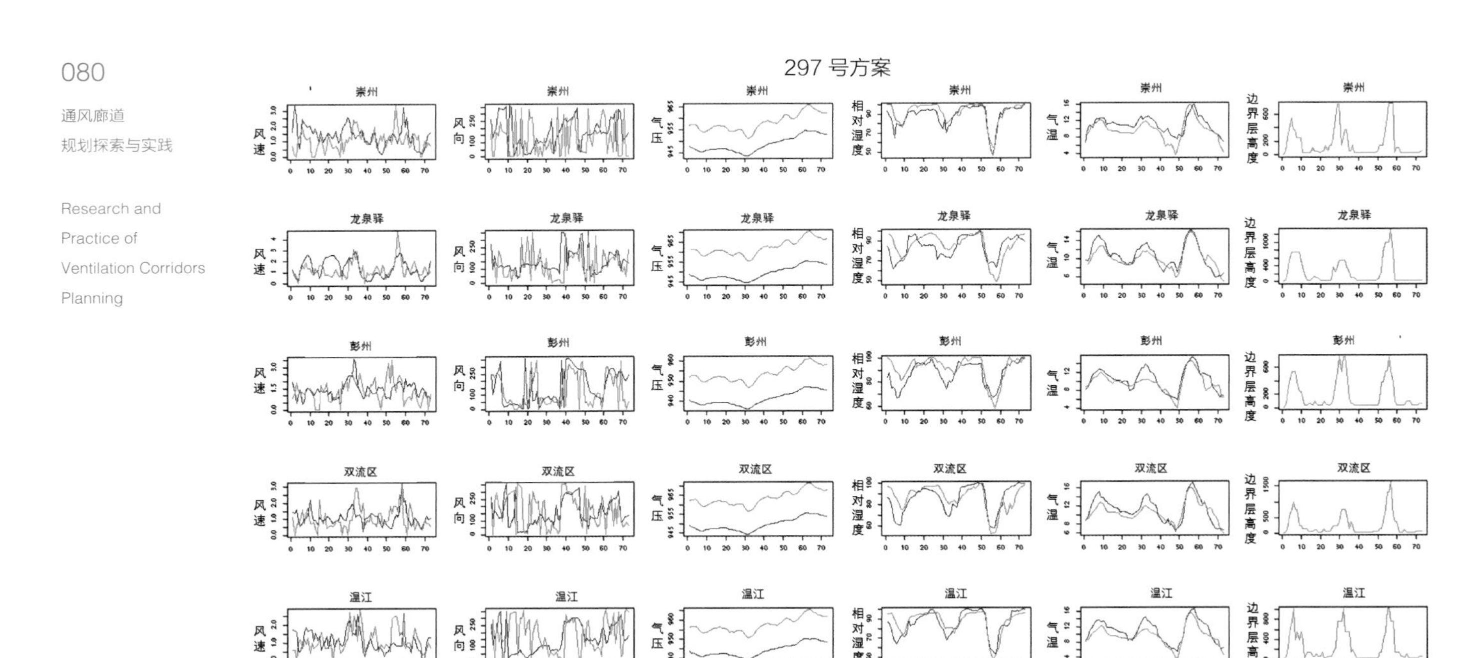

图 4-15 最高分方案模拟结果（红色为模拟，蓝色为实测，下同）

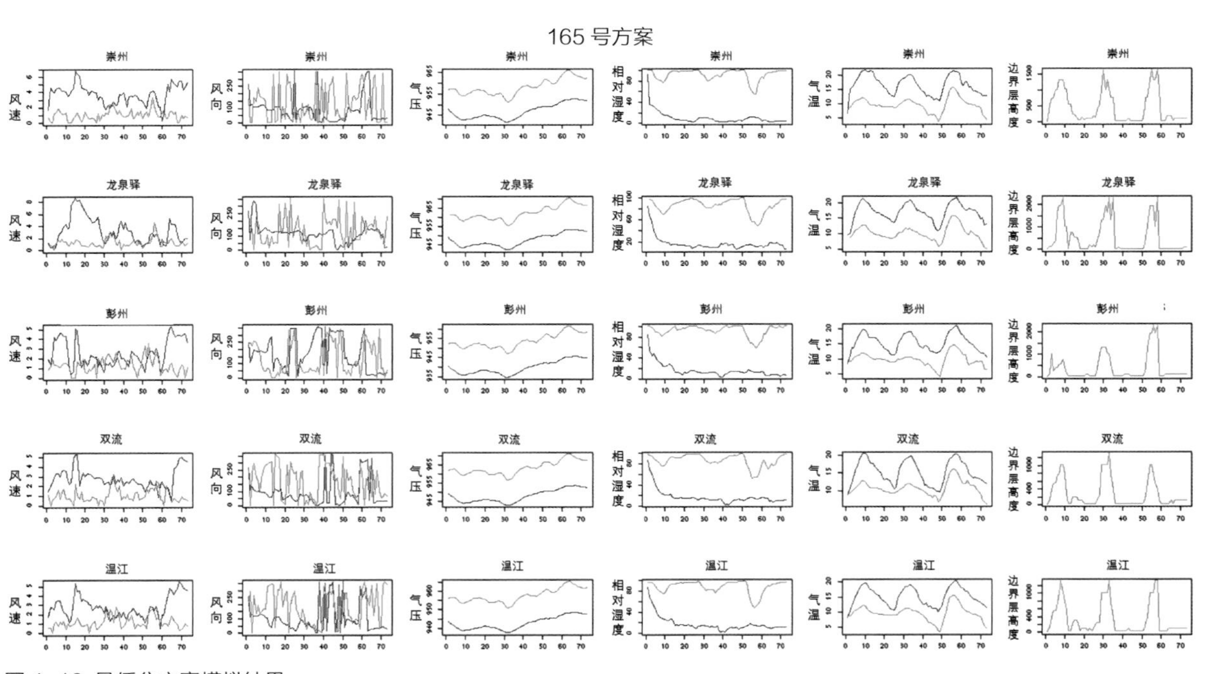

图 4-16 最低分方案模拟结果

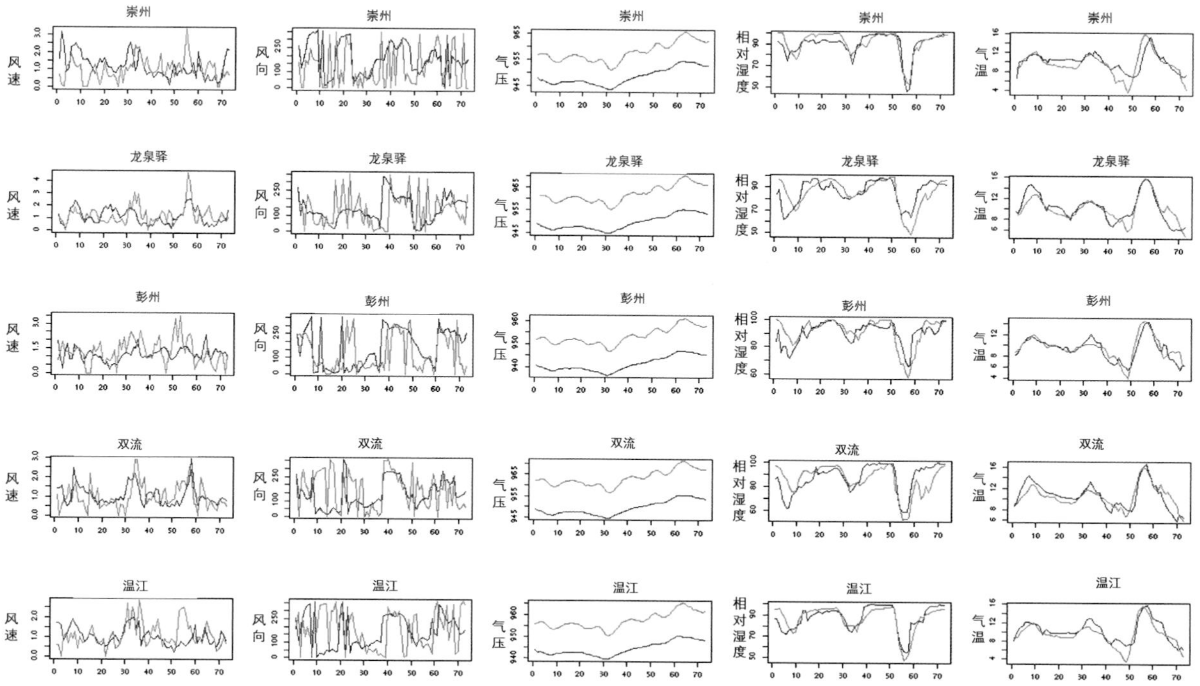

图 4-19 辐射方案实验最高分模拟结果

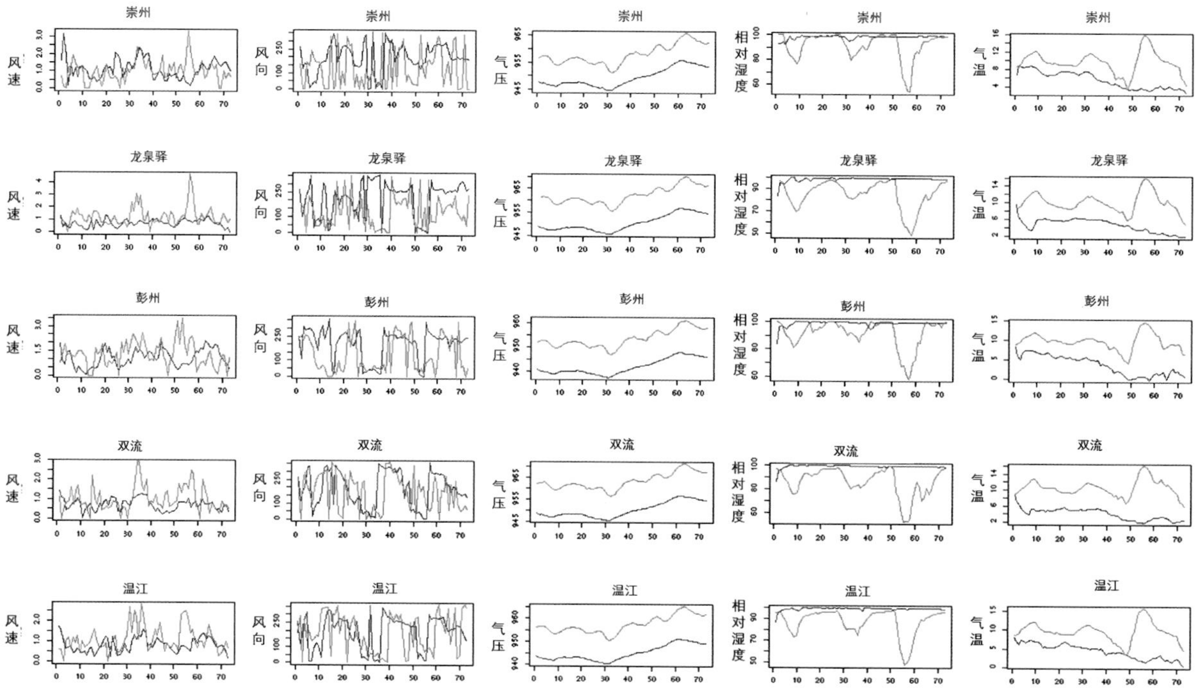

图 4-20 辐射方案实验最低分模拟结果

总体而言，模型较好地反映了成都市冬季气象特征，可将该气象模拟结果用于后续通风特征模拟工作中。

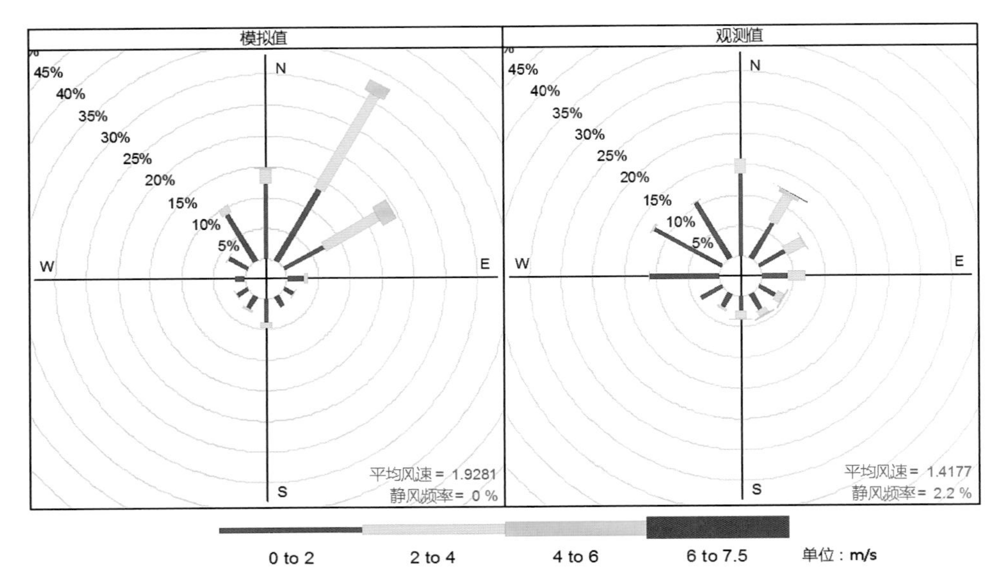

图 4-21 模拟风玫瑰与实测情况对比

3）多年气象观测数据模拟

为保障模型模拟结果对风源空间分布规律性的体现，增强数据可信度，研究利用本地化 WRF 模型对成都市近 5 年 12 月、1 月、2 月气象数据进行模拟（图 4-22），得到近 500 个大气物理过程样本，作为下一步风源空间规律研究的基础数据。

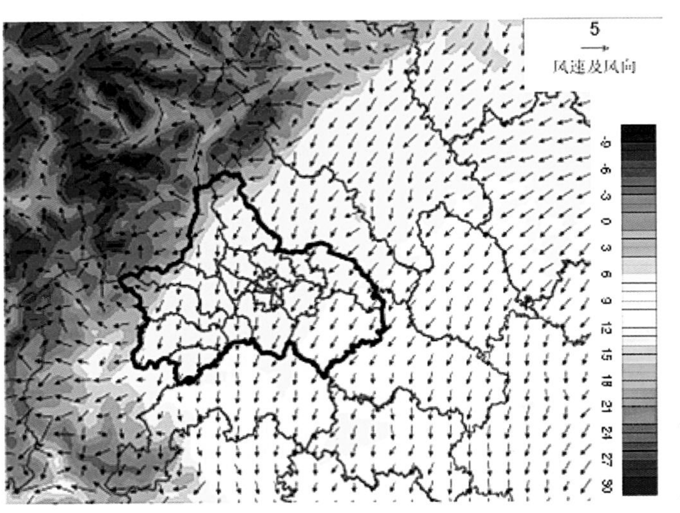

图 4-22 WRF 模型模拟过程示意图
（图片来源：根据成都市环境科学研究院模拟数据绘制）

4.4.3 风源轨迹可视化

1）利用传输模型具化气流轨迹

为了使气流轨迹能在空间中具象，利用 WRF 高分辨率模拟数据驱动 Hysplit 单粒子拉格朗日传输模型，计算成都市冬季、夏季气团路径轨迹，并对其基于角距离进行聚类，得到更为直观的气流轨迹（图 4-23）。WRF 模型分辨率达到 1km。

从图 4-24 可以看出，冬季气流主要来自于成都市东北部地区，同时有少部分气团来自盆地内部，经由龙泉山脉海拔高度较低的部分进入成都市。夏季气流以偏北风影响为主，主要是受盆地地形的影响，轨迹来自东北部、正东和东南三部分。

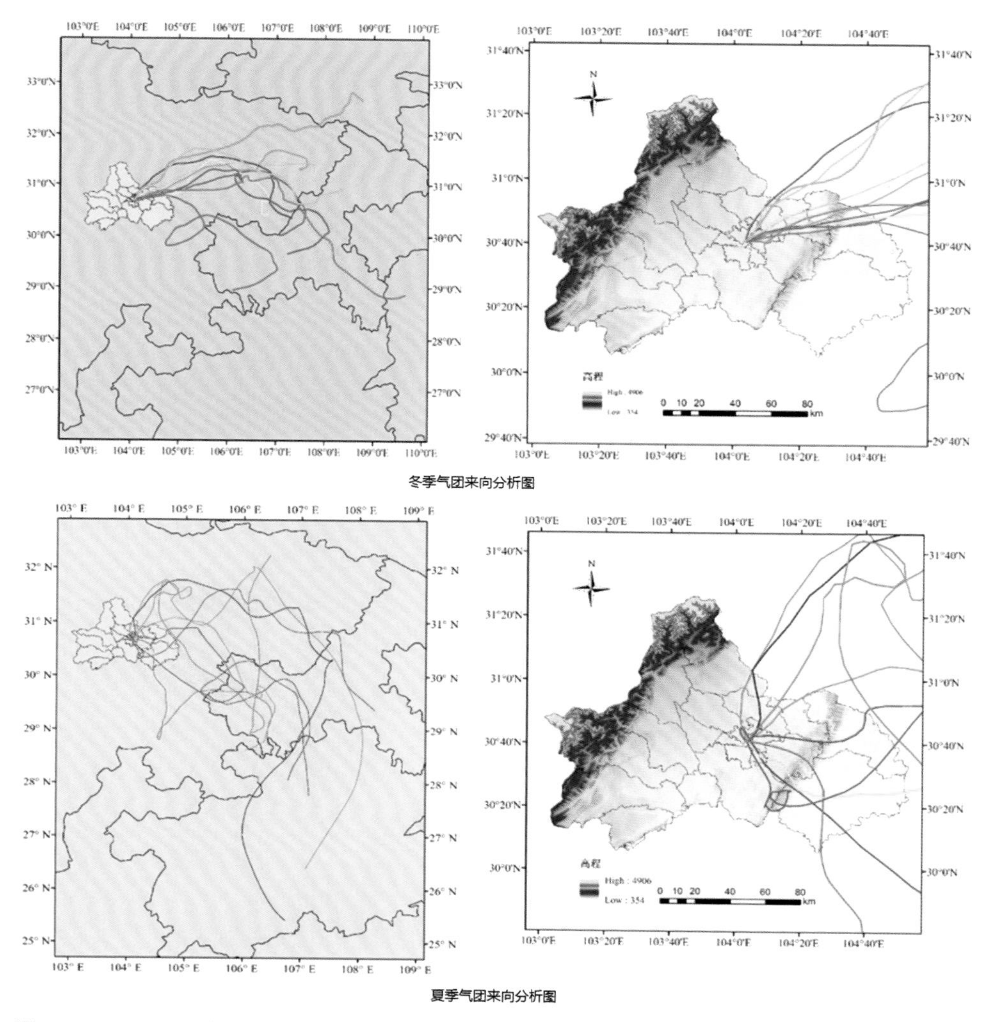

图 4-23 Hyplist 传输模型模拟的气流轨迹

2）基于目标区域筛选有效气流轨迹

采用成都市 11+2 范围内 140 余个气象自动监测站点作为轨迹终点进行后向轨迹模拟，并去掉轨迹终点 5km 范围内的数据避免轨迹统计结果过高；同时，为了保障气流轨迹对于目标区域的有效性，模型评估聚焦核心区域，提取到达中心城区和东部新城的有效气流轨迹，去除可能对最终结果产生影响的无效气流轨迹，再次对数据针对性和准确性进行了优化（图 4-24）。

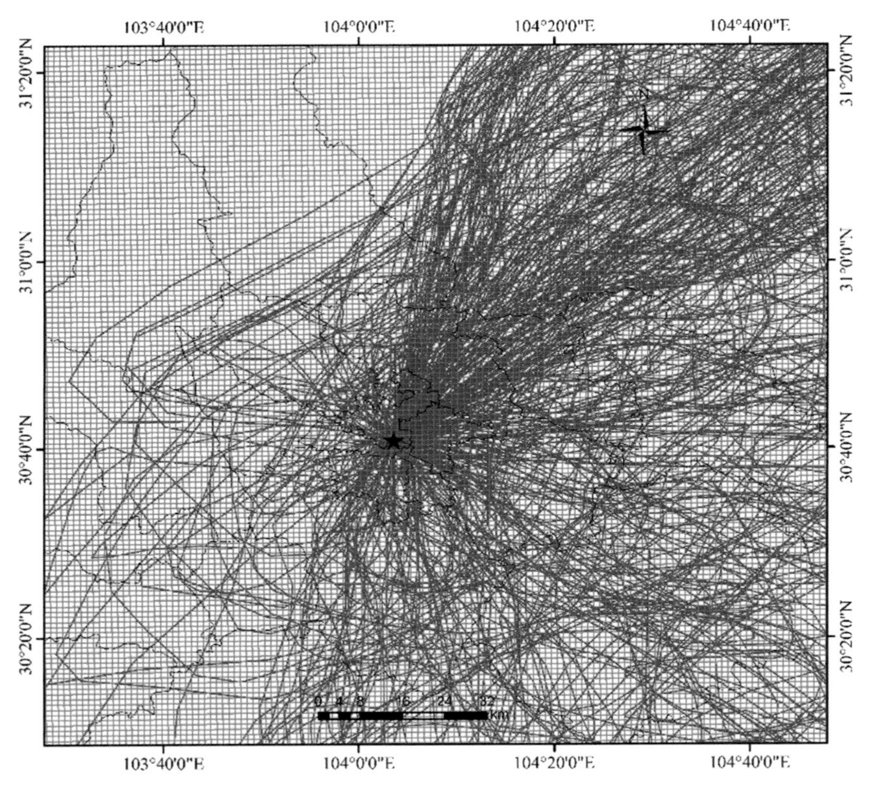

图 4-24 成都气流轨迹示意（以 1 点为例）

4.4.4 风源空间分布评估

1）轨迹信息投射至 GIS 空间网格

由于气流轨迹在空间中繁多复杂，仍然难以批量处理，因此研究对该数据进行栅格化处理（图 4-25），在空间上建立 1km×1km 的渔网网格，将多年的冬季气流轨迹数据投射到空间网格中（图 4-26），便于对风源空间信息的统计与分析。

越好。

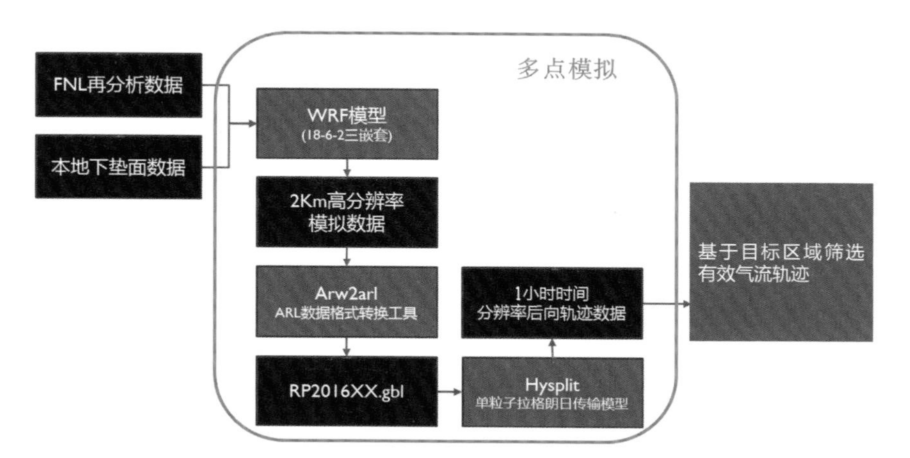

图 4-25 由气流轨迹模拟转换为空间网格的频率技术路线

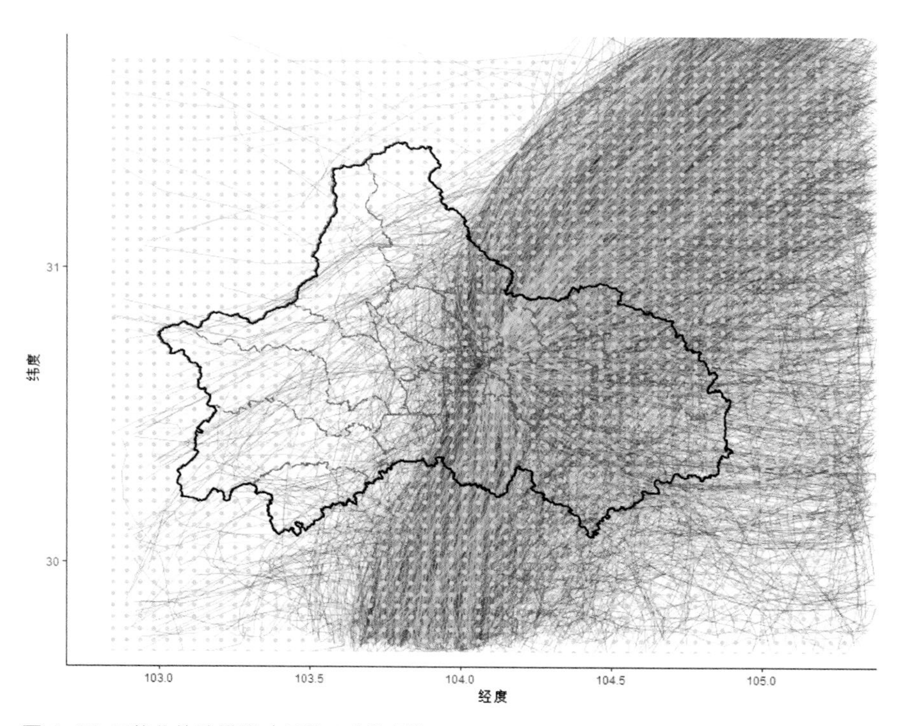

图 4-26 网格化轨迹模拟（仅以 4 点为例）

2）网格统计气流轨迹空间分布频率

统计网格中经过该网格的气流次数，即可得到范围内不同网格的空间对区域的综合影响，实现在空间上对风源的量化统计，可认为通过某网格的气流次数越多，该网格风环境越好。

3）风源空间分级评估模型修正

（1）对风源进行五级划分，便于明晰直观地评估判断

根据风频率高低的总体排序，通过自然断点法将其分为五级，便于对风源空间分布进行直观明确的判断。等级越高（颜色越红）代表风源分布频率越高，一级为高风频区域、二级为较高风频区域、三级为中等风频区域、四级为较低风频区域、五级为低风频区域，其中一级、二级区域应是风源保护的重点关注区域。

（2）对数据信息插值处理提升精度，便于规划定界实操

将 1km×1km 的空间数据进行插值处理，使最终精度达到 100m×100m（图 4-27），用于指导城市规划中的空间定界。

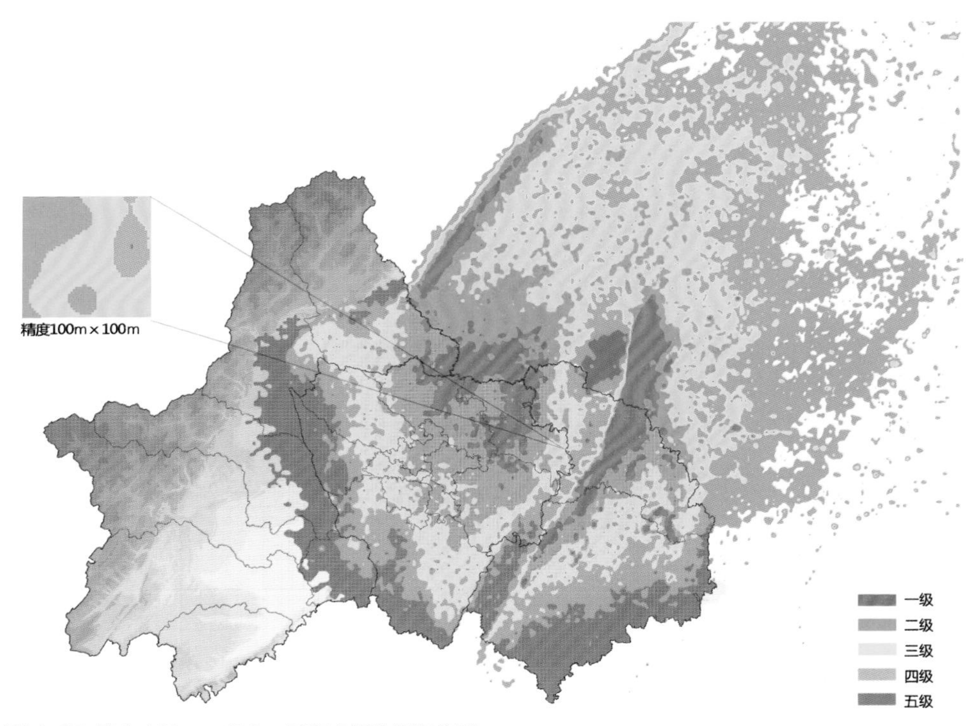

图 4-27 精度 100m×100m 风源空间分级评价图

4.4.5 风源空间分布评估结果解析及验证

1）评估结果解析

从风源空间分布的角度来看，成都东北方向的德阳、绵阳等地，处于成都的上风向，对于成都市风源的作用和影响显著，因此对于城市通风廊道体系的建设并不能只局限于市域，更应该通过区域的联防联控，共同发力提升区域风环境条件和品质。同时，评估结果与龙泉山、龙门山形成山前局部环流场的理论一致。龙泉山东侧山前局部环流场可形成到达东部新城的有效气流；由于评估结果的前提条件是达到目标区域的气流轨迹，因此即使龙门山会形成一定的山谷风，但实际能够到达城区的气流较少，对城区的作用较小。龙门山东侧山前形成的局部环流场难以到达中心城区，因此中心城西侧实际有效气流频率较低。

从风源空间等级的角度来看，成都市北北东方向风频率最高，其他区域次之，可见北北东方向是成都市重要的来风口，与成都市域风玫瑰规律一致；同时，成都市域冬季总体东北方向风频率较高，向西南方向逐次递减，将区域划分为中心城区和东部新城两部分，可发现中心城区风频率衰减速度明显快于东部新城，可见城市地表建设确对风源存在极大影响。

从城市规划的角度来看，风源等级东北高、西南低的总体规律与成都市传统街道走向相一致，与实际建设经验相符合亦说明了评估结果的有效性；此外，五城区（即锦江区、青羊区、武侯区、成华区、金牛区），虽然建成度很高，但实际风源空间等级处于中位偏上，具有风环境改善的基础与条件。目前东部新城风源整体基础条件较好，且沿龙泉山方向有连续、贯通的高风频区域，是不可多得的城市气象资源，是建设健康、宜居的公园城市的有利条件。

2）评估结果验证

图 4-28 为成都中心城区气象站点实测非静风频率的插值图，颜色越红的地方则静风频

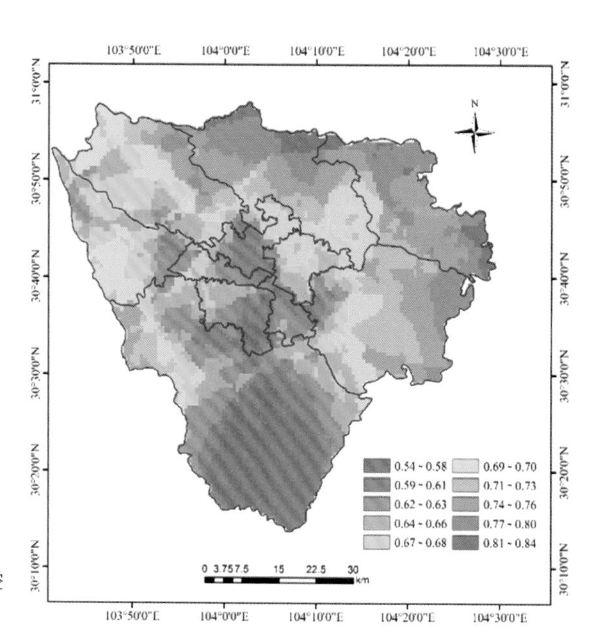

图 4-28 气象站点冬季非静风频率空间分布图

率越高，颜色越绿的地方则风频率越高。从图中可以看出，成都市东北部非静风频率较低、通风条件良好；五城区及南部地区冬季非静风频率较高，通风条件不佳。由于实测气象站点数据精度有限，故由实测数据分析得到的风源空间分布与模拟结果存在一定差异，但总体上通风廊道模拟结果与实测结果基本符合。

4.5 风源空间分布评估模型的应用解析

4.5.1 风源空间分布评估模型的主要优势

近年来，许多城市均开展了对通风廊道的研究与实践，也积累了大量实践经验，其中2018版《气候可行性论证规范城市通风廊道》是目前气象行业对于城市通风廊道的官方规范标准，也是目前城市构建通风廊道的重要参考。该规范的总体思路大致分为三个部分，第一是分析城市风况特征、通风量、通风潜力、热岛强度、绿源等级等内容；第二是结合用地现状或规划叠加上述分析以初步确定城市主通风廊道和次通风廊道；第三即从廊道走向、宽度、长度、边界等方面对廊道规划方案进行完善。此外，在具体规划中提出相关的产业、绿地、水体等布局建议。

上述规范对于城市通风廊道规划提出了完整的体系，但在实际应用中仍然存在部分操作定义模糊、缺乏准确技术支撑的问题，在技术上仍有进一步优化的可能。比如在对城市环境进行多方面的分析后，结合城市现状或规范方案确定通风廊道初步方案，实际仍难以避免许多人为因素的影响，可能导致规划科学性不足，在后期的廊道建设中便难以保障规划的权威性。另外，该规范在对城市环境评估方面，实际上对于已建区更为适合，对于未建区很难利用通风潜力、通风量等指标进行评估。对比本次研究提出的风源空间分布评估模型，其主要优势体现在以下几个方面：

首先，风源空间分布评估模型实现了对城市风源的空间落位，实现了风源的空间可视化，搭建起了风源与城市空间的直接桥梁，为进一步的通风廊道划定提供了可量化的技术建议，避免了多重指标对于通风廊道划定的影响和指导，便于指导通风廊道的精确定界，对于规划工作的实操能提供更为准确的建议和指导。

其次，风源空间分布评估可以体现城市风源的长期规律，规避了风环境瞬时变化的问题，能更明确地展示风源的真实规律。评估结果也显示，成都市的东北方向为主要来风方向，而成都老城街道也同是东北走向，可见成都古代营城亦是通过长年累月对风环境的观察与积累，合理利用气象资源，实现人与自然的和谐共生。

再次，风源空间分布评估模型可针对具体的目标区域进行气流轨迹筛选，从源头上保障了风源对于城市环境改善、大气环境提升的有效性，也避免了冗余分析可能带来的对实际目标的偏差。模型从根本上实现了目标导向，在针对特定的目标区域时，亦可对气流轨迹进行准确的筛选，得到不同区域有效风源的空间分布。

此外，通过与前文所述的几种常见城市风环境评估方法对比可知，风源空间模型一方面能够对宏观层面上城市全域风源情况进行评估，包括建成区和生态区；另一方面，也能够在中微观层面上将风源空间分布情况进行落实，便于进一步的通风廊道定界与管控，实现了城市风环境评估到城市规划的全尺度链接，在技术上科学可行，在操作上便捷可行。

最后，风源空间分布评估模型目前的整套技术方法已经较为成熟，具有广泛推广与应用的条件，特别是对于气象监测条件难以全覆盖的地区，具有良好的可推广性和可复制性。

4.5.2 风源空间分布评估模型的适用情景

本研究中的风源空间分布评估模型，最初起源是由于城市静风、弱风特征显著，对风源的评估缺乏有效的抓手，在对比了多项风况特征对象后，最终选取风源的频率特征作为风源评估的关键要素，去除了部分与目标关系较弱的因子，如风速、风向等，因此该模型特别适用于众多高静风频率城市的风源空间分布评估。

同时，风源空间分布评估模型对于旧城、新区具有同等的适用性，可对新旧城区共存的城市风源进行统一的空间测度。对于旧城来说，更新城市下垫面信息即可模拟出当下的风源空间分布情况；对于新区来说，可模拟现状风源空间分布以对规划方案进行有效的指导。对城市风源的评估保持了同一来源，也可从旧城风源空间分布的情况中总结规律，以指导新城建设，从源头上保障新城风源条件。

4.5.3 风源空间分布评估模型的优化推广

前文以成都市风源空间分布评估为例，展示了风源空间分布评估的重点内容和主要步骤，但在过程中有一些技术要点进行了本土化的修正，例如由于成都是典型的高静风频率城市，年均风速小于 2m/s，因此在气流轨迹可视化后未对气流的风速进行考虑，而进行了统一的均等化处理以达到适宜成都风环境特征的目的。下一步在风源空间分布评估模型的优化推广中，仍有众多方面值得进一步尝试与探索。

其一，增加对气流轨迹风速的考虑，可尝试以风速为指标对气流轨迹进行权重赋值，以便对不同风速的风进行区分，可扩大该模型的应用场景，对于一些以海陆风、山谷风为主的非静风频率城市，该模型也具有良好的适用性。

其二，风源空间分布评估的过程可随研究目的的不同相应变化，如为缓解大气污染则选择污染较为严重的冬季季节进行评估，为改善城市热岛效应则应选择热污染严重的夏季季节进行评估。该模型在时间、空间（目标区域）选择方面都具有很大的弹性空间，可适用于多种目标导向下的城市风环境的评估。

其三，目前该模型使用的气象数据是经过实测验证的模拟数据，在未来实测数据精度满足的情况下，以实测数据作为风源空间数据来源将可进一步提高评估结果的准确性和科学性。

第 5 章　冷热源空间分布评估模型构建

Chapter 5

Construction of Evaluation Model for Spatial Distribution of Cold and Heat Sources

5.1 研究背景与目的

快速城市化进程引发一系列城市生态环境问题，城市热环境因此产生剧烈变化，热岛效应等城市气候问题及其对环境的负面影响持续加剧，这对居民的生活质量和身体健康都产生了极大的影响。近年来，热环境变化动态监测、城市热岛效应的成因和量化评估、热岛缓解措施等问题已在世界范围引起广泛关注，成为各级政府、组织和研究机构的研究热点之一。国务院颁布的《国家中长期科学和技术发展规划纲要（2006—2020 年）》和由住房和城乡建设部颁布的《城市居住区热环境设计标准》（JGJ286—2013）、《城市生态建设环境绩效评估导则（试行）》中均将热环境质量纳入城市建设考评指标，可见我国为确保城市生态环境的可持续发展，已将热环境问题纳入城市建设的整体考量。

相关研究表明，良好的城市通风环境（廊道）建设可有效促进城市空气循环、改善空气质量以及缓解城市热岛效应，使市民拥有健康、舒适的城市气候环境。研究城市地表热环境可有效支撑城市通风廊道建设。本章旨在构建冷热源空间分布评估模型，以识别和量化评估城市地表热岛强度和冷源空间分布，在此基础上，识别城市风环境的作用空间和补偿空间，以便能够充分利用城市环境风差和热压差，科学指导构建基于热力环流的城市环境自然通风三级廊道，逐步形成城市内部的补充风源，为市域通风廊道规划和管控提供决策依据。

5.2 相关概念解析

城市热环境领域的相关研究众多，但由于研究目的和研究方向不同，各项研究中提出的概念略有差异。以下将对冷热源相关概念进行阐释，以便读者加以区分。

5.2.1 城市热环境

城市热环境是指以“城市下垫面的地表温度和空气温度为核心，以受人类活动影响而改变后的传输大气状况（如空气湿度、风速、大气浑浊度等）、下垫面状况（土地利用覆盖类型、热容、发射率、反照率等）和太阳辐射为组成部分的一个可以影响人类及其活动的物理环境系统”。它直接影响着人体的冷暖感知，与人类的健康水平和生存发展息息相关。其概念引申自城市热岛，演变过程与社会经济活动密切相关。因此，城市热环境是衡量城市生态环境状况的重要指标之一，除对居民健康和生活质量产生直接影响外，还对城市资源消耗、生态系统演变以及经济可持续发展影响深远。

5.2.2 城市热岛

城市热岛效应是指“快速城市化和工业化过程中导致城市大气温度和地表温度高于周边郊区或乡村等非城市环境的一种温度差异性现象”（图 5-1）。城市热岛更强调城郊之间温度的差异性，而城市热环境更侧重于地表温度、大气温度和水体、绿地分布等多因素的综合评判，故在某种程度上，城市热岛是城市热环境的“一种集中性反映”。

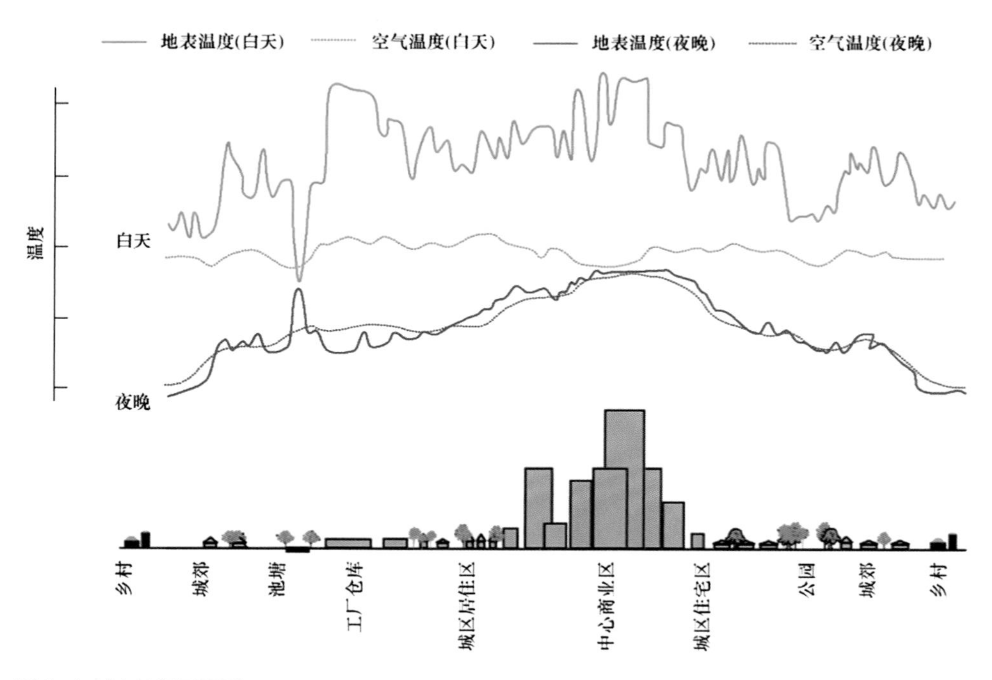

图 5-1 城市热岛示意图
（图片来源：Online US Environmental Protection Agency. [2016-07-27]. http: //www.epa.gov/heatisland/about/index.htm.）

城市热岛的研究范围主要分为城市地表层热岛、城市冠层热岛和城市边界层热岛（表 5-1），后两者属于城市大气热岛研究范畴。城市地表热岛与大气热岛间的耦合关系及演变规律的异同点是当前研究的热点之一。通常，除极端情况外，“城市地表热岛和大气热岛呈现出较为一致的趋势及相似性”，而夏季白昼的地表温度略高于空气温度，这既是因为空气温度自身的敏感性低，也是因为地表辐射的影响需要传导过程，且云量、风力等因素皆有影响。

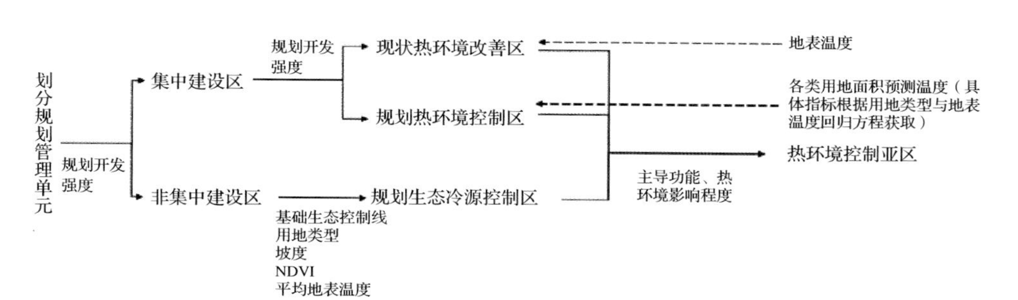

图 5-2 基于冷热源识别的规划技术路线
（图片来源：梁颢严，李晓晖，何朗杰 . 广州城市尺度的热环境改善区划方法 [J]. 城市规划学刊，2013.000（s1）：107-113.）

（3）城市热环境控制区规划：通过对现状热环境规划管理单元的热岛强度和用地类型之间相关关系定量回归分析发现，影响广州市城市热岛的主要因素有，开发强度、水体、高程、工业用地和居住用地。其中，开发强度对分析单元的平均温度的影响程度最高，而居住用地的影响程度最小。根据遥感影像（TM）热红外反演地表温度将现状热环境改善单元分为热环境控制一区和二区，而规划热环境调控单元则根据单元内的各类用地面积及预测温度分为热环境控制三区和四区。其中，将一区和三区列为重点调控区，以提高透水性地表比例，推广绿化覆盖为主要措施。

（4）生态冷源控制区规划指引：具有比热容大、蒸发大量吸热等优势的水域冷源可通过形成“水陆风”降低周边地块的温度，其主要通过面积、宽度、深度和周边绿化等方面指引规划；具有蒸腾吸热作用的森林冷源会形成“林源风”降低周边地块的温度，且数目有一定的高度会对风形成遮挡，其主要通过面积、郁闭度、疏密度控制等方面加以控制；和森林冷源具有相似降温原理的田园冷源对风的遮挡作用较小，其内可有一定数量的建设用地，但其开发强度应进行严格控制；而位于建成区内部的公园冷源可从面积、绿地率、乔木率、地面铺装、水域等方面进行规划指引。

（5）城市热环境控制区规划指引：城市热环境控制区主要从通风、绿化与水体、地面铺装、遮阳四个方面，控制性详细规划与修建性详细规划两个尺度，对不同的城市热环境控制分区进行热环境调控。

基于广州城市尺度的热环境改善规划实践探索可为下一层次的详细规划的具体热环境改善策略提供规划依据。

经过以上案例研究和技术总结，本专题从空间规划的角度，结合遥感热红外反演技术，研究形成了一套空间冷热源评价标准，构建了冷热源空间分布评估模型。

5.4 研究方法与技术路线

5.4.1 总体技术路线

利用遥感和地理信息技术，以基于遥感数据的地表温度反演为基础，结合城市下垫面土地利用情况，研判规划用地热负荷标准，拟合规划用地布局方案下的地表温度分布，并通过文献研究拟定冷热岛识别标准，对规划用地的冷、热源空间分布进行识别和量化评估（图5-3）。

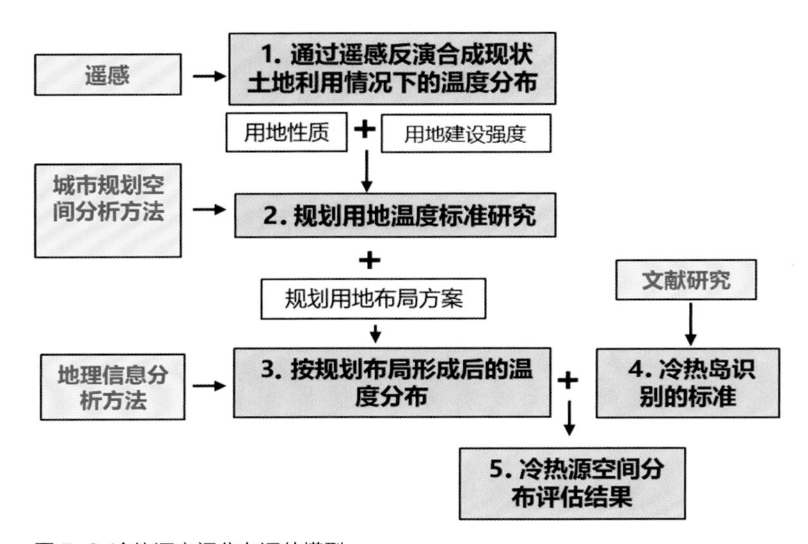

图 5-3 冷热源空间分布评估模型

5.4.2 基础数据获取——现状地表温度反演

1）地表温度主要研究途径

地表温度（Land Surface Temperature, LST）不但是区域和全球尺度地表物理过程的关键影响因素，也是地表能量平衡和温室效应的一个重要指标。结合植被、水域等地理要素分布信息，可探究城市热岛效应的成因以及对应的缓解对策，可为城市绿地规划、城市规划管理、土地利用、城市生态建设以及城市通风廊道规划等研究领域提供理论基础和应用依据。目前地表温度的主要研究途径有：地面观测法、数值模拟法和遥感监测法。较遥感观测而言，传统的地面观测和数值模拟研究方法或多或少具有低空间分辨率、高误差、数据获取难、成本高以及时效差等不足，这给当前的城市区域尺度地表热环境研究带来了极大挑战。

随着3S技术的不断成熟及广泛应用，特别是航空/航天传感器观测技术不断改进与完善。星载遥感传感器可以直接获取城市地表、地物的热辐射信息并具有数据获取周期短、覆盖范围广、处理成本低以及能够快速准确地监测城市地表下垫面温度特征等优势。目前，应用较多的遥感观测法实质就是利用星载传感器对城市下垫面及其地表温度进行实时观测，并利用获取到的地表温度时空信息来揭示城市空间结构的内在变化等特征，有助于引导城市朝着健康的方向发展，提高人居环境质量。

卫星遥感热红外信息综合地反映了地表热环境状况，并具有分辨率高、宏观、快速、动态、经济等特点，已成为国内外学者开展城市地表温度变化趋势及动态评价研究的主要技术手段。

2）基于遥感的地表温度研究现状

1972年，拉奥等人首次提出基于遥感数据的城市热岛效应研究，标志着城市热环境研究的研究重心开始从城市冠层和边界层逐步向城市地表层转移。近年来，随着由我国研发的环境与灾害监测预报小卫星（HJ-1B）、中巴资源卫星和高分系列卫星的成功发射，使得作为城市地表热环境研究的遥感数据源在时空分辨尺度方面又有了更灵活的选择，使之成为城市热环境研究工作的主要手段。从已有研究成果来看，城市地表温度遥感应用主要从以下几个方面开展研究：

（1）城市地表温度时空变化特征及其规律

开展城市地表热环境时空变化研究的主要包括城市热环境在不同时空范围内的分布状况、强度变化过程及其演变规律。其中研究时间跨度包括年际、季节、日和昼夜等。如葛荣凤等人基于Moran’s I全局自相关和重心模型等方法，利用1991—2011年期间的8期TM遥感影像数据对北京市主要城区内的城市热岛效应演变规律和时空变化特征进行分析。此外，具有较高的时空分辨率的HJ-1B卫星热红外数据，被越来越多地应用于城市地表热环境研究中。有学者以HJ-1B数据作为基础数据源，研究比较了不同算法反演的北京市地表热岛效应并与同期的TM和MODIS数据进行对比分析，其结果表明HJ-1B数据的反演结果与MODIS和TM地表温度数据均具有较高的相关性，且单窗算法的反演精度较高。另外，还有研究人员针对HJ-1B数据建立了一种基于高斯表面模型的城市热岛监测模型，并将这种模型成功应用于北京城市热环境的时序变化分析中。

（2）城市地表温度驱动力及驱动机制

任何地理现象的表象变化均是其内在驱动力的外在体现，因此开展城市热环境的驱动力和驱动机制研究是分析城市热环境时空变化的关键。当前，以土地利用及其覆盖被变化、不透水表面和植被等景观格局变化为代表的自然驱动力和人口、经济、产业形态以及建筑物的高度、密度和容积率等为代表的社会驱动力是国内外学者公认的影响城市热环境的主要驱动力因素。

（3）地表类型与城市地表温度的关系

土地覆盖是指土地类型及其包含的人文特征和自然属性的综合体，而土地利用变化一定程度上会引起城市表面土地覆被变化。由于城市区域的土地覆盖多由沥青、水泥、金属等材料构成，湖泊、公园、森林等生态资源相对较少，随着城市化进程的加快，土地利用方式的改变必定会对城市地表热环境的空间分布以及热岛效应的形成和发展产生广泛而深远的影响。牟雪洁等人通过利用 TM 影像数据反演的地表温度结合东莞市土地利用分类，分析了建设用地、水体、耕地、绿地等土地利用类型与城市地表热岛强度之间的关系，结果发现建设用地的地表温度要显著高于其他用地类型。彭文甫等人基于 TM 和 ETM+ 遥感数据，将成都市土地利用类型分为林地、水田、旱地、城镇用地、工矿与交通用地等 7 大类，并分别揭示了不同土地覆盖类型与城市地表热岛效应之间的关系。

（4）景观格局与城市地表温度的关系

由斑块、廊道和基质 3 个景观成分重复性镶嵌组成的城市内部景观格局对于城市地表温度分布及其热岛效应有着显著的影响。景观格局与城市地表热岛之间的关系研究主要包括两大类：

一类是运用多种景观格局指数分析城市景观变化，探讨其与城市地表温度的相关关系。由奥尼尔等人提出的景观格局指数不断发展，其研究的指数种类也越来越丰富。研究人员通过对地表温度与景观格局指数的相关性进行定量分析，其结果表明景观格局指数间具有较大的冗余信息，并非数量越多解释效果越好，并提出了 5 个具有较好解释能力的景观格局指数。同时，相关学者还对景观格局指数与地表温度在不同空间尺度下的相互关系和尺度效应进行了深入研究。

另一类是运用空间统计方法对地表相关参数进行统计分析，揭示不同地表参数如 NDVI、归一化地表建筑指数与地表温度之间的关系。此外，创新性的应用诸如“源汇景观”等新的景观分类法也为城市地表热环境研究带来了新思路。比如李立光等人基于 TM 遥感数据结合 GIS 技术，识别城市地表热岛的源汇，并利用热岛强度指数、源区和汇区面积比例指数和地表温度反演结果对沈阳市热岛效应进行了评价。

此外，城市地表温度研究还包括城市地表热岛的尺度转换、城市地表热岛与城市大气热岛的关系及其演变规律以及基于遥感的城市地表辐射与能量平衡等相关领域。

3）基于遥感的地表温度反演算法

目前，卫星遥感地表温度反演算法主要针对被动微波数据和热红外数据。其中，被动微波遥感由于其光谱特性，受大气干扰小，可穿透云层，并具有全天候、多极化及高时间分辨率等特点，在某些极端观测情况下获取地表温度信息有显著优越性。目前，被动微波反演地表温度的方法主要包括统计经验算法和基于辐射传输物理模型的反演算法。而基于热红外地表温度反演方法已积累了大量的研究成果，是目前主要应用的是地表温度反演方法。为了实现卫星热红外数据地表温度反演，相关学者们提出了不同的方法来消除发射率和大气的影响，并对反演方法中涉及的辐射传输方程和地表发射率使用了不同的假设，针对不同卫星搭载的不同传感器，提出了多种反演算法，包括单波段算法、多波段算法、多角度算法、多时相算法等。

（1）单波段反演算法

热红外单波段算法是利用卫星接收的位于大气窗口的单通道热红外数据来反演地表温度，反演算法输入参数包括地表发射率、辐射传输模型、大气廓线、大气温湿度廓线等。这种算法不但需要高质量的大气透过率 / 辐射程序来估算大气参数，还需要已知通道发射率和准确的大气廓线，且需要考虑地形的影响。其中，大气透过率 / 辐射计算易受到大气辐射传输模型以及大气分子吸收系数和气溶胶吸收系数的不确定性影响。目前，在已发展的单波段算法中，比较有代表性的算法是希门尼斯·穆诺兹等人（2009）发展的一种通用型单波段算法，其适用于约 1μm 的热红外通道数据，只需要输入少量数据，即可应用于不同的热红外传感器上，但由于较难准确地获取地表发射率参数，使其在实际应用中受到一定程度的制约。

（2）多波段反演算法

使用单通道算法需要已知每个像元的地表发射率、大气辐射传输模型以及精确的大气廓线。这些条件在绝大多数的实际情况中很难或者不可能满足。为了利用卫星热红外数据获取全球或区域尺度下高精度的地表温度，必须使用其他方法。其中，基于双波段的劈窗算法，最早应用于海洋温度反演，主要是针对 NOAA/AVHRR4 和 5 通道即（10.3 ～ 11.3 μm）、（11.5 ～ 12.5um）热红外通道开发的，其利用两个通道水汽吸收不同的特点，无须任何大气廓线信息，通过水汽吸收和比辐射率的差异来分别建立方程，通过解方程组获得地表温度的反演。MODIS 的 31（10.78 ～ 11.28μm）、32（11.77 ～ 12.27μm）波段与 NOAA/AVHRR 这两个通道十分相近，也比较适用于劈窗算法。其具有如下优势：不需要大气水汽和气温的探空数据；与单通道要考虑绝对大气传输不同，分裂窗算法通过相邻热红外波段的吸收差异来消除大气影响，这样对大气光学传输性质的不确定性的敏感性降低；此外劈窗算法较简单，计算效率高，比较适合大区域、多时相的地表温度反演。受到劈窗算法成功用于海面温度遥感反演的启发，学者们又尝试将其扩展用于地表温度反演，如线性分裂窗算法、非线性分裂窗算法等。

（3）多角度反演算法

多角度算法是建立在同一物体由于从不同角度观测时所经过的大气路径不同而产生的大气吸收不同的基础上。由于大气吸收体的相对光学物理特性在不同观测角度下保持不变，大气透过率仅随角度的变化而变化。与分裂窗算法的基本原理类似，大气的作用可以通过特定通道在不同角度观测下所获得亮温的线性组合来消除。这种算法主要基于第一代双角度模式卫星，即搭载在第一代欧洲遥感卫星（ERS-1）上的沿轨扫描辐射计（ATSR）发展而来。这种算法仅与发射率有关，而与水汽含量无关。

（4）多时相反演算法

多时相算法是在假定地表发射率不随时间变化的前提下利用不同时间的测量结果来反演地表温度和发射率的，其中比较有代表性的是两温法和日夜双时相多通道物理反演法。其中，两温法的思路是通过多次观测来减少算法未知参数的个数，其主要是不对地表发射率的光谱形状做出假设，仅假定地表发射率不随时间改变。另外，值得注意的是，两温法需要对两个不同时间点的影像进行精确的几何配准。

综合已有的地表温度反演算法发现，影响热红外遥感 LST 反演精度的因素主要包括：

① 精确计算大气影响，包括透过率和大气上下行辐射；

② 精确计算地表比辐射率；

③ 热红外资料自身状况，包括光谱响应函数的稳定性、信噪比、辐射精度、定标精度等。而影响大气状况精确估计的主要因素是大气水汽吸收和气溶胶的实时垂直廓线分布。地表比辐射率精确计算十分困难，这是因为针对不同的遥感观测通道，其地表发射率均有差异，且地表发射率还随着观测角度的变化而变化，尤其是观测角度很容易受地形起伏影响，当坡度大于 60°时，地表反射率精确测量的难度较大，这也一直是陆表温度精确反演的难点。

4）基于遥感的地表温度数据

目前，用于获取地表温度遥感数据主要有高、中、低不同空间分辨率的数据获取方式（表 5-3），其中，航飞的数据空间分辨率高，但观测成本巨大，适合小范围的城市微尺度的地表温度研究；AVHRR、FY-2C 等低分辨率卫星数据适用于全球尺度的气象温度观测；而以 Landsat 为代表的中分辨率卫星比较适合城市地表温度时空分布特征研究。较成熟的遥感应用有：低分辨率的美国气象卫星 AVHRR 的第四、五波段和空间分辨相对较高的美国陆地卫星 TM/ETM+ 的第六波段，可以用来研究城市热环境；AVHRR 数据空间分辨率为 1.1km，较适宜做宏观分析；而高分辨率的 TM/ETM+ 数据热红外波段的空间分辨率为 120m/60m，其余波段的空间分辨为 30m/15m，适宜分析城市热场的内部结构。

地表温度遥感数据源　表 5-3

空间分辨尺度	平台 / 传感器	空间分辨率	时间分辨率	波段	光谱范围	发射时间
高空间分辨率	机载 /（AHS/ OMIS/ TVR/ ATLAS）	IFOV: 2.5mard/3mard/ 1.8mard/5 ～ 10m				
中空间分辨率	Landsat/TM	120m	16d	6	10.5 ～ 12.5	1984
	Landsat/ETM+	60m	16d	6/10/11	10.5 ～ 12.5/ 10.6 ～ 11.19/ 11.5 ～ 12.51	1999
	Landsat/TIRS	100m	16d	10/11	8.215 ～ 8.475/ 8.475 ～ 8.825	2013
	Terra/ASTER	90m	16d	12/13/14	8.935 ～ 9.275/ 10.25 ～ 10.95/ 10.95 ～ 11.65	1999
	CEBRS-02/IRMSS	156m	26d	9	10.5 ～ 12.5	2007
	HJ-1B/IRS	300m	4d	4	10.2 ～ 12.5	2008
	FY3/MERSI GF-5	250m 40m	5.5d 51d	5 4	11.25 3.5 ～ 12.5	2008 2018
低空间分辨率	Aqura/MODIS	1 000m	0.5d	31	10.78 ～ 11.28	2002
	Terra/MODIS	1 000m	0.5d	32	11.77 ～ 12.27	2000
	NOAA/AVHRR	1 100m	0.5d	4	10.5 ～ 11.3	1979
	MetOp/AVHRR	1 100m	0.5d	5	11.5 ～ 12.5	2006
	FY-2C/SVISSER	5 000m	1h	IR1/IR2	10.3 ～ 11.3/ 11.5 ～ 12.5	2004
	GOES/GOES	4 000m	>15min	4/5	10.2 ～ 11.2/ 11.5 ～ 12.5	1974
	FY3/VIRR	1 100m	5.5d	4/5	10.3 ～ 11.3/ 11.5 ～ 12.5	2008

注：
AHS：机载高光谱扫描仪 ,Airborne hyperspectral scanner;
OMIS：实用模块化成像光谱仪 ,Operative modular imaging spectrometer;
TVR：热成像辐射计 ,Thermal video radiometer;
ATLAS：高级热环境和土地应用传感器 ,Advanced thermal and land applications sensor
（资料来源：姚远 , 陈曦 , 钱静 .Research progress on the thermal environment of the urban surfaces. 生态学报 , 2018. 038（3）： p. 1134-1147.）

5）地表温度研究难点及存在的问题

从已有的研究成果来看，基于遥感的地表温度研究领域仍存在不少的研究难点。

一方面，由于受到观测条件及电磁光谱本身特性的限制，遥感数据源较难同时实现高空间和高时间分辨率，即高空间分辨率遥感数据往往时间分辨率较低，而高时间分辨率的遥感数据空间分辨率不高。星载高分辨率热红外遥感数据的缺乏导致城市街区、楼宇尺度温度定量观测难以实现，导致无法获取城市地物热环境微小尺度特征。另外，由于遥感影像数据仅获取一个时间片段的地表温度，并不能准确反映一个城市的时空连续变化特征。

另一方面，由于目前没有科学有效的手段获取人为热数据，导致当前已开展的城市地表辐射与能量平衡研究将人类活动造成的城市热环境影响基本忽略，但在实际的城市地表辐射平衡研究中，人为热是其中重要的组成部分，并对城市地表热平衡、显热、潜热通量以及净辐射变化有着深刻的影响，因此如何精确获取人为热数据，将其纳入城市地表热环境研究尚需进一步探讨。整体而言，遥感技术应用于地表温度研究领域中仍有不少的研究空白和挑战。

5.4.3 标准研究

1）城市下垫面用地类型与地表温度的相关性研究

“城市下垫面的土地覆被变化对城市地表热环境及热岛效应的形成和发展有着深远而广泛的影响”。有研究人员通过遥感影像数据（TM 和 ETM+）研究了美国明尼苏达州各季节不透水面与地表温度之间的关系，发现其在所有研究季节均存在较高的线性相关。Gallo 等在 1993 年通过 NOAA AVHRR 遥感数据证明了归一化植被指数（NDVI）与地表温度存在负相关，此后，国内外学者分别在不同区域和空间尺度上对此进行了验证，并通过结合景观生态学与归一化水体指数、归一化湿度指数、城市地表湿度等遥感监测指标，发现水体对城市热岛效应具有较明显的缓解作用。

为了实地验证地表参数和地表温度之间的特殊相关性，研究通过计算获取研究区的 NDVI、MNDWI 和 NDISI 三种归一化指数（这三个参数分别代表了研究区的植被、水体、不透水面分布情况），以及大样本量的采样，建立了地表参数与地表温度的回归方程，以验证它们与城市热岛之间的相关性，并结合全国第三次土地利用调查、卫星影像等数据，进一步核实了地表温度与土地利用性质的空间分布关系（图 5-4）。

热力分布格局和地表植被指数（NDVI）呈较强负相关，与地表建筑指数（NDBI）呈较强正相关。从 2005—2018 年的成都市中心城区地表温度（LST）和植被指数（NDVI）、建筑指数（NDBI）多时相分布可看出，城市热岛区域从三环内城区逐渐向绕城外迁移

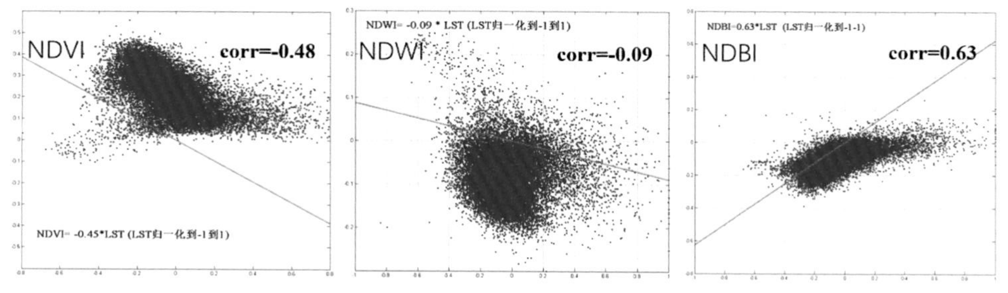

图 5-4 成都市中心城区 LST 和地表指数相关性分析

（图 5-5、图 5-6）。同时，不同用地类型的下垫面地表温度差异明显，从用地类型的平均温度分布来看，工业及物流仓储用地的平均温度最高，达到 32.74℃，其热岛效应最明显；公园水体的平均地表温度为 27.56℃，呈现明显的低温斑块，其降温效果最显著（图 5-7、图 5-8）。

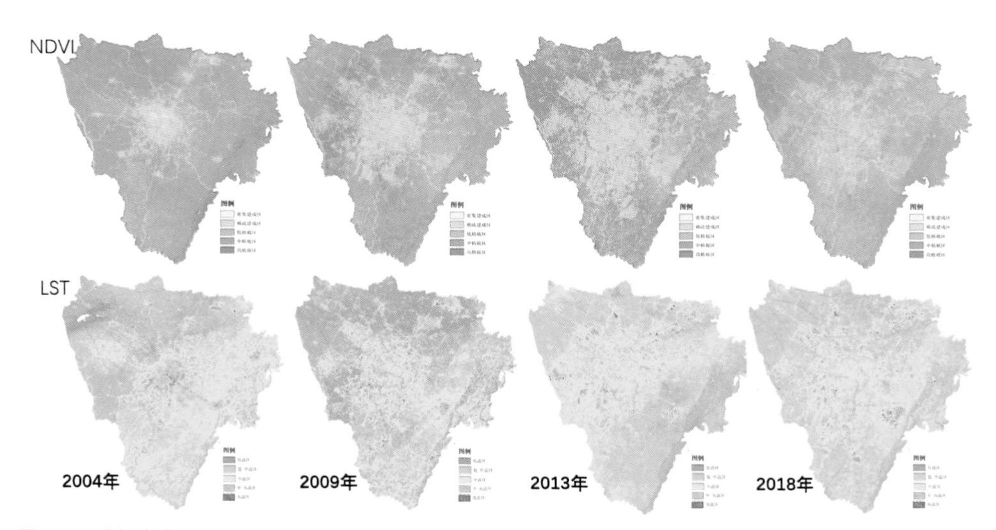

图 5-5 成都市中心城区 LST 和 NDVI 多时相分布

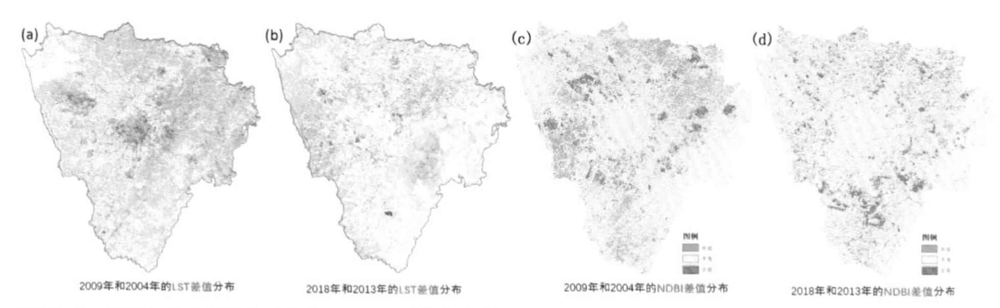

图 5-6 成都市中心城区 LST 和 NDBI 时序变化特征

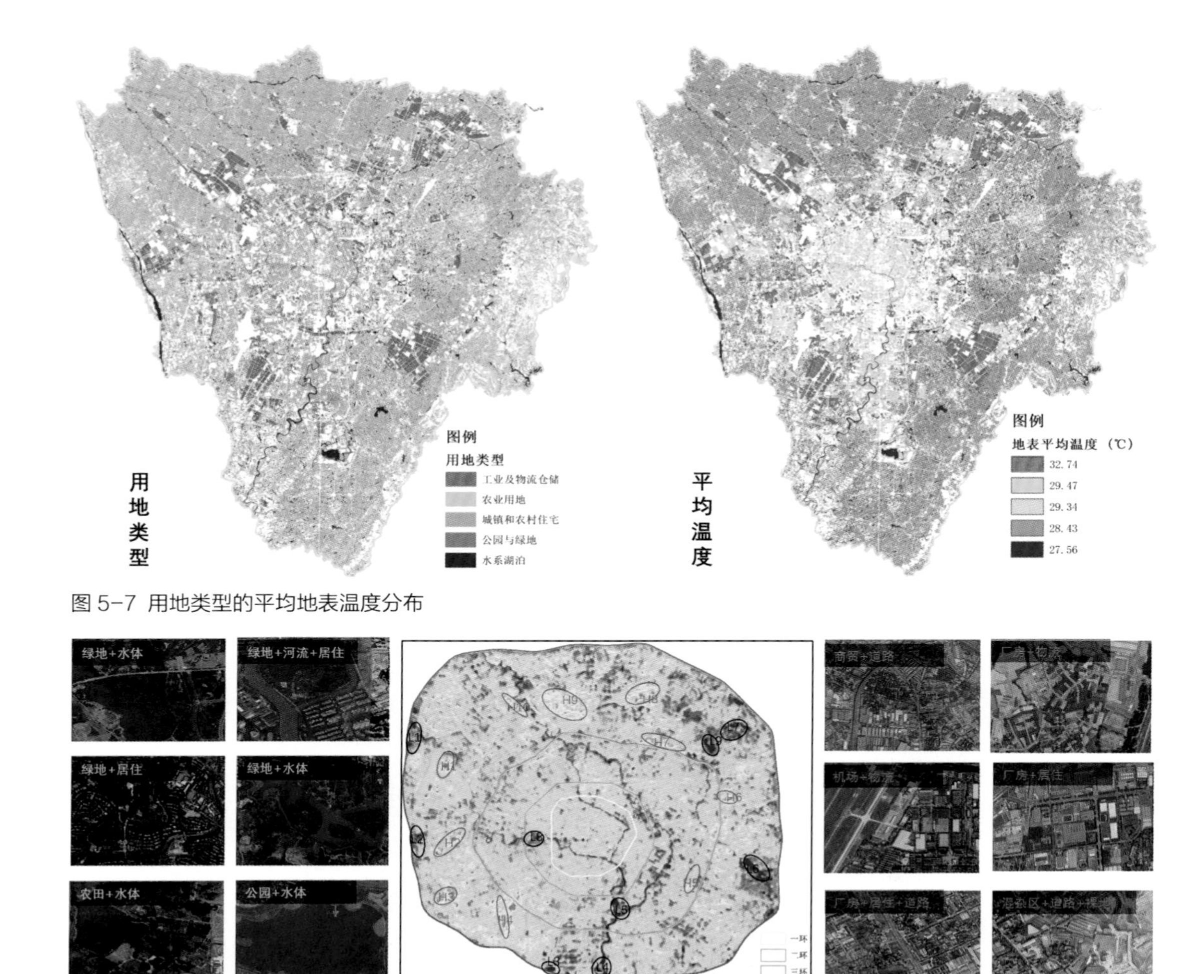

图 5-7 用地类型的平均地表温度分布

图 5-8 结合 Google 卫星影像的地表温度与用地类型分析

2）用地热负荷标准研判

依据地表温度与下垫面用地类型的强相关性，选取研究区建设程度较为完整的区域为研究对象，通过叠合现状平均地表温度分布数据与现状用地布局数据，结合研究区域的不同建设强度，分类测算不同用地类型下垫面的平均地表温，获得研究区规划用地类型及强度的热负荷标准（表 5-4）。

需要注意的是，影响地表温度的因素除下垫面用地类型外，还存在用地规模连片作用等问题。例如，连续 10 片工业用地的热岛强度分布并不等于 1 块工业用地热岛强度的 10 倍，因此在研判各类规划用地热负荷标准时，应着重将建设强度等指标纳入考虑。

研究区用地热负荷标准　　表 5-4

用地类型		A	B	R	G	H	M	E	S	U	W	其他
平均温度（℃）	一般区	20.22	20.53	20.35	19.75	18.95	19.78	19.13	19.99	19.59	19.48	19.65
	核心区	20.51	20.95	20.86								

3）热岛识别标准

根据不同的研究目的和研究区域情况，热岛识别区分为基于全年均温的热岛分布识别和针对夏季热岛的分布识别。为识别作用空间，明确城市内部补充风源的基础条件，缓解城市热岛，建议以夏季热岛识别为目标，识别研究区域的热岛分布情况。

根据热岛等级划分的数据类型，识别城市热岛分布的方法可分为：基于热岛强度的热岛识别和基于温度分级的热岛识别。

（1）基于热岛强度的热岛识别

以研究区域内建成区的平均地表温度为基准，测算研究区热岛强度（公式 5-1），并对测算结果中热岛强度大于零的区域进行分级，从而量化识别研究区热岛分布。可采用自然断点法等常用分级方法，将研究区域热岛强度划分为 2 至 3 级，并按照分级的热岛强度由高到低依次归并为强热岛区和热环境改善区。

热岛强度 = 研究区（规划）地表温度 – 研究区（建成区）平均地表温度　　（公式 5-1）

（2）基于温度分级的热岛识别

将反演的温度结果直接进行等级划分，以识别热岛分布。目前，主要的等级划分方法有均值 - 标准差划分法、温度归一化分级法和温度差值分级方法等。其中，均值—标准差划分法不易受异常高低值影响，增强温度差异对比；温度归一化分级法易受个别高低值影响；温度差值分级方法整体温度分级选点不确定性大，易引入人为误差。所以，应根据研究区域的实际情况筛选适宜的分级方法。

4）冷源识别标准

城市生态空间的高低值聚集区与地表温度的低高值聚集区呈现明显的高值耦合分布趋势，且生态空间越集中连片分布，越有利于促进局地热量扩散。“以城市绿地（公园绿地、街边绿化、防护绿地、生产绿地等）、森林和水体为主导的‘冷岛效应’是当前改善城市热环境、削弱城市热岛效应最有效的手段”。以植被、水体为研究对象的探讨冷岛效应的相关研究众多。如贾宝全等（2017）通过遥感数据评估了 2012—2014 年间北京市“百万亩平原大造林工程”的降温效应，发现该工程对区域降温效果显著，林地区域的降温幅度约 1.023℃，且经由冷岛效应的辐射作用，降温面积扩展达 250 212.88hm^2。再如冯悦怡等（2014）和苏泳娴等（2010）分别通过遥感技术分析了北京市 24 个城区公园和广州市 17 个城区公园及公园周边地区的温度分布规律，探讨了城市公园与地表热岛间的影响关系。

而不同类型、尺度的生态空间对地表热环境的作用效果不同。为更充分、高效地利用各类生态空间作为城市补充风源的补偿空间，应针对不同类型和空间尺度的生态空间研究生态冷源的判别标准。

（1）针对以植物覆盖为主的绿地类生态空间

①当绿化覆盖率达到 37.38% 时，植物蒸腾所耗热能将高于本身所获得太阳辐射量，其将从周围吸收热量补充热量差，这一行为将对降低植物周围温度起到积极作用。在北京和武汉的城市热环境研究实例中，均得出相似结论。即，当城市绿化覆盖率大于 30% 时，才能起到调节气候的作用，且若低于 37%，城市绿化对气温改善效果不明显。故将 30%、37.38% 作为绿化覆盖率指标分隔点对以植被覆盖为主的绿地类生态空间进行分级。

②且不同植被类型的绿地降温能力不同，按照降温能力由高到低排序，依次为：大乔（1.9 ℃）> 小乔（1.5 ℃） > 灌木（1.1 ℃）> 草本 （0.6 ℃）。故，还需按照不同的植被覆盖类型对绿地类生态空间进行分级。

③大型连片绿地（面积大于 1.72km^2）的降温效果优于破碎的绿地斑块。

④城市绿化覆盖率是城市各类绿化垂直投影面积占城市总面积的比率（其比值大于绿地率）。但为了统一现状用地和规划用地的判别标准，可采用绿地率进行替换。

⑤根据城市绿地分类标准，各类建设用地的绿地率下线最高为 30%，依照取下线宜大于 37.38% 的原则，各类建设用地不纳入绿地类生态空间判别条件。故城市绿地包含的用地类型应包括：A7、E2、E9、G1、G2、GE、R24。

水系和绿地的降温效果及管控指引方向不同，故水源类生态空间的冷源判别标准不同。

（2）针对以水体为主的水源类生态空间

①马妮等人（2016）在水体对城市热环境影响的遥感和模拟分析中，对水体面积、形态指数、长度、宽度、深度等指标与地表温度的敏感性分析得出：水体降温能力主要受面积、长度和宽度影响。其中，水体长度和宽度的降温能力与水体面积的降温能力强相关，故可选取水体面积作为水源类生态空间的表征指标，来判别是否符合冷源标准。

②当水体面积小于 10 000m^2 时，水体的降温程度约 0.57℃，但其降温范围仅覆盖以水体边缘为起点的20m范围，因其降温范围过小，故面积小于10 000m^2的水体不纳入冷源判别标准。

除了依据不同类型、空间尺度作为冷源的判别标准外，根据研究区域的建设情况，还需区分建设区与非建设区。在建设区内，由于土地资源紧张，城市土地集约利用、功能高度复合，大型连片的生态空间占比较少，因此宜保留所有符合条件的绿地或水源生态空间作为城市内部冷源；而在非建设区，植被覆盖度、地表水分状况等生物物理组分数据的连续型更强，尽管集聚的生态空间能更有效地减缓地表温度上升的幅度，但为了更高效地引导构建城乡间的热力环流，缓解城区的热岛效应，宜在类型和空间尺度的基础上筛选出平均热岛强度小于零的区域作为重要冷源。

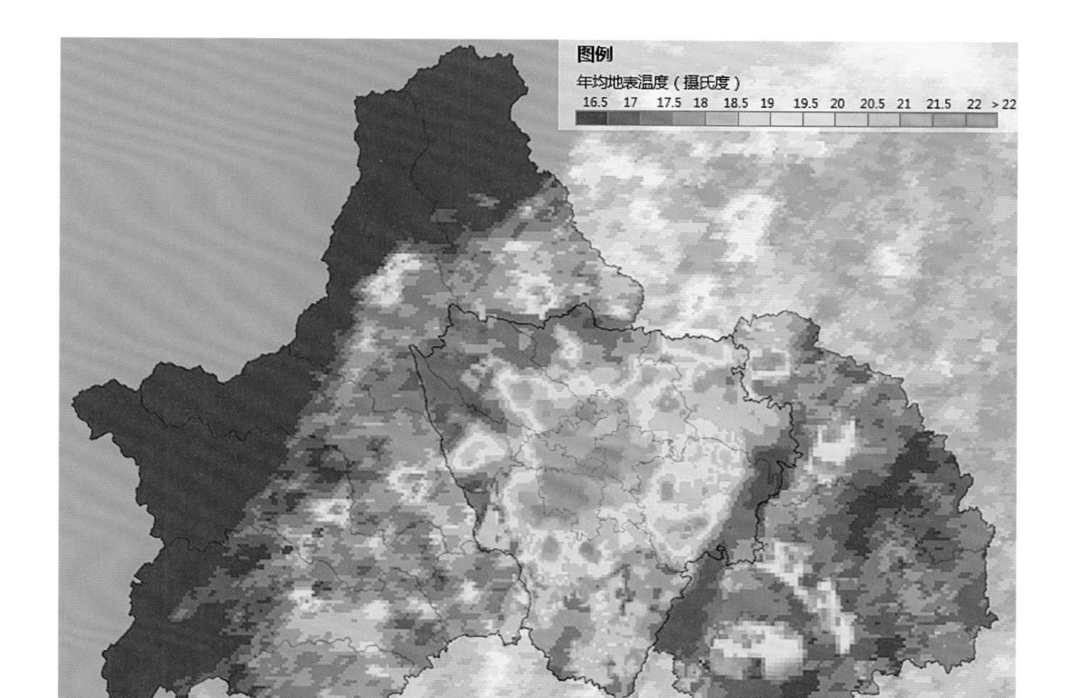

图 5-13 规划情景下地表温度模拟

5.5.3 规划情景下的冷热源识别

1）规划情景下的热岛识别

根据热岛识别标准，利用 GIS 软件判别研究区规划情景下的热岛分布。

2）规划情景下的冷源判别

依据冷源判别标准利用地理信息技术，综合地表温度数据和土地利用调查数据逐层测算、筛选、识别城市建设区和非建设区内的各类冷源。以成都市为例，集中建设区内的冷源以绿地冷源为主，主要集中在环城生态区、建设用地边缘、大型公园周边等，此外还存在部分以湖泊或河流为主的水域冷源，并零星分布有少量的以公园为主的混合冷源；非建设区内的生态冷源以田园（草地）冷源为主，分布于中心城区北、西、南部区域，其次为森林（乔木及灌木）冷源，主要集中分布于龙泉山、龙门山，东部区域有零散分布，此外还存有部分水域冷源，主要为湖泊和河流（图 5-14）。

3）规划情境下的冷热源分布

综上所述，叠合热源和冷源识别结果，研究区规划情景下的冷热源分布见图 5-15。

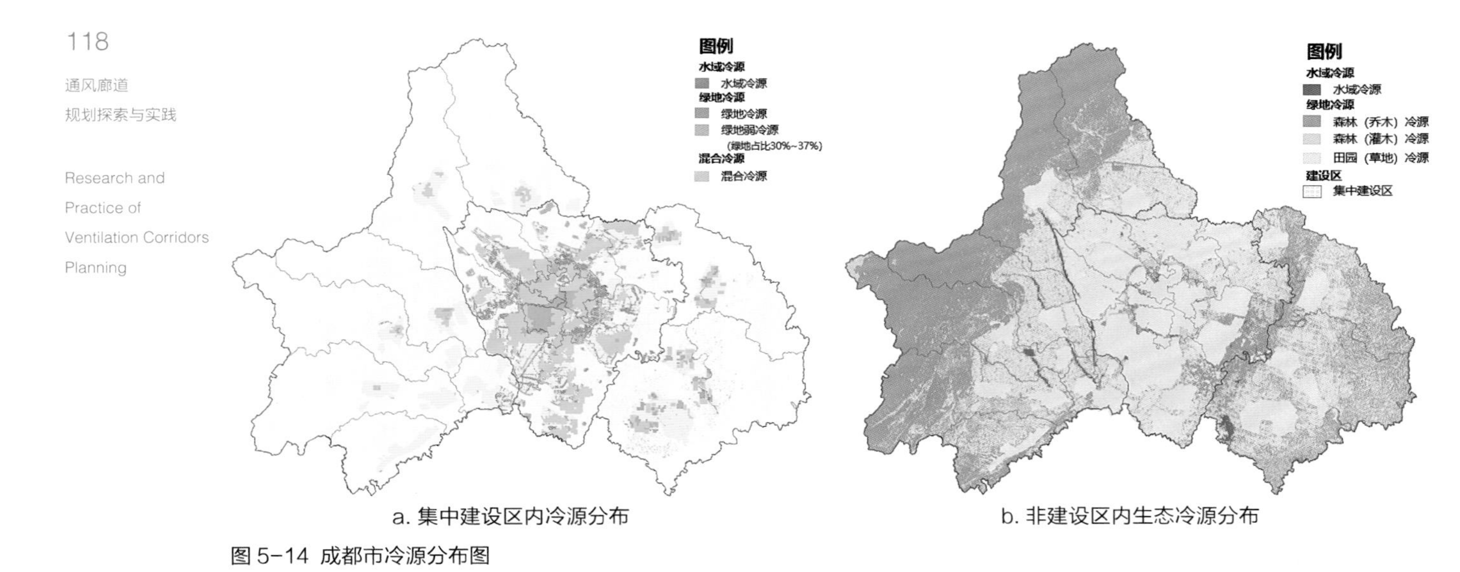

a. 集中建设区内冷源分布　　b. 非建设区内生态冷源分布

图 5-14 成都市冷源分布图

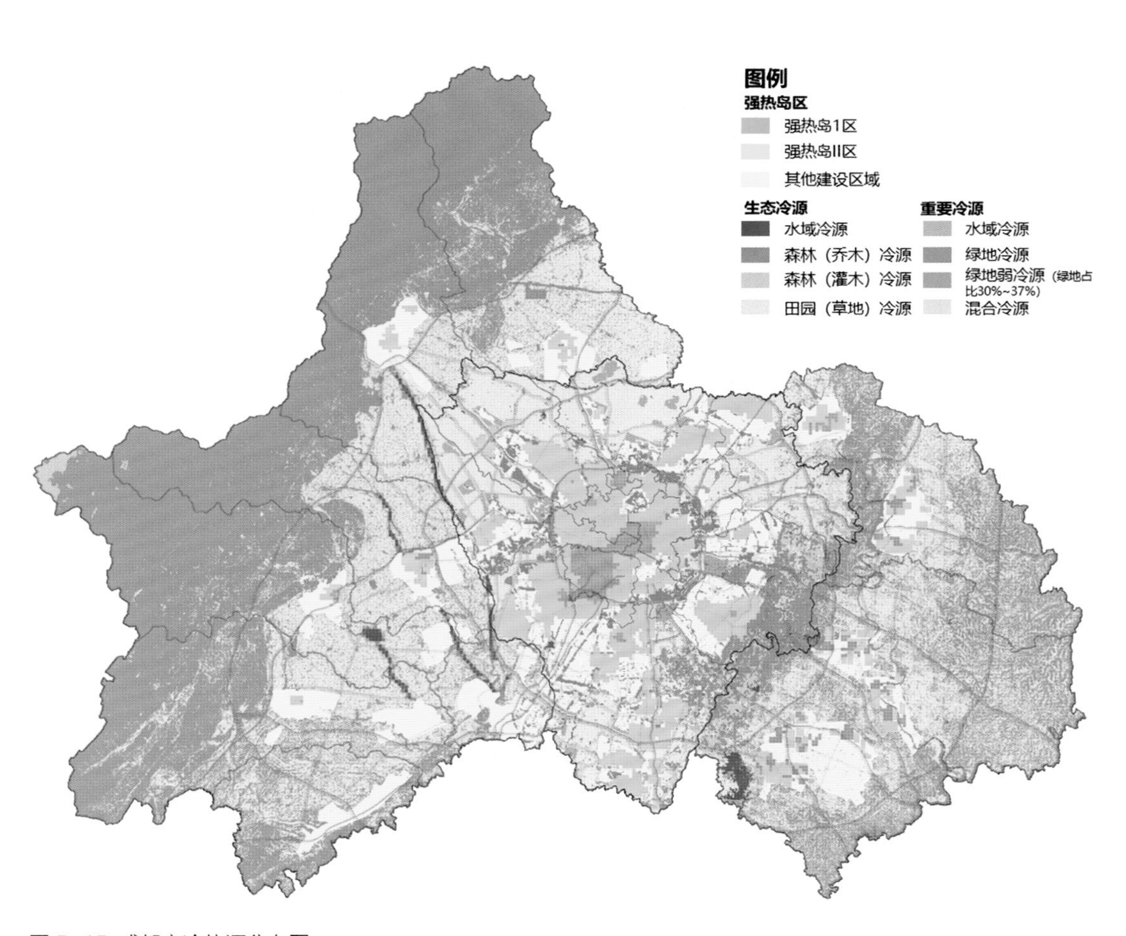

图 5-15 成都市冷热源分布图

第 6 章　通风廊道体系划定方法

Chapter 6
Ventilation Corridors System
Delimitation Method

6.1 通风廊道体系划定的目的

在众多城市通风廊道的实践中，有多种通风廊道体系构建的方式，其中有不少城市对通风廊道的大致走向、方位进行描述和定位，仅在空间上形成概念性布局方案，但这种方式对于城市未来建设发展难以进行实质性的指导，由于风道边界的模糊，在建设中也难以提出具有针对性的指引，因此通风廊道体系的划定对于通风廊道进一步发挥功能作用具有重要作用，有必要对其划定技术、方法进行分析讨论。对于通风廊道体系中各级风道的划定，主要基于以下两个目的：

对于宏观尺度的通风廊道来说，通风廊道在空间上的落位可作为限制城市无序蔓延的重要空间要素，有效协调城市区域生态区的平衡关系。特别是对于众多平原城市，在其城镇开发边界的划定中，尽管“双评价”工作能为我们提供科学的分析基础，但在实际操作中对于开发边界的确定仍然缺少明确的定界要素。因此，“以气定形”的方式可为开发边界的划定提供有力支撑，限制城市“摊大饼”式的蔓延，通过对生态区域的合理保护，同时保护城市风源供给区域。

对于微观尺度的通风廊道来说，通风廊道在空间上形成实体边界有利于对具体的空间提出建设要求，强化规划管理的可操作性和可实施性。通风廊道的营建与管控一直是风道规划工作中的重点，但限于技术水平、实际建设中的复杂情况等问题，很多情况下通风廊道的准确定界还有待进一步的研究与细化。因此，由于边界的不确定，则会导致管控工作中缺乏具体的空间载体，以致规划难以奏效。通过通风廊道体系的具体划定，将使地域空间具有切实的管控意义，便于落地实施。

6.2 通风廊道划定的相关要求

关于通风廊道的营建，国内外也做了大量的研究（表 6-1），主要形成了关于廊道宽度、走向、长度、构成等方面的考虑因素。但就具体标准而言，不同城市的管控指标不尽相同，体现出因地制宜的特点，但部分也存在一定的共性。下面就从宽度、走向、长度、构成等四个方面对通风廊道的营建分别进行讨论。

部分城市通风廊道管控情况摘录　　表 6-1

城市	通风廊道控制要求
斯图加特	至少为边缘树林或建筑的 1.5 倍，最好达到 2 ～ 4 倍；风道在某一方向上的长度至少为 500m，达到 1 000m 以上最好，在任何情况下通道宽度不应小于 30m，最好达到 50m；冷空气通道的宽度为 400 ～ 500m，最小宽度为 200m

续表

城市	通风廊道控制要求
北京	贯通中心城或延伸至中心城内部，宽度大于 500m，长度较长； 廊道走向与主导风向近似平行或两者夹角较小
广州	主风廊 150m，次风廊 80m；走向应尽量与主导风向平行，夹角不应大于 45°
武汉	一级通风廊道几百米至 1 000m；引风入城通风廊道宽度 100 ～ 300m，走向应尽量与主导风向平行，夹角不应大于 30°
黄石	大型水域通风廊道的宽度主要以其流通的主要水体宽度为参考对象，如长江、大冶湖等。原则上，通风廊道宽度不应小于 2 000m

6.2.1 宽度

由于通风廊道在空间中的作用是引导空气的流动，主要通过控制城市下垫面变化范围的方式对其进行控制，因此对宽度的控制是通风廊道营建中最为常用的方式。目前多数城市对于通风廊道主要分为主要风道和次要风道两类（或称一级、二级），对其宽度的要求如表 6-2 所示。

不同城市与地区通风廊道宽度标准界定　表 6-2

地区		主风道	次风道
北京		＞ 500m	⩾ 50m
通州		＞ 100m	—
广州		150m	80m
长沙		50 ～ 100m	＞ 30m
陕西	特大城市	200m	100m
	大城市	150m	80m
	中等城市	100m	50m
	小城市	80m	30m

从表 6-2 可知，各城市对于风道的主次多从宽度的不同进行区分，但宽度的设定不同城市之间差异较大，多数城市主风道宽度的要求在 100m 以上，次风道要求在 50m 以上。主风道一般是划分城市区与生态区的重要间隔，因此对风道的宽度较高，按照多个城市的实践经验，宽度不应小于 100m，以 500m 以上为宜。次要风道多数位于城市内部，最小宽度在

30 ～ 100m 不等，相关研究对不同宽度的街道进行风环境模拟，结果显示 50m 街道通风效能良好，能实现风道贯通。当风道宽度达到 30m 时，静风区比例极大减小，通风效能较高，30m 的街道，宽度低于 30m，通风能力基本丧失（表 6-3）。

不同宽度因子 1.5m 高度处风速比模拟结果　　表 6-3

宽度	风速比＜ 0.8	风速比≥ 0.8
10m	87.39%	12.61%
20m	94.22%	5.78%
30m	64.94%	35.06%

同样，本次研究也对不同宽度街道的风环境进行了模拟（图 6-1），以平均风速对其通风能力进行测度，结果显示街道宽度在 50m 以上时，街道通风水平处于较高的水平；街道宽度在 30m 以下时，街道通风水平显著下降。因此，在条件允许的情况下，建议风道宽度不应小于 50m，对于部分街道空间有限的老城区，建议风道宽度不应小于 30m。

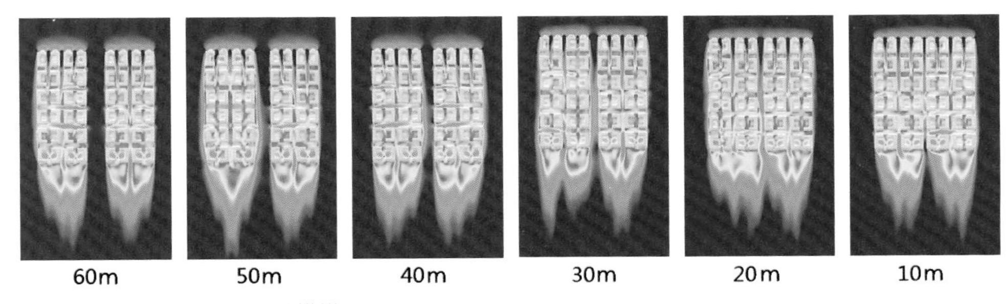

图 6-1 不同宽度街道风环境模拟

通风廊道宽度的要求对于旧城区来说可以指导旧城更新中的空间管控，特别是在对一些河道周边空间进行提质改造时，应适当释放河道两岸原有的建设空间，形成更为宽阔的河岸空间，以便于由河流水系形成的风能向城市内输送。而对于新城区来说，通风廊道宽度的要求则显得更为重要。城镇开发边界的划定对于城市发展来说往往是城市发展的第一条规范线，但对于城市格局的形成，还需要多种因素的综合考量。其中增加对城市通风的考虑，以通风廊道为线索预留出城市未来的生态骨架，将打破原有“先扩张再规划”的旧城老路，以生态文明为纲，从源头上为城市保障足够的生态空间，为城市组团、片区的有机分割提出技术性建议，从源头上避免城市通风不畅、热岛效应等问题的产生。

6.2.2 走向

对于通风廊道的走向，要求通风廊道与城市主导风向的夹角保持在一定的范围内，当它与主导风向角度平行时，通风效能最佳。而在实践中，各个城市对于夹角要求的严格程度略有不同，如广州要求通风廊道尽量与主导风向平行，与主导风向的夹角应不大于45°，北京市通州区通风廊道尽量与主导风向平行，在无法满足的区域与主导风向夹角不宜超过30°，同时也应兼顾轻软风的主导风向。同时通风的需求也体现在许多自然生长的城市肌理中，主要街道的走向往往与主导风向相一致。其主要原理即是利用城市主要的开敞空间形成线型的顺应风向的通道，减小风在城市中流动的阻碍，以提高通风效率，延长风源进入城市后流动的时间，避免或减少风源的品质受到不利的影响。

相关研究通过数值模拟的方式对风道走向进行模拟，提出当风道与主导风向的夹角控制在30°以内时，对整体的风环境营造有利。也有研究对地理环境特征不同的城市进行分析，考虑到有的城市冬季气候严寒，道路网方向应与冬季盛行风向形成一定的夹角，最好是趋近45°，使人员活动密集与宽度较大的街道与冬季盛行风向形成90°角，并提高道路网的规则性和直线型道路数量在城市道路系统中的比例。因此，建议通风廊道走向的确立，应建立在对城市风环境特征精细解析上，同时对城市在风环境方面可能面临的问题进行分析，兼顾两者以确定适宜的通风廊道走向。

通风廊道的走向要求对于旧城区来说，可以优化旧城内部的空间格局，为旧城释放更多的提升风环境的空间载体，同时也可以帮助旧城区梳理出可利用的风道空间，将城市内部一些符合要求的宽阔街道选作通风廊道的空间载体，同时对街道两边的建设在旧城更新中提出具体的要求。对于新区来说，风道的走向可支持新区道路系统、绿地系统的科学设计，为城市提供高质量、可持续的生态环境打下基础。

6.2.3 长度

对于通风廊道的长度，一般以最小长度方式进行管控。这是因为过于短或长度达不到最低水准的风道，在其对片区的通风效能上发挥的作用会大大降低，因此主要通过长度管控的方式保障片区整体风环境的提升。

事实上，目前对于风道长度的定量化研究不多，更多的时候是根据经验的判断，如斯图加特的通风廊道管控中提出通道在某一方向上的长度至少为500m，最好能够达到1 000m以上。同时由于风道的长度受限于城市建设的情况比较严重，所以比较难对风道长度设定统一的标准。例如西安对城市的主要风道长度进行了测量，均达到20km以上，并没有对其长度进行额外的控制（表6-4）。

通风廊道的长度可以帮助旧城区甄别一些适宜作为风道的空间，例如一些走向、宽度合适的街道，当其长度达不到要求时则不建议选作风道空间。对于新区来说，可以指导城市道路、水系的布局情况，在条件允许的情况下，保障其风道的最低长度，以最大化地发挥风道作用，提升片区风环境。

西安市主要通风廊道设想　表 6-4

序号	风廊名称	起止点	风道主要特点	长度 /km	重要节点
1	东部灞河风道	灞陵乡—渭河汇入口	河道风廊	20.0	灞桥生态湿地公园、西安世园会、浐灞生态湿地公园
2	东部浐河风道	酒铺乡—广运潭	河道风廊	20.3	浐河湿地公园、浐河两岸居住区绿化带、桃花潭公园
3	中轴线风道	石砭峪乡—草滩镇	道路风廊	40.0	石砭峪、长安大道绿化带、电视塔、钟楼、未央大道、渭河湿地公园
4	南部潏、滈河风道	太乙宫—长安城遗址	半河道半道路风廊	31.5	潏滈沿岸景观绿化带、西高新唐延路绿化带、汉长安城遗址
5	西部沣河风道	草堂—六村堡	半河道半道路风廊	29.1	沣河沿岸景观绿化带、紫薇田园都市、西三环绿化带

（资料来源: 赵红斌, 刘晖 . 盆地城市通风廊道营建方法研究——以西安市为例 [J]. 中国园林, 2014(11): 32-35.）

6.2.4 构成

通风廊道的构成，对宏观尺度的风道来说主要是生态区域；对位于城市内部微观尺度的风道来说，一般是依托城市的绿地系统、开敞空间系统、河流水系道路系统等要素构成，相关研究通过对通风潜力的测算，得到通风潜力较大的区域为农田、绿地、河道、宽阔街道以及低矮零碎的建设区，这些区域可优先选作城市风道的空间载体。

而在实际规划管理工作中，对于风道的内部构成管控方式多种多样。最早在斯图加特的通风廊道实践中即提出处于绿化网络或冷空气通道内的建设用地需调整为公共绿地，可见对于通风廊道内部的构成应进行单独考虑，适宜的功能构成将有利于通风廊道发挥作用。西安市主要风道直接明确了风道主要构成，包括河道风道、道路风道、半道路半河道三大类，也特别强调了其中的重要开敞节点，如湿地公园、景观绿化带等。而广州市则对风道内的开敞空间以量化指标的方式进行管控，风道内允许一定的建设用地，但用地规模、建筑容量都应进行控制，建议主要风道内除了道路、绿地、广场以外建设用地比例不大于 20%，次要风道内建设用地比例不大于25%，以保障风道内保留足够的开敞空间。综合以上研究，建议通风廊道应尽量结合城市内部绿地、水系、道路等开敞空间设置，避免通风廊道被建设占用。

通风廊道的构成对于旧城来说，可以指导旧城内的空间进行功能上的置换，如在适宜的位置将建设用地置换为具有生态服务功能的公园、绿地或是广场等空间。对于新城来说可以指导绿地系统、公园体系等开敞空间的布局，让这些空间在为人民提供休闲活动场所的同时，将其生态效益发挥到最大，实现综合价值的最大化利用。

6.2.5 布局

1）协调城市区与生态区

对于宏观尺度的通风廊道布局，要求从空间格局的角度协调城市区与生态区。通过对城市风环境的深入研究，明确风在城市全域范围内的分布，以此为基础，基于生态优化的原则，对风源充足的生态空间进行保护与控制，同时也对城市建设区域进行限制与管控，以实现两者的科学平衡。对于旧城来说，主要是限制城区的进一步扩张，加强对于生态空间的保护，避免更多的生态空间被城区无序蔓延蚕食。对于新城来说，可以从规划源头保护高价值的风源空间，奠定新城生态格局基础，引导未来城区空间形成适宜通风的布局形式。

2）连通城市内部通风空间

对于微观尺度的通风廊道布局，要求对城市内部已有的或潜在的通风空间进行连通，包括城市道路系统、绿地系统、河流水系等内容，通过风道的连接对城市内部的开敞空间体系进行重构，形成多个系统互联互通的开放网络，以达到将风源引入城内并扩大其效益的目的。对于旧城来说，可以通过通风潜力评估的方式，找到城区内已存在的风道加以利用，同时找到通风的堵点在下一步的旧城更新中进行疏通。对于新区来说，可以依托风源空间分布情况，对城市内部开敞空间进行连通，最终结合规划方案确定风道的具体布局。

3）利用自然要素创造局部环流

对于微观尺度的通风廊道布局，还应该充分利用城市内的自然要素，依托自然冷源创造利于城市通风的局部环流。城市内大型公园绿地、河流水系等都是重要的冷源，可以起到对周边降温的作用，同时由于与周边区域存在一定的温度差，可以形成冷热环流的气流，形成城市内部风源。对于旧城来说，应充分利用现有冷源和已存在的热岛区域，打通两者之间的通道以促进其实现冷热环流，这不仅能优化旧城的通风环境，还能缓解热岛效应。对于新城来说，通过对冷热源布局的理想模式研究，可以指导其对自然要素的合理布局，对绿地系统、大型公园布局等内容提出建议，充分利用自然要素从源头上避免城市热岛的产生，保障城市内部优良的通风环境。

6.3 旧城通风廊道识别与划定研究

6.3.1 旧城通风廊道识别与划定方案

根据前文所述构建完整的三级通风廊道体系，针对旧城建成度高的特点，形成划定三级通风廊道的系统方法（图 6-2）。

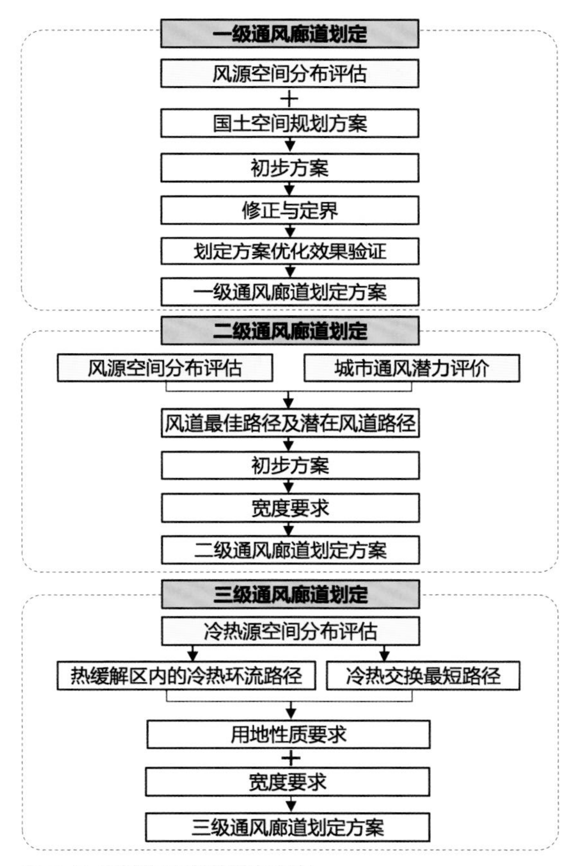

图 6-2 旧城通风廊道划定方案

对于旧城一级通风廊道的划定，首先，以风源空间分布情况为基础，叠加国土空间规划方案，识别出一级通风廊道的初步方案；其次，以保护高等级风源为原则修正风道具体边界，重点可参考建设用地边界、道路、轨道等地物要素；最后，建议可通过数值模拟或风洞实验等方式对风道的设立进行效果模拟，充分论证风道建立的必要性和有效性，为城市发展决策提供技术性支撑。

对于旧城二级通风廊道的划定，首先，以城市通风潜力评价为基础，同样以最小成本路径法识别通风阻力最小路径；其次，以风源空间分布情况为基础，以最小成本路径法识别最大风频路径，得到风道最佳路径及潜在风道路径初步方案；最后，核实风道宽度要求确定二级通风廊道划定方案。

对于旧城三级通风廊道的划定，首先，以冷热源空间分布情况为基础，明确城区外部冷源和北部冷源；其次，以冷源确定热缓解区范围，并以冷热交换的最短路径识别三级通风廊道初步方案；最后，叠合用地性质和宽度要求确定三级通风廊道划定方案。

6.3.2 成都中心城通风廊道识别与划定研究

成都中心城通风廊道主要通过风源空间分布及通风潜力评价，对上一版总体规划中提出的一、二级通风廊道方案结合现状建设及规划方案进行修正，保护风源空间，同时提升通风廊道通风效率，并提出潜在通风廊道区域，以指导未来旧城更新中的相关建设措施；同时，通过识别城市冷热源分布，新增促进冷热环流、缓解热岛的三级通风廊道，共同构成中心城区三级通风廊道体系。

1. 一级通风廊道划定研究

（1）以风源空间分布分级评价结果为依据形成初步方案

通过叠加国土空间规划方案和风源分级评价图，并结合中心城区周边生态区域，以风源空间分布频率为依据，初步形成 7 条通风廊道。

（2）按照保护高等级风源的原则修正通风廊道边界

以保护高等级风源为原则，将北部通风廊道的东侧边界根据青白江城区建设用地边界进行调整；东北部通风廊道的南侧边界以成南高速—成渝铁路为准；同时，新增一处通风廊道：将龙泉中央绿心高风频区域划定为新增通风廊道，其南边界为成渝高速路，北边界为成安渝高速路（图 6-3）。

（3）通过模拟验证通风廊道通风效果

通过 PHOENICS 对中心城区通风廊道通风效果进行模拟验证，结果显示：一是规划通风廊道对保障通风有提升作用，按既有一级通风廊道划定方案对高风频区域进行开发控制，可将穿过中心城区的贯穿风比例由 32.2% 提高到 42.1%（图 6-4）；二是通风廊道优化后有改善效果，中心城区一级通风廊道方案优化后，可将穿过中心城区的贯穿风比进一步例由 42.1% 提高到 45.7%（图 6-5）。

2. 二级通风廊道划定研究

1）成都市中心城区通风潜力评估研究

（1）城市形态与城市通风潜力的关系

城市冠层内的风速大小更多地受到城市表面建成环境的影响。城市形态与通风潜力之

$$F=\sqrt{\frac{\Sigma(h_i-\overline{h})^2}{n-1}} \qquad \overline{h}=\frac{\Sigma h_i}{n}$$

式中：F——建筑群高度变化程度；

h_i——栅格内第 i 个建筑的高度；

$\overline{h}$——栅格内建筑的平均高度；

n——栅格内建筑的数量；

⑦天空开阔度

当街道与盛行风向平行时，气流可以沿着街道流动很长一段距离，此时气流受到沿街建筑的摩擦阻力最小，风速仅有微波的减弱。当街道与盛行风向平行时，街道宽度越宽，街道上的通风效果越好。当城市街道与盛行风向垂直时，气流从建筑物的上方通过，而街道上的气流主要是气流经过城市上空时与街道的建筑物发生碰撞所产生的二次气流，这些二次气流一定程度上也能改善街道上的通风状况。天空开阔度是在两幢建筑之间从地面能看到天空的最大角度，表征了建筑高度与建筑间距的关系。

天空开阔度指标计算公式：

$$G=1-\frac{\Sigma_{i=1}^{n}\sin\gamma_1}{n} \qquad \Omega=\sum^{n}\int^{\pi/2}\cos\Phi\cdot d\Phi$$

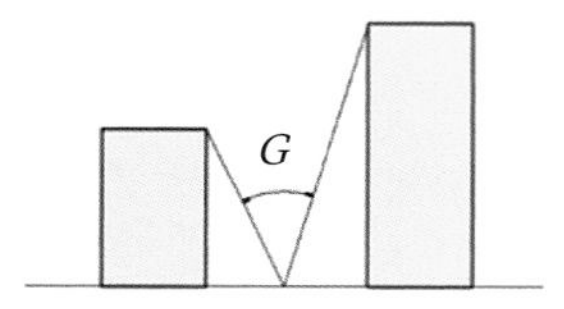

式中：G——天空开阔度；

Ω——天空可视立体角（°）；

γ_1——第 i 个方位角时的影响地形高度角（°）；

n——计算的方位角数目（个）。

⑧建筑群邻近度

建筑的布局也是直接影响通风的关键因素，在建筑密度、综合迎风面积密度等指标的基础上，加入建筑的平均最近距离指标，可以准确地描述城市建成环境的空间形态。建筑之间的间距可促使通风条件的改善，建筑平均最近距离越远，通风效果越好。

建筑群邻近度计算公式：

$$H=\frac{\Sigma\overline{d}_i}{n}$$

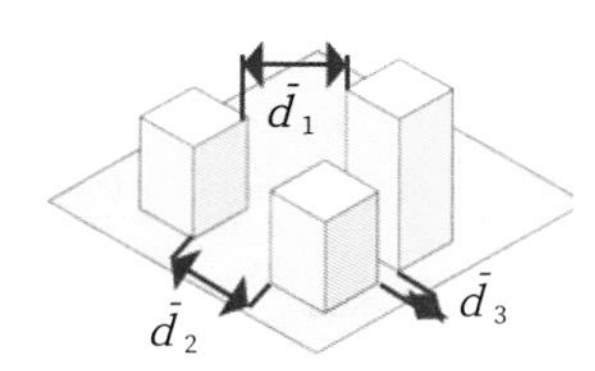

式中：H——建筑群邻近度；

$\overline{d}_i$——栅格内第 i 个建筑距离最近邻建筑的平均距离；

n——栅格内建筑的数量。

此次研究采用 100m×100m 网格对中心城区进行通风潜力评价，根据现状建筑数据，计算已建区域的 8 项形态指标，分别按照 1 ～ 5 分进行打分，并加权平均，从而得到现状建设区域通风潜力评分。然后与现状建设区域的用地布局进行叠加分析，得到不同建设强度各类用地的通风潜力评分值，再通过新建区域的用地布局和开发强度，确定新建区域的通风潜力评分，最终拼合形成中心城区通风潜力评价图（图 6-6）。

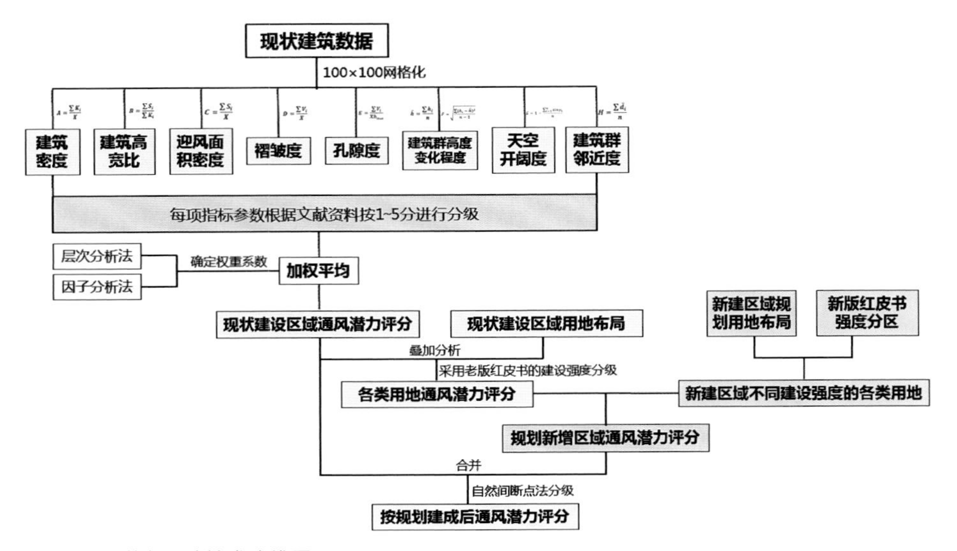

图 6-6 通风潜力评价技术路线图

2）通风潜力评估

（1）各因子现状评价

现状建筑密度以10%～40%为主,部分工业区工业建筑体量大,建筑密度较高(图6-7)。

现状建筑高宽比普遍不高，仅在商业区比值较大，表明现状建筑高度变化较小，特别是工业区，因为建筑体量较大且普遍高度相同，工业区建设高宽比值普遍较小（图 6-8）。

建筑迎风面积密度与栅格内建筑高度、体量和建筑数量均有关系，因此，城区的商业中心和居住密集区的建筑迎风面积密度普遍较高（图 6-9）。

褶皱度表示单元内建筑总体积与栅格单元面积的比值，表征建筑平均高度，栅格单元内的建筑总体量越大，褶皱度越大，中心城区商业、居住集中区的褶皱度普遍较高（图 6-10）。

孔隙度指单元中所有空隙空间体积之和与该栅格单元体积的比值，单元的孔隙度越大，说明该单元中开敞空间越大，可以为通风提供流动的空间也就越大，城区特别是建筑体量大的工业区，孔隙度较小（图 6-11）。

建筑群高度变化程度指单元内建筑群高度的标准差，表征建筑的高度变化程度，一般高度变化程度越大，通风能力越好。商业、居住密集区的建筑群高度变化程度较大（图 6-12）。

图 6-7 现状建筑密度评价图

图 6-8 现状建筑高宽比评价图

图 6-9 现状迎风面积密度评价图

图 6-10 现状褶皱度评价图

图 6-11 现状孔隙度评价图

图 6-12 现状建筑群高度变化程度评价图

天空开阔度是以道路中心线为基点的天空可视立体角度，表征高层风对地面的影响能力（图 6-13）。

建筑群邻近度指单元内建筑与最近邻建筑之间的平均距离，与建筑密度相关，更加反映了建筑布局对通风的影响。中心城区建筑间距主要集中在 20 ～ 30m（图 6-14）。

图 6-13 现状天空开阔度评价图

图 6-14 现状建筑群邻近度评价图

（2）各因子规划评价

由于各项指标的计量单位不同，为消除各指标值的量纲、统一其变化范围，对指标进行标准化处理，将指标值划分为 5 个区间，并在原指标值的基础上，进行重新赋值，如表 6- 5 所示。

城市形态指标分类赋值表　表 6-5

指标	赋值（5）	赋值（4）	赋值（3）	赋值（2）	赋值（1）
建筑密度	0% ～ 20%	20% ～ 30%	30% ～ 50%	50% ～ 60%	大于 60%
建筑高宽比	0.1 ～ 1.0	1.0 ～ 2.0	2.0 ～ 4.0	4.0 ～ 6.0	大于 6.0
迎风面积密度	0.1 ～ 0.2	0.2 ～ 0.4	0.4 ～ 0.5	0.5 ～ 0.6	0.6 ～ 1.6
褶皱度	0.1 ～ 1.0m	1.0 ～ 3.0m	3.0 ～ 6.0m	6.0 ～ 12.0m	大于 12.0m
孔隙度	90% ～ 100%	80% ～ 90%	70% ～ 80%	50% ～ 70%	0% ～ 50%
高度变化程度	大于 40m	20 ～ 40m	10 ～ 20m	5 ～ 10m	0 ～ 5m
天空开阔度	1	0.98 ～ 1.0	0.96 ～ 0.98	0 ～ 0.96	0
建筑群邻近度	大于 100m	30 ～ 100m	20 ～ 30m	10 ～ 20m	0 ～ 10m

将由现状建设情况（图 6-15）得到的各因子现状评价结果与规划用地进行叠加，按照

图 6-15 现状建设用地图

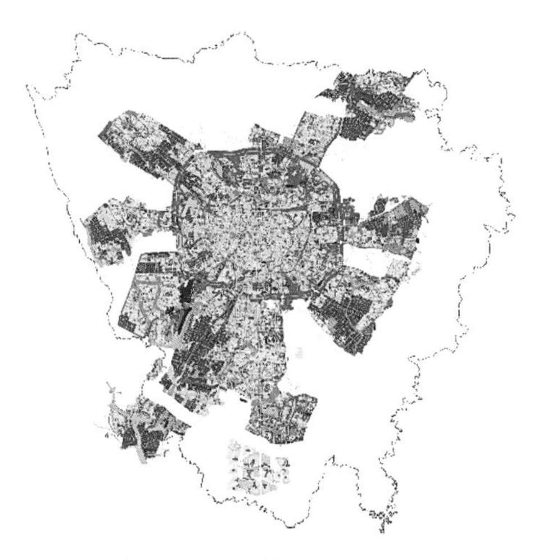

图 6-16 规划用地布局图
（图片来源：《成都市国土空间总体规划（2019—2035 年）》）（在编）

新版红皮书的开发强度分类和用地类别统计，得到不同开发强度和用地类别的各因子平均数值，用作规划新建区域推导的基准值（表 6-6）。

不同开发强度的种类用地的指标基准值　　表 6-6

用地类型	建筑密度		建筑群高度变化程度		迎风面积密度		褶皱度		孔隙度		建筑高宽比		建筑邻近度		天空开阔度		总分	
	核心区	一般区	核心区	一般区	核心区	一般区	核心区	一般区	核心区	一般区	核心区	一般区	核心区	一般区	核心区	一般区	核心区	一般区
A	3.15	3.50	3.01	3.42	3.13	3.73	3.24	3.55	3.46	3.83	3.00	3.43	3.57	3.86	3.21	3.52	3.20	3.56
B	2.64	3.13	2.72	2.96	2.89	3.13	2.80	3.47	3.17	3.27	2.84	3.12	2.88	3.17	1.72	2.71	2.78	3.15
R	3.12	3.41	2.83	2.86	2.99	3.24	3.12	3.32	3.30	3.49	2.90	3.01	2.23	2.92	2.88	3.33	3.03	3.24
E	5.00		5.00		5.00		5.00		5.00		5.00		5.00		5.00		5.00	
G	4.64		4.76		4.67		4.26		4.27		4.56		4.41		4.81		4.56	
H	3.99		4.23		4.23		4.17		3.90		3.80		4.24		4.12		4.03	
M	3.44		3.02		4.10		3.87		3.07		4.11		2.39		3.39		3.63	
S	3.67		3.58		3.75		3.85		3.74		3.56		3.77		3.33		3.71	
U	3.97		4.10		4.05		3.80		3.71		4.25		3.44		3.86		3.94	
W	3.87		3.01		3.91		4.07		3.57		4.03		2.52		3.29		3.75	
其他	3.68		3.74		3.82		3.93		3.43		3.64		3.38		3.27		3.68	

将指标基准值代入规划用地布局方案（图 6-16），补全新建区域的各指标值，得到中心城区规划建成后的通风潜力评价图。

建筑密度指单元内建筑的基底面积与所在栅格单元面积的比值，与城市人行高度的通风环境具有较强的相关关系。根据规划用地补全后，建筑密度以 10% ～ 40% 为主，特别是工业区的建筑密度较高（图 6-17）。

迎风面积密度：单元内建筑在主导风方向的投影面积与栅格单元面积的比值，表征阻风面积的大小与建筑体量、布局和形态均有关系。采用规划用地补全后，建筑迎风面积密度高值区仍然分布于商业和居住密集区（图 6-18）。

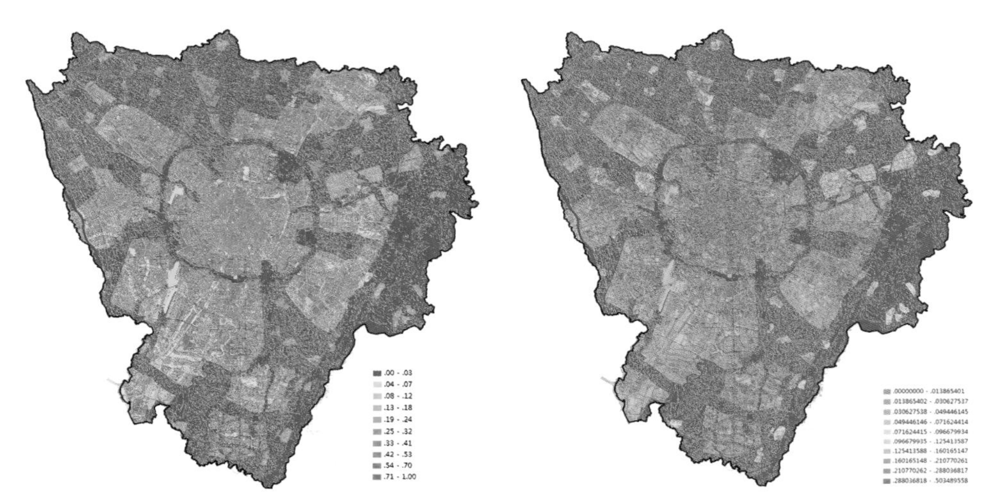

图 6-17 中心城区建筑密度评价图

图 6-18 中心城区迎风面积密度评价图

建筑高宽比指单元内建筑迎风面积与建筑的占地面积的比值，表征建筑体量、朝向与主导风向的关系的量，采用规划用地补全后，建筑高宽比高值区主要分布于商业集中区，特别是商业中心区（图 6-19）。

褶皱度表示单元内建筑总体积与栅格单元面积的比值，表征建筑平均高度，栅格单元内的建筑总体量越大，褶皱度越大，采用规划用地补全后褶皱度高值区仍以商业、居住集中区为主（图 6-20）。

孔隙度指单元中所有空隙空间体积之和与该栅格单元体积的比值，单元的孔隙度越大，说明该单元中开敞空间越大，可以为通风提供流动的空间也就越大。采用规划用地补全后，孔隙度高值区以低密度建设区为主，城区特别是建筑体量大的工业区，孔隙度较小（图 6-21）。

建筑群高度变化程度指单元内建筑群高度的标准差，表征建筑的高度变化程度，一般高度变化程度越大，通风能力越好。采用规划用地补全后，建筑群高度变化程度高值区主要分布在商业集中区（图 6-22）。

图 6-19 中心城区建筑高宽比评价图

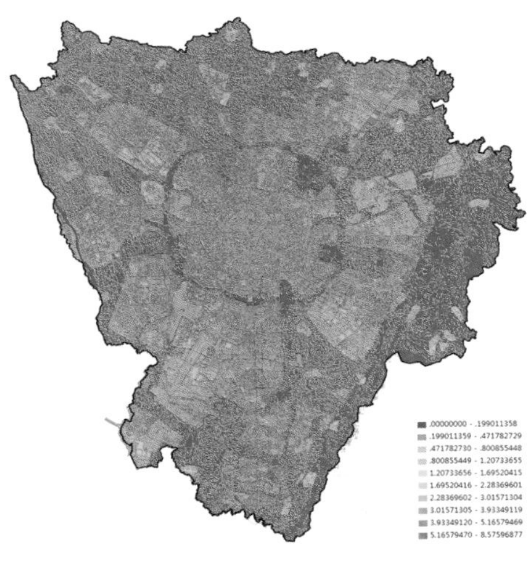

图 6-20 中心城区褶皱度评价图

图 6-21 中心城区孔隙度评价图

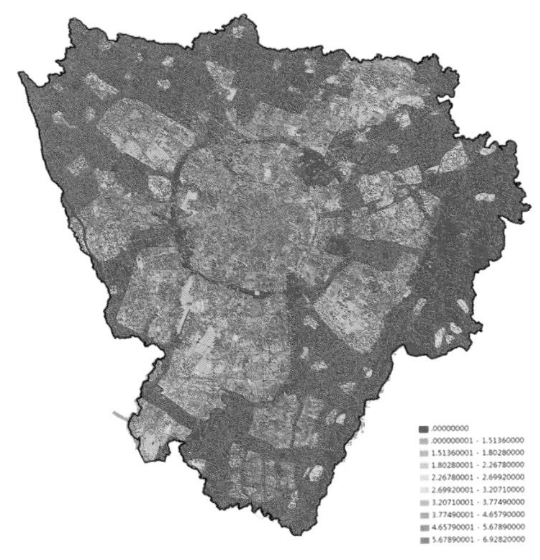

图 6-22 中心城区建筑群高度变化程度评价图

天空开阔度是以道路中心线为基点的天空可视立体角度，表征高层风对地面的影响能力。采用规划用地补全后，中心城区天空开阔度高值区分布于城市商业、居住等建筑高度较高且较密集的区域（图 6-23）。

建筑群邻近度指单元内建筑与最近邻建筑之间的平均距离，与建筑密度相关，更加反映了建筑布局对通风的影响。中心城区建筑间距主要集中在 20 ～ 30m，采用规划用地补全后，建筑平均间距仍以 20 ～ 30m 为主（图 6-24）。

图 6-23 中心城区天空开阔度评价图

图 6-24 中心城区建筑群邻近度评价图

（3）指标权重

研究采用层次分析法和因子分析法确定各指标权重。在主观评价层面，运用层次分析源来确定各个城市通风潜力指标之间的权重，层次分析法是一种定量表示与定性判断相结合的评价方法。层次分析法主要是通过建立两两比较的判断矩阵，对复杂问题进行分解，并结合主观判断，从而有效解决复杂问题。此次研究采用 1 ～ 9 标度法对各个形态指标进行主观判断（表 6-7）。

城市形态指标判断矩阵　表 6-7

指标	建筑密度	建筑高宽比	迎风面积密度	绝对褶皱度	孔隙度	高度变化程度	天空开阔度	建筑群邻近度
建筑密度	1	3	4	1	5	7	8	9
建筑高宽比	1/3	1	3	1/3	4	5	7	7
迎风面积密度	1/4	1/3	1	1/4	3	5	7	7
绝对褶皱度	1	3	4	1	5	7	9	9
孔隙度	1/5	1/4	1/3	1/5	1	3	5	7
高度变化程度	1/7	1/5	1/5	1/7	1/3	1	3	3
天空开阔度	1/8	1/7	1/7	1/9	1/5	1/3	1	3
建筑群邻近度	1/9	1/7	1/7	1/9	1/7	1/3	1/3	1

然后对权重进行归一化处理，使其所有的权重之和为 1，最终得到各个指标的权重（表 6-8）。建筑密度和建筑高宽比对通风的作用最强，其次为迎风面积密度、孔隙度、褶皱度、建筑群高度变化程度、天空开阔度和建筑群邻近度。通过对判断矩阵的一致性检验，其最大特征根为 8.83，平均随机一致性指标 CR=0.0845，小于 0.1，具有较高的一致性。

层次分析法得到的形态指标权重　　表 6-8

指标	建筑密度	迎风面积密度	孔隙度	建筑高宽比	褶皱度	高度变化程度	天空开阔度	建筑群邻近度
权重	23.62%	17.20%	14.81%	24.24%	10.56%	4.99%	3.14%	1.44%

在客观分析层面，采用因子分析法来确定各项指标的权重。因子分析法是一种多元统计方法，是一种从变量群中提取共性因子的统计技术。因子分析可在许多变量中找出隐藏的、具有代表性的因子。将相同本质的变量归入一个因子，可减少变量的数目，同时也不会造成信息的丢失。首先通过主成分分析，计算出各个因子对方差的贡献率以及因子累计贡献率。其中，建筑群高度变化（A_1）、孔隙度（A_2）、建筑高宽比（A_3）三项的累计贡献率超过 80%，因此提取这 3 个因子作为主因子进行计算（表 6-9）。

旋转后前 3 个主因子的方差贡献率　　表 6-9

主因子	建筑群高度变化（A_1）	孔隙度（A_2）	建筑高宽比（A_3）
贡献率（%）	55.16	17.62%	9.30

因子分析前，进行 KMO 检验和巴特利球体检验，检验向量间的相关性。KMO 统计量越接近 1，变量相关性越强，因子分析效果越好，通常 0.7 以上为一般，0.5 以下为不能接受，即不适合做因子分析，8 个变量的 KMO 统计量为 0.74，说明变量间具有相关性，可以应用因子分析法。此外，各项指标的 p 值（概率）小于 0.05，符合巴特利球体检验要求，适合做因子分析。

通过对基于主因子各个指标的成分矩阵采用方差极大法实行正交旋转，并进行 9 次迭代收敛，得到旋转后的成分矩阵，见表 4-5。各个指标的权系数通过如下公式进行计算。

$$C_i=A_1\times|B_iA_1|+A_2\times|B_iA_2|+A_3\times|B_iA_3|$$

式中，C_i 代表各个指标的权重系数，B_iA_1 表示第 1 个主因子对第 i 个指标的权系数。

然后，得到各个指标的权重（表 6-10）。

$$W_i=\frac{C_i}{\sum_{i=1}^{8}C_i}$$

因子分析法得到的各指标权重　　表 6-10

指标	建筑密度	迎风面积密度	孔隙度	建筑高宽比	褶皱度	高度变化程度	天空开阔度	建筑群邻近度
权重	18.66 %	16.47%	12.17%	13.06%	15.69%	11.59%	6.06%	6.30%

层次分析法偏重主观判断，而因子分析法偏重数据的客观性，两种方法结合更加准确。根据层次分析和因子分析法的分析结果，将两种方法得到的权重进行等权，从而得到通风潜力指标的最终权重（表 6-11）。

各项指标的综合权重　　表 6-11

指标	建筑密度	迎风面积密度	孔隙度	建筑高宽比	绝对褶皱度	高度变化程度	天空开阔度	建筑群邻近度
权重	21.14%	16.83%	13.49%	18.65%	13.13%	8.29%	4.60%	3.87%

（4）通风潜力评价结果

根据各项指标的综合权重，将八项指标综合叠加，得到叠加结果（图 6-25）。

将叠加结果与用地布局对比可以发现，核心区内的商业用地容积率高，建筑体量大，对风的阻碍作用较强，通风潜力普遍较低（图 6-26）。因此，此次研究将核心区内的商业用地划为难通风区域，并修正通风潜力评价图（图 6-27）。

（5）通过通风阻力识别最小路径

此次研究在 GIS 最小成本路径法的基础之上，将通风潜力评价图和通风频率分布图转

图 6-25 八项形态指标综合叠加结果

图 6-26 难通风区域

换为通风阻力评价图和风频率损失评价图，利用最小成本路径法识别风最小损失路径和风频率最小损失路径，并据此修正二级通风廊道（图 6-27）。

根据通风潜力评价图（图 6-28），应用最小路径法，区分不同路径的频率高低，从而优选出最佳通风条件的路径，除可以筛选出生态区、绿地、水域和道路的通风潜力值较高的路径，还可以在没有明显可识别通道的区域通过最小阻力路径法识别潜在通风廊道；难通风区域建筑密度高，商业建筑体量大，一般难以在地块内以绿地等形式形成通风廊道，因此在通风潜力评价图中予以剔除，在通风路径识别中，通风路径将不会经过这些区域。

首先将通风潜力评价图转换为通风阻力评价图（图 6-29），采用自然断点法将通风潜力评分分为 10 级，按照通风潜力评分由高到低设置通风阻力评分为 1 ～ 10，难通风区域设置为边界外信息，最小阻力路径将不会经过这些区域。

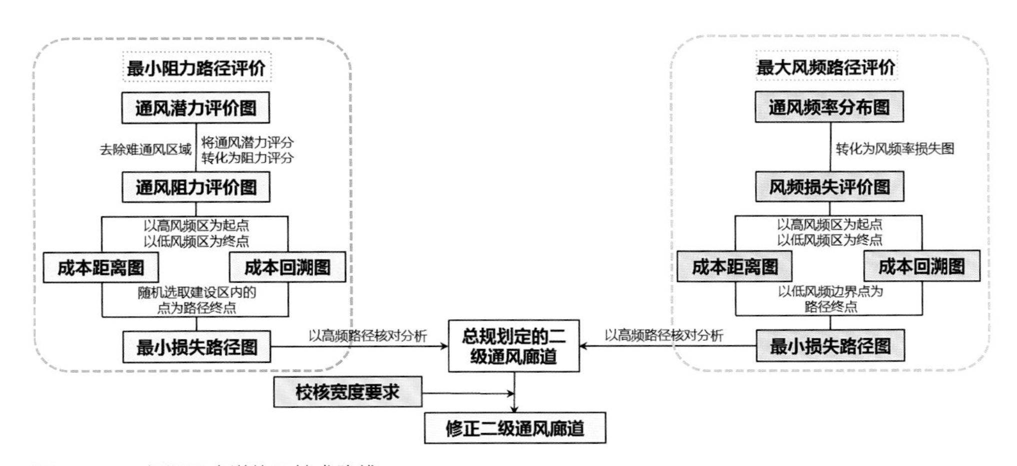

图 6-27 二级通风廊道修正技术路线

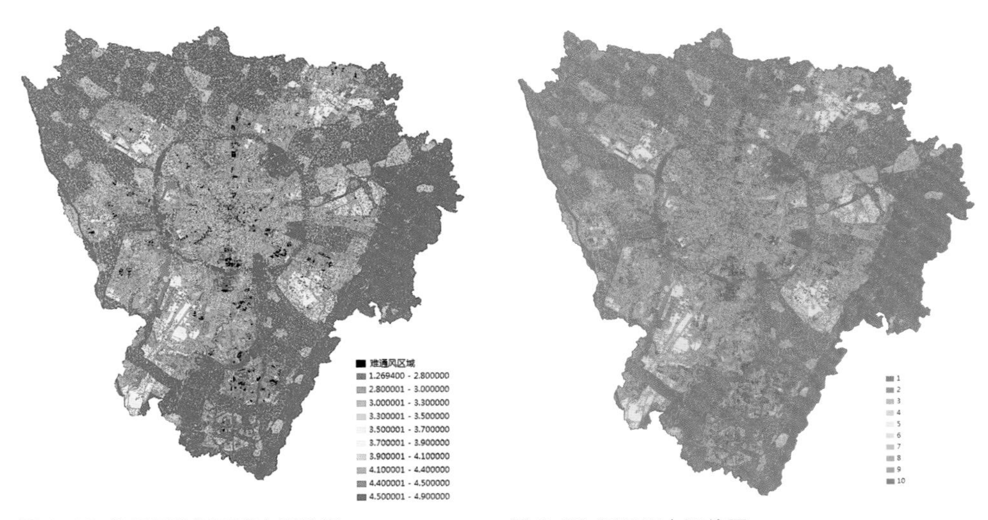

图 6-28 修正后的通风潜力评价图

图 6-29 通风阻力评价图

以主导风上风向东北面为起点，以主导风下风向西南面为终点，利用 GIS 工具生成成本距离分布图（图 6-30）和成本回溯分布图（图 6-31）。

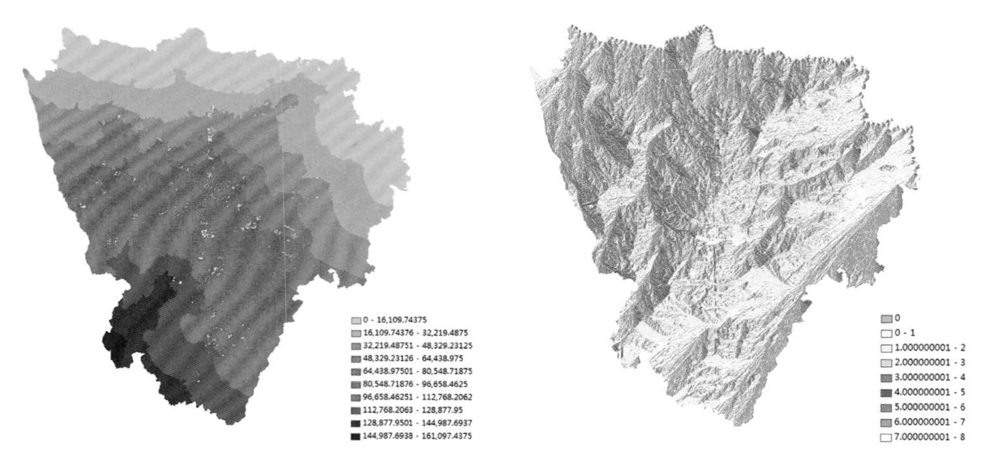

图 6-30 成本距离分布图

图 6-31 成本回溯分布图

城市建设区是通风改善重点关注的区域，因此，在城市建设区按照 2 ～ 3km 的间距随机选取目标点，通过 GIS 工具生成到达这些目标点位的最小阻力损失路径（图 6-32）。路径的起始段为多条路径的叠加，末段为分散到达目标点位的单一路径，因此，多条路径叠加的部分为重要的通风路径，是需要重点保护的潜在通风廊道。

（6）通过风源空间分布识别最大风频路径评价

首先将风源空间分布图（图 6-33）转换为通风频率损失分布图（图 6-34），通风频率评分 1 ～ 5 对应到风频率损失分布图的评分为 5 ～ 1 分。

以主导风上风向东北面为起点，以主导风下风向西南面为终点，利用 GIS 工具生成成本距离分布图（图 6-35）和成本回溯分布图（图 6-36）。

通风频率评价图的分辨率较低，为 2km×2km，无法准确定位，因此采用下风向西南面为终点，考察中心城区贯通风的最小风频率损失路径（图 6-37），即为中心城区最大风频率路径。

（7）识别穿越地块的潜在风道

除可以筛选出生态区、绿地、水域和道路的通风潜力值较高的路径，还可以在没有明显可识别通道的区域通过最小阻力路径法识别潜在风道（图 6-38）。

府河是老城区重要的二级通风廊道，也是城区中重要的局部冷源。按照主导风向东北风向西南区域识别潜在风道，得到两条从地块中通过的路径，表明这些地块在建设改造时，应注意保持地块的通风能力（图 6-39）。

图 6-32 最小阻力路径（东北主导风）

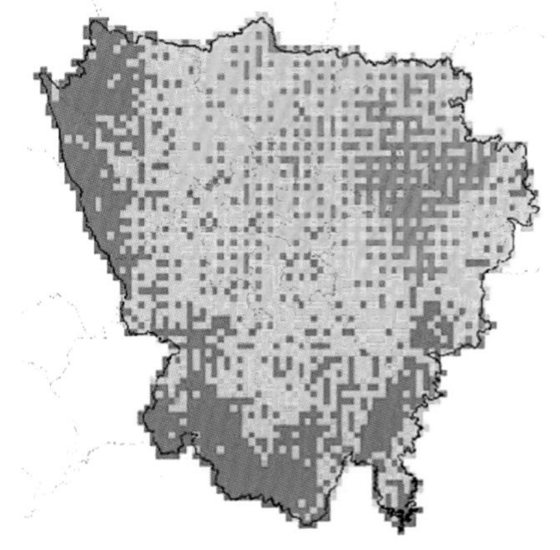
图 6-33 风频率评价分布图

图 6-34 风频率损失分布图

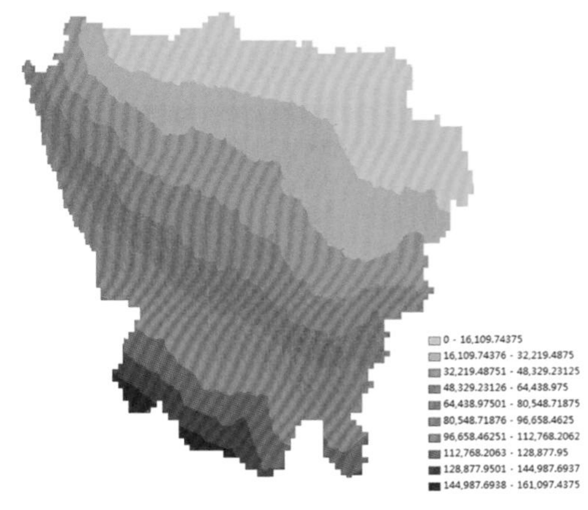

图 6-35 风频率成本距离分布图

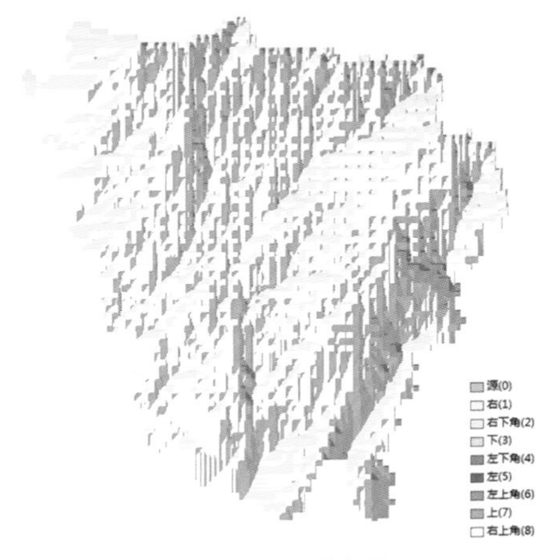

图 6-36 风频率成本回溯分布图

图 6-37 最小风频率损失路径图

通风潜力评价图

依次选择主要风向

适当选择风的入口

从入口沿目标风向及其45°范围向下风向搜索，选择通风潜力最高（阻力最小）的网格，一直到下风向出口

形成最小损失路径，可作为潜在通风廊道

图 6-38 应用最小阻力路径法识别穿越地块的潜在风道技术方法

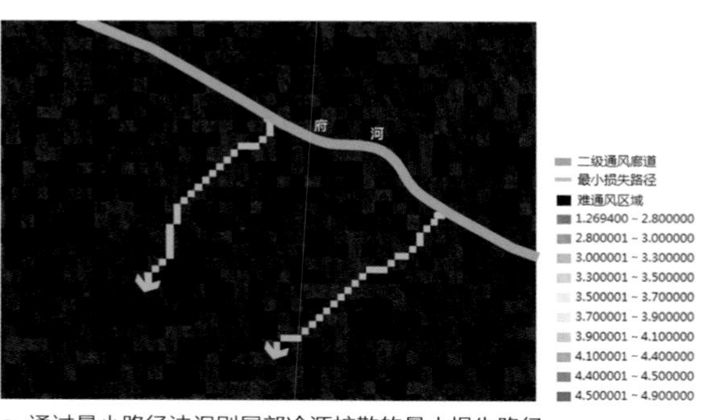

a. 通过最小路径法识别局部冷源扩散的最小损失路径

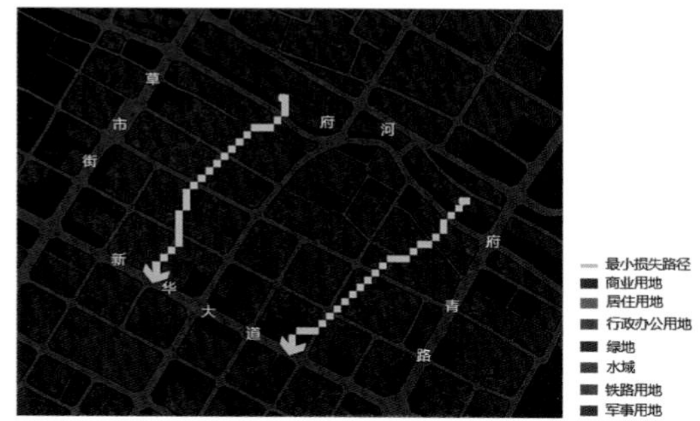

b. 最小损失路径叠加用地布局

图 6-39 府河西南区域潜在风道识别

（8）二级通风廊道修正结果

叠加识别出的通风最小阻力和风频损失最小路径通道，形成二级通风廊道及穿过地块内部的潜在通风廊道的初步方案。同时，在既有方案基础上根据识别路径进行修正，校核宽度（图 6-40）。

3. 三级通风廊道划定研究

（1）根据外部冷源增加通道

结合规划建设用地布局，将非建设用地中的冷源识别为外部补偿空间，包括郫新、郫温、温双、天府、天龙、龙青等六片外部生态冷源（图 6-41）。

将六片生态冷源与热岛之间的最小损失路径与用地进行叠加，将满足宽度要求的通道作为三级通风廊道。

局部风道构建示意：

①识别最小风频损失路径

凤凰山区域是周边区域重要冷源，以凤凰山区域为风的起点，周边一定范围为终点，分析成本距离和回溯路径，最后得到最小风损路径。凤凰山区域冷风主要沿绿带和主要道路向周边扩散（图 6-42）。

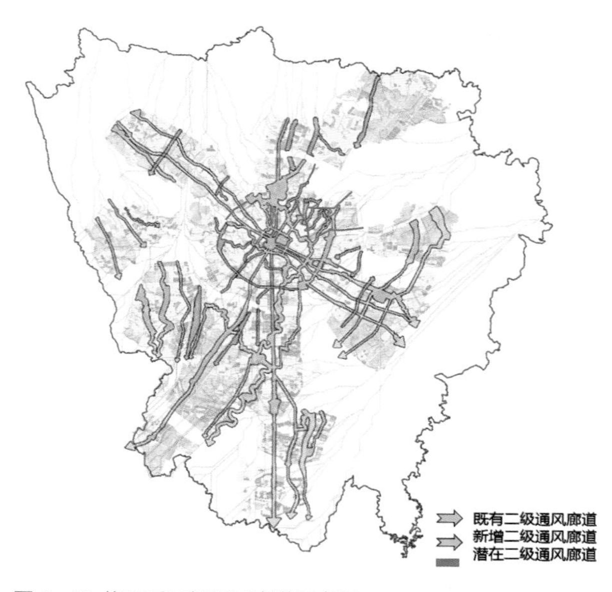

图 6-40 修正后二级通风廊道示意图

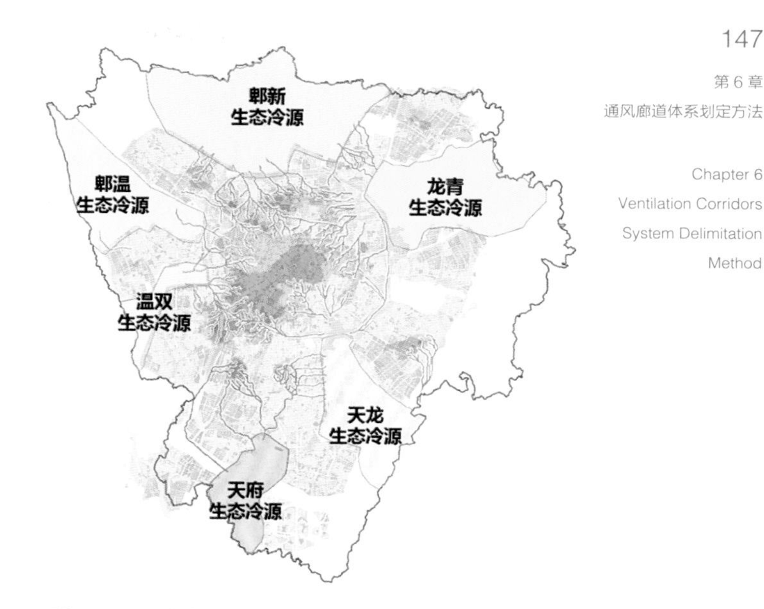

图 6-41 六片生态冷源与外部热缓解通道

②最小风损路径叠加用地性质并校核宽度要求

叠加到规划用地上，凤凰山区域向周边扩散的最小损失路径沿三环路、金芙蓉大道、东风渠以及一些绿带分布（图 6-43）。

凤凰山—升仙湖区域是老城区东北部的局部冷源，运用最小阻力路径法识别出三条向南延伸的潜在通风廊道，除中间一条通风廊道为沿道路走向外，东、西两条通风廊道均为穿越地块的通风廊道（图 6-44）。

（2）根据内部冷源划定热缓解区

根据中心城冷热源空间分布情况（图 6-45），将面积大于 1.72km^2 冷源区域划定为大型冷源，周边 500m 范围划定为热缓解区；面积小于 1.72km^2 的冷源区域划定为重要冷源，周边 250m 划定为热缓解区（图 6-46）。

（3）划定中心城区三级通风廊道

叠合用地布局，将能够实现冷热环流，总体宽度不小于 50m 的道路、河道及其绿化带划定为三级通风廊道（图 6-47）。

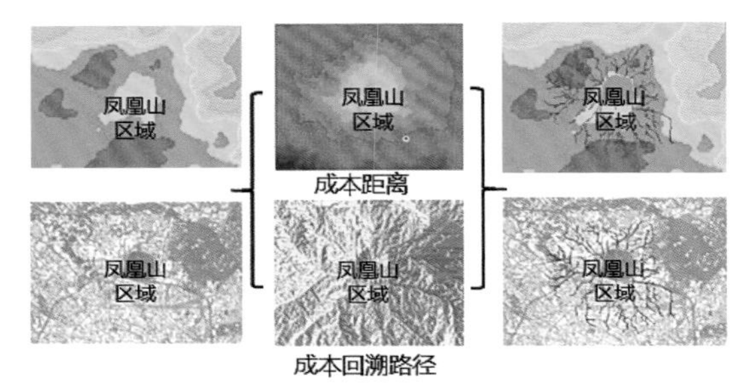

图 6-42 局部风道识别示意图

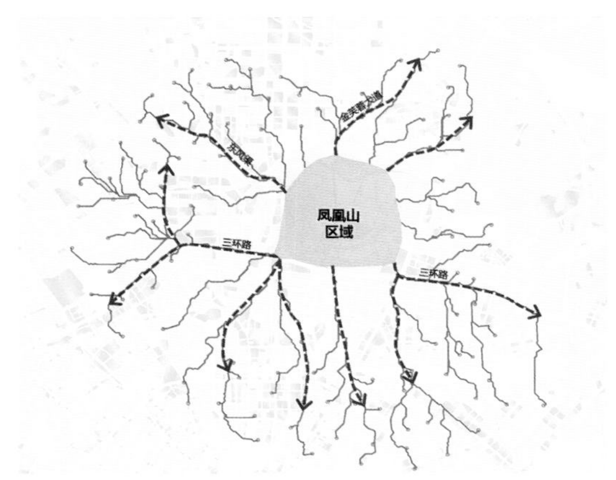

图 6-43 凤凰山区域周边风道识别示意图

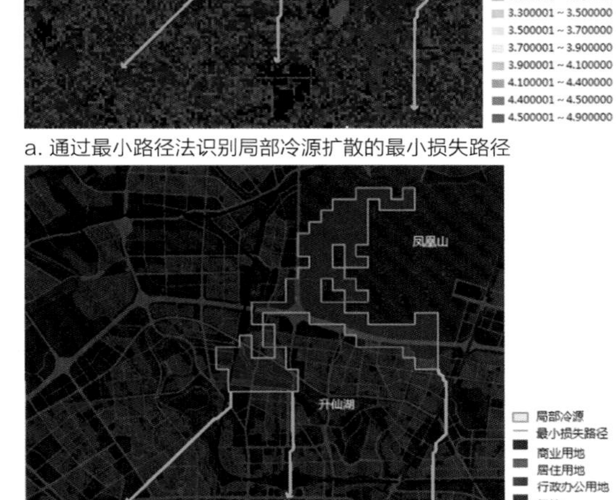

a. 通过最小路径法识别局部冷源扩散的最小损失路径

b. 最小损失路径叠加用地布局

图 6-44 凤凰山—升仙湖周边潜在风道识别

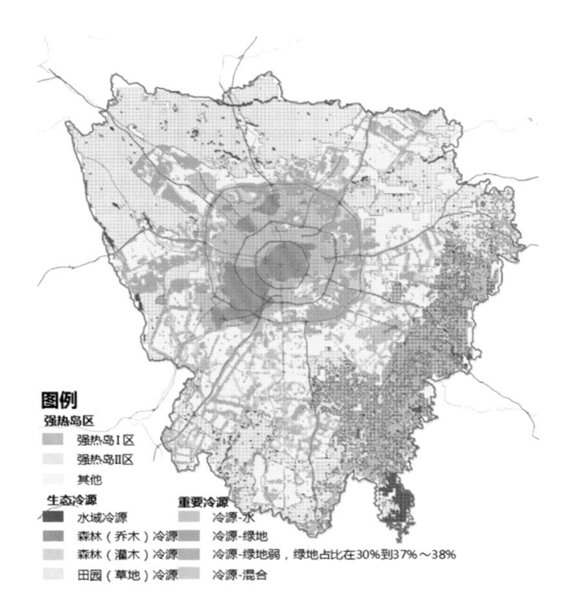

图 6-45 中心城冷热源空间分布图

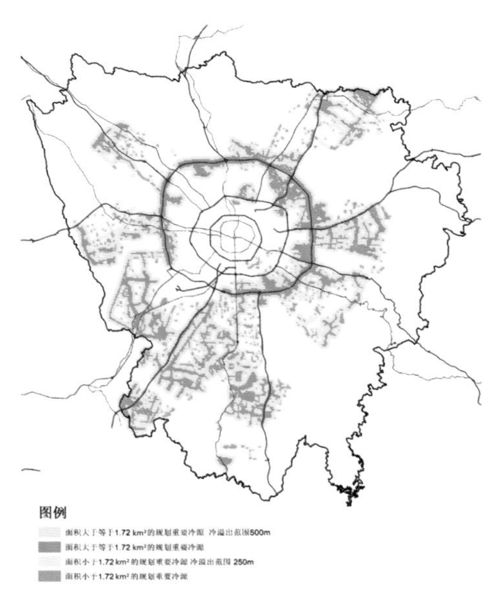

图 6-46 内部生态冷源及其热缓解区

图 6-47 中心城区三级通风廊道示意图

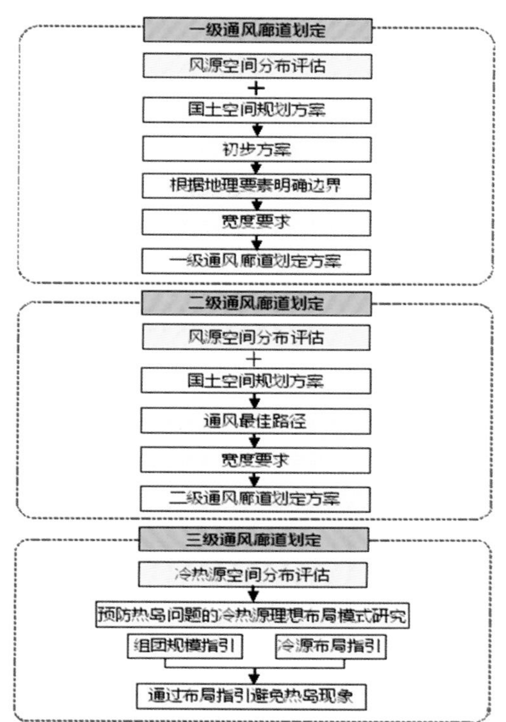

图 6-48 新区通风廊道划定

6.4 新区通风廊道的识别与划定

6.4.1 新区通风廊道的识别与划定方法

针对新区建成度低、未来将面临大规模增量建设的特点，研究形成划定三级通风廊道的系统方法（图 6-48）。

对于新区一级通风廊道的划定，首先，以风源空间分布情况为基础，叠加国土空间规划方案，识别出一级通风廊道的初步方案；其次，根据地理要素明确风道边界，对于生态区的风道边界可不做特别要求；最后，核实一级通风廊道的宽度要求，确定一级通风廊道划定方案。

对于新区二级通风廊道的划定，首先，以风源空间分布情况为基础，叠加国土空间规划方案，识别出通风最佳路径；其次，核实二级通风廊道宽度要求初步划定二级通风廊道。最终的划定方案应根据确定的规划方案进行同步协调与修正。

对于新区三级通风廊道的划定，建议以预防热岛问题产生为目标，通过冷热源理想布局模式的研究，对新区组图规模、冷源布局进行指引，从源头上避免热岛现象，为新区空间结构、绿地系统等规划内容提供技术性支撑。

6.4.2 成都东部新城通风廊道识别与划定研究

东部新城通风廊道主要以风源空间分布为基础，结合现有规划方案，以重要地物信息为依据，如已建道路、河流等，对一、二级廊道边界进行划定。部分生态区域由于建设行为较少，地表形态在一定时间段内较为稳定，因此暂不确定边界；此外，由于东部新城规划方案暂不确定，因此以冷热源分布为主要依据的三级廊道暂不明确划定。以冷热源理想布局模式研究为基础，对其城市中可能存在的冷热源布局进行指导（图 6-49）。

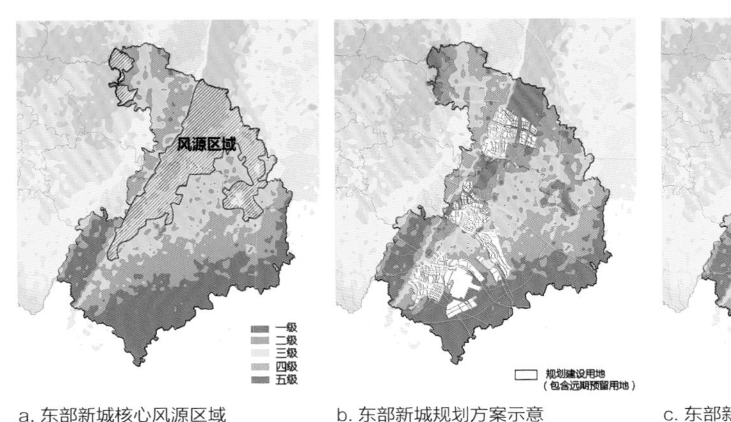

a. 东部新城核心风源区域　b. 东部新城规划方案示意　c. 东部新城一级风道初步方案

图 6-49 东部新城一级风道初步方案划定示意图

1）一级通风廊道划定研究

首先，根据风源分级评价图明确高等级风源区域，并叠加东部新城规划方案，形成一级通风廊道初步方案。其次，叠加东部新城地物信息明确通风廊道边界（图 6-50）：一是龙泉山东侧通风廊道划定，主要以龙泉山生态缓冲区为界，部分结合沱江、二绕及河流水系确定；根据淮州组团西侧结合沱江蓝线范围确定一级通风廊道边界，保证通风廊道宽度 ≥ 500m；简州及空港组团西侧结合二绕及两侧绿化带确定一级通风廊道边界，保证通风廊道宽度 ≥ 500m；生态空间中，根据高和较高风频边界确定一级通风廊道；三岔湖作为重要冷空气产生源，整体划入一级通风廊道。二是规划区东侧通风廊道，通风廊道北部以金简仁快速路为界，向两侧拓宽，保障宽度不小于 500m；中部及南部结合规划方案绿隔进行划定。最后，根据风源分级评价图尽量保留并联通两条通风廊道的高风频区域（图 6-51）。

2）二级通风廊道划定研究

根据东部新城高等级风频区域作为风源起点，并叠加东部新城规划方案，综合协调现状及规划要素形成初步方案（图 6-52）；同时，根据现有规划用地布局，结合用于明确边界的地物信息，确定应预留的 7 条二级通风廊道（图 6-53）。

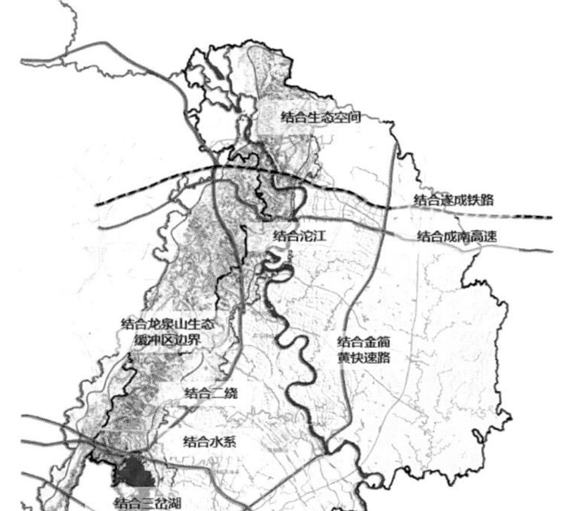

图 6-50 结合现状典型地物示意图

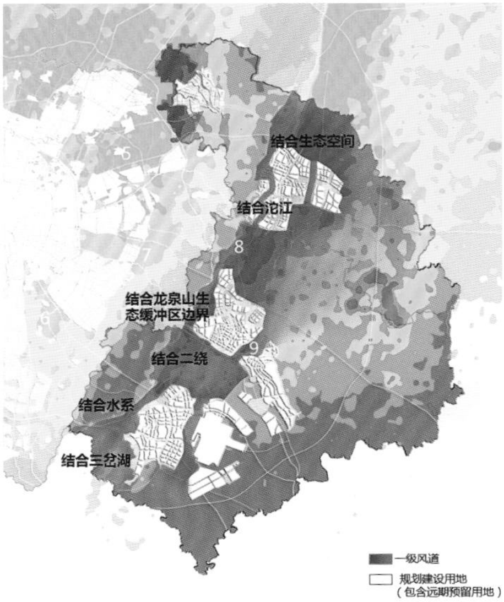

图 6-51 东部新城一级通风廊道示意图

a. 高风频起点区域示意　　b. 东部新城规划方案示意　　c. 结合现状典型地物示意

图 6-52 东部新城二级级风道初步方案划定示意图

3）三级通风廊道划定研究

由于东部新城规划方案仍处于初期，城市内部冷热源布局方案未定，本次将从预防热岛问题、规避城市病的角度出发对冷热源规划布局提出指引。

（1）城市规模与热岛效应

热岛效应是伴随城市发展产生的一种不良气候反映，而城市发展在空间上的直接体现即是城市规模的扩张，因此对于城市规模与热岛效应的关联性研究由来已久（表 6-12）。

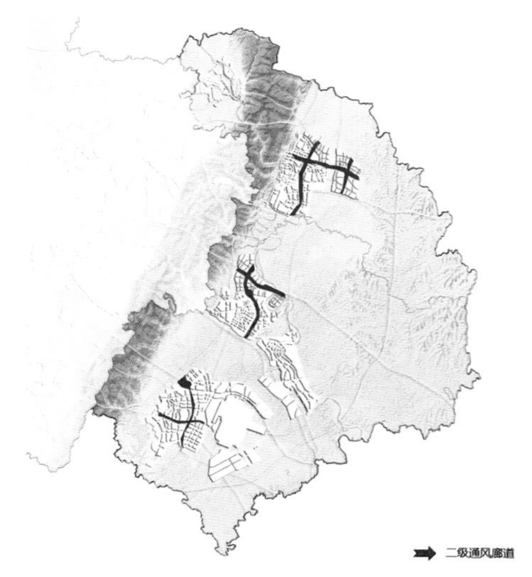

图 6-53 东部新城二级通风廊道示意图

20 世纪 70 年代，加拿大学者就提出了城市人口规模与热岛效应正相关。进入到 21 世纪，随着遥感影像、观测技术的不断发展，出现了部分基于大数据分析的城市规模与热岛效应关联规律研究。在城市人口规模与热岛效应的关联性研究中，亚洲和北美的研究结果都显示两者存在正相关关系，其中亚洲 18 个特大城市显现出白天相关性大于夜晚的规律，而北美 65 个湿润气候区城市夜晚相关性大于白天。在城市建成区规模与热岛效应的关联性研究中，北美温带城市夏季白天的热岛效应与建成区规模相关性最高，基于全球城市样本聚类的结果则显示出平均热岛效应与城市规模在夜晚呈现显著的幂律关系。但当尺度扩大到全球和国家层面，建成区面积、人口规模则与热岛效应无显著关系，由此可见热岛效应与城市规模的关联性特征、与城市本身的气候环境相关，对于两者之间的研究应限定在一定的特征范围内，研究结果将更具有典型性和有效性。通过对已有研究的分析梳理，可以认为城市规模与热岛效应存在正相关关系。

城市规模与热岛效应的关联研究引文　表 6-12

研究样本	关联对象	关联关系
北美 45 个城市	建成区面积	与热岛对数正相关
全球城市聚类为 20 个样本	建成区面积	取 20°C以上天数，夜晚与热岛显著相关
亚洲 18 个大城市	城市人口	与热岛线性正相关
北美 65 个城市	城市人口	与热岛对数正相关
京津冀 1124 个城、镇、村	大于 $2km^2$ 的建设用地	与热岛对数正相关

（资料来源：刘焱序，彭建，王仰麟 . 城市热岛效应与景观格局的关联——从城市规模、景观组分到空间构型 [J]. 生态学报，2017，37（23）：7769-7780）

同时有研究显示，城市片区单元规模大于 $10km^2$，热岛效应明显上升，规模在 $10km^2$ 以下，热岛强度可控制在 1℃以内，城市集聚与热岛效应能较好平衡（图 6-54）。

以东部新城一港四城为例，产城单元约 20 ～ $30km^2$，应对组团内部通过水系、绿带等冷源进行进一步划分，建议将片区规模控制在 $10km^2$ 以内，能较好减缓热岛效应。

（2）冷热源布局模式

根据前文所述，城市热岛效应的特征往往与城市的气象环境特征紧密相关。因此，对于冷热源布局模式的研究主要参考针对成都开展的相关研究。研究通过对成都市绿地布局方式进行热岛强度的模拟（图 6-55），研究不同绿地率和布局形式下热岛强度和热岛范围，结果显示分散型绿地布局对于热岛效应的改善作用更好，此外当绿地率大于 32% 时能够有效缓解热岛（图 6-56、表 6-13）。

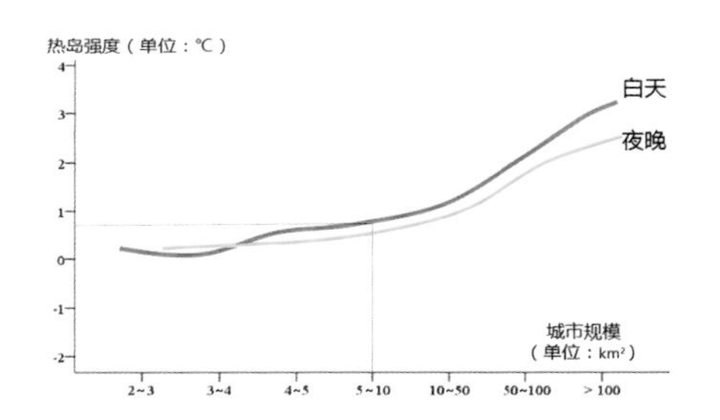

图 6-54 城市规模与热岛强度关系示意图
（图片来源：Minghong Tan, Xiubin Li, Quantifying. The effects of settlement size on urban heat islands in fairly uniform geographic areas[J].Habitat International, 2015, 49: 106.）

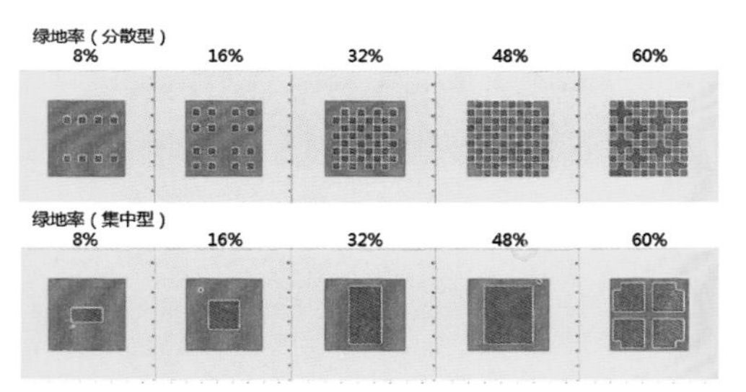

图 6-55 市绿地布局和绿地率模拟方案
（图片来源：苗世光，王晓云，蒋维楣，王咏薇，陈鲜艳 . 城市规划中绿地布局对气象环境的影响——以成都城市绿地规划方案为例 [J]. 城市规划，2013，37（06）：41-46.）

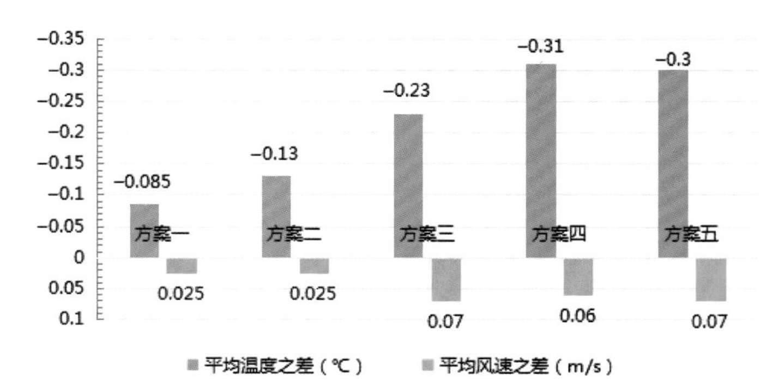

图 6-56 分散型与集中型绿地布局下温度、风速比较
（图片来源：苗世光，王晓云，蒋维楣，王咏薇，陈鲜艳 . 城市规划中绿地布局对气象环境的影响——以成都城市绿地规划方案为例 [J]. 城市规划，2013，37（06）：41-46.）

夏季白天分散型绿地布局下平均热岛强度和强热岛范围 表 6-13

项目	方案一（8%）	方案二（16%）	方案三（32%）	方案四（48%）	方案五（60%）
平均热岛强度（℃）	1.47	1.12	0.79	0.68	0.34
强热岛范围（%）	28.6%	13.4%	0	0	0

注：强热岛范围为城郊温差≥ 2.0℃的面积占城市面积的百分比
（资料来源：苗世光，王晓云，蒋维楣，王咏薇，陈鲜艳 . 城市规划中绿地布局对气象环境的影响——以成都城市绿地规划方案为例 [J]. 城市规划，2013，37（06）：41-46.）

（3）冷热源布局模式指引

综合以上研究，对新区冷热源布局模式提出指引（图 6-57、图 6-58）：

①充分利用带状冷源划分城市组团，将片区单元控制在≤ 10km^2；

②增加小游园、微绿地等分散型绿地建设，实现 300m 见绿，500m 见园，促进热岛缓解；

③多个冷源间利用线性要素形成风道，促进冷热环流；

④局部高强度热岛区域，如城市 CBD 等，可集中建设大规模绿地，避免热岛产生。

结合冷热源理想布局模式，对东部新区内部冷热源布局进行指引。

⑤面积大于 1.72km^2 的为大型冷源，周边 500m 范围划定为热缓解区；面积小于 1.72km^2 的为一般冷源，周边 250m 范围划定为热缓解区。

⑥热缓解区内，垂直于内部冷源且总体宽度不小于 50m 的主干道路、河道及其绿化带可划定为三级通风廊道。

⑦外部生态冷源与城市热岛之间满足 50m 宽度要求的通道作为三级通风廊道。

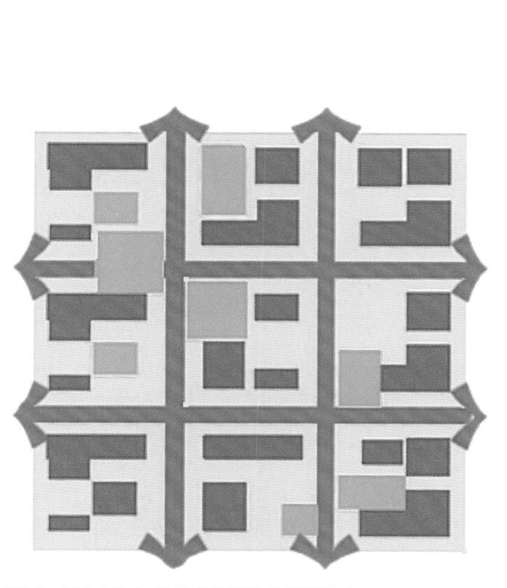
图 6-57 城市冷热源理想布局模式

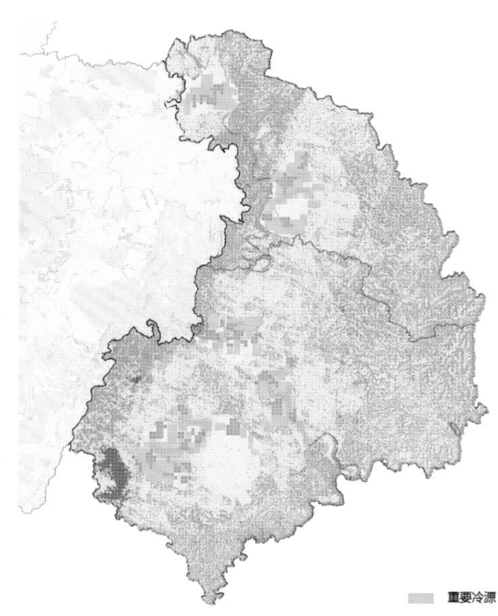

图 6-58 东部新城冷源布局示意图

第 7 章　通风廊道研究成果在城乡规划中的实践应用

Chapter 7

Practical Application and Construction of Ventilation Corridors Research Results in Urban and Rural Planning

7.1 总论

7.1.1 将通风廊道研究成果应用于城乡规划实践的意义

1）大气环境变化与城市建设的关系

伴随着我国快速城镇化发展，城市开发建设对大气环境的影响也越来越明显，主要体现在风速减小、热岛效应增强和大气污染加剧三个方面。

首先，城市的大规模建设会导致近地层风环境改变，城市内部的通风性减弱，静风特征日渐显著。根据韩素芹等的研究，随着城镇的发展，建筑群增多、增密、增高，会导致城区下垫面粗糙度增大，城市大气冠层升高，消耗空气运动的水平动量，使得城镇近地层平均风速减小。根据我国近 50 年国家基准气候站和基本气象站地面资料，可以发现全国每 10 年平均风速减少率大于 0.1m/s，其中大城市平均风速减少率尤其明显，如天津达到每 10 年 0.35 m/s。

其次，城市快速扩张与能源消耗的大幅上涨，导致热环境改变，城区热岛效应越发明显。根据对北京市的研究，1971—2000 年间，北京热岛强度以 0.22° C/10 年的速率在加剧，且城市建成区的范围与城市热岛影响范围呈同步变化趋势，城区增温速率远超全球近百年平均增温速率的 0.074° C/10 年。

不管是城镇扩张导致的污染物排放量上升，还是城镇建设导致的风速减小和热岛效应增强，都会加剧大气污染问题。随着我国近年来大规模的城镇化建设，大气污染问题越发严重，特别是在 2000 年以后，全国雾霾污染天气呈现爆发式增长态势。

2）将通风廊道研究成果广泛应用于城乡规划实践的意义

针对大气污染问题，2013 年以来，我国出台了被称为“史上最严大气国十条”的《大气污染防治行动计划》，全国大气污染排放情况得到有效控制，空气质量有明显改善。但国内大多数城市空气质量现状与国际标准相比仍有较大差距,大气环境改善之路仍然任重道远。根据《2018 中国生态环境状况公报》，2018 年我国 338 个城市中发生大气污染现象的天数比例仍占到 20.7%，$PM_{2.5}$ 年均浓度达到 39μg/m^3，而根据世界卫生组织标准，$PM_{2.5}$ 年平均浓度应达到 10μg/m^3 以下。

然而，鉴于我国正处于快速城镇化和经济高速发展时期，要达到城市建设、产业结构相对稳定还需要经历长期的发展过程，大气污染物的排放虽然已有严格监管，但很难在短时间大幅减少。而根据其他国家大气污染治理的成功经验，大气污染治理需要通过污染减排和改善通风双管齐下，才能取得更好的治霾效果。因此，从城乡规划角度引导城市的合理开发建设，改善通风环境，是缓解大气污染、改善大气环境质量的一条重要途径，应作为城乡规划实践中着重考虑的重要议题。

通风廊道规划的本质是通过对大气环境与城市建设关系的深入研究，用得出的研究结论指导城市优化规划方案并加强规划管控，形成更有利于空气流动的城市开发格局及空间形态，以缓解热岛问题和大气污染问题。因此，要最大限度实现利用自然天气条件缓解大气污染、促进城市与自然和谐共生，需要将通风廊道研究形成的研究成果广泛应用于城乡规划实践的各个领域，将尊重自然、科学筑城的理念贯彻到各类规划实践中。

7.1.2 通风廊道研究成果在城乡规划中的实践应用案例

从国外先进城市的经验来看，为保障通风廊道规划指导城市的开发建设活动，斯图加特、东京等城市都根据通风廊道规划研究成果提出了具体的规划管控要求，在规划实践活动中进行严格落实，对指引城市形成有利通风的空间格局，改善大气环境，缓解大气问题起到了重要作用。随着我国通风廊道研究的兴起，我国各大城市也都开始探索将通风廊道研究成果应用于指导城乡规划的实施路径，在探索过程中积累了宝贵的实践经验。

1）香港

香港是国内首个将通风廊道研究成果纳入规划管理的城市，目前已经形成了一套相当完善的运用空气流通评估研究结论指导具体项目选址和规划设计的制度流程，推动了大气环境评估在地区规划和地块规划设计层面的广泛实践应用。

香港对通风廊道的研究最早可追溯至 2003 年开展的《空气流通评估可行性研究》，以此为基础，2006 年开展了城市环境气候图研究。同年，香港规划署将《空气流动评估可行性研究》的研究结果纳入了《香港规划标准与准则》（Hong Kong Planning Standard and Guideline），要求在地区规划层面和地块规划设计层面，通过构建通风廊道、增加建筑物透风度等措施，使空气能够有效流入市区范围，驱散热气、废气和微尘，实现改善局地微气候的目标。按照要求，香港的政府大型建设项目选址和规划设计阶段都进行了“空气流通评估”，并结合评估结论对规划方案进行优化完善，避免大型建设项目对通风环境产生不利影响。

2）深圳

同为高密发展的超级大城市，深圳的城市建设与大气环境特征与香港都有诸多相似之处。参考香港将通风廊道研究成果纳入规划管控的相关经验，深圳市也在积极探索将通风廊道研究成果应用于城乡规划实践中。

2007 年，深圳市在城市总体规划修编过程中开展了《城市建设的气象影响评估》专题研究，并于 2013 年将专题研究的相关研究结论纳入了《深圳市城市规划标准与准则》，从街区尺度和建筑尺度明确了构建局地通风廊道的具体要求，要求在街区和地块尺度的城市规划项目中予以落实，并且参考香港形成了一套将气候评估纳入城市规划管理的应用模式。

同时，深圳市国家气候观象台还利用数值模拟数据，给出了分辨率为1km的逐网格风速与风向统计数据，为具体规划项目进行自然通风能力评估提供了基础支撑。

3）北京

北京市对城市大气环境问题的关注也较早，于2010年开展了《北京中心城区气象环境评估研究》，并于2013年开展了《基于气象条件的北京市域空间布局研究》。研究形成了北京城市环境气候图，并从城市规划角度，提出北京中心城区基于城市环境气候图的规划策略，指导在项目选址和用地规划中更加客观权衡气候环境、社会、经济等因素，综合制定合理的规划设计方案。具体规划策略包括：首先，依托生态本底和气候条件，塑造大格局。其次，基于风向规律，引导风廊布局，并对通风廊道内及沿线建设提出管控要求，引导城市内部组团格局优化。最后，通过叠加存量用地资源分析，为城市双修提供空间指引，将风环境改善的重要区域纳入城市双修工作的考虑。

4）武汉

武汉也是较早开始进行通风廊道研究的城市之一。在2010年进行城市总体规划修编时，就提出了“打造6片放射状生态绿楔，建立联系城市内外的生态廊道和城市风道”的规划策略。2012年，为进一步深化研究在规划管理中如何有效控制城市风道，开展了《武汉市城市风道规划管理研究》。目前，相关研究成果已纳入《基本生态控制线规划》，将通风廊道作为划定城市增长边界、塑造城市生态格局的重要依据。同时，研究还结合对典型风道区域的分析，提出了对城区内部通风廊道区域的规划管控要求，指导风道内城市规划方案的优化完善。

5）小结

结合各大城市的应用实践，通风廊道研究成果在城乡规划中的应用实践包括以下方面：

（1）根据风环境评估，在确定城镇空间格局及划定城镇开发边界时，对改善城市通风条件至关重要的优质气候资源分布区域进行严格管控，以实现对核心气候资源的战略性保护；

（2）将风环境评估结果作为指导功能分区、各类项目选址及用地方案生成的重要指导依据，引导形成有利于引入清新空气和减少大气污染影响的城市空间格局；

（3）从改善风环境角度，对通风廊道内的开发建设情况提出具体指引，保障通风廊道能最大限度发挥通风效能；

(4)结合特定区域的风环境评估，从改善局地微气候环境出发，对街区形态、街道走向、建筑物布局、建设强度、开敞空间布局等设计方案进行优化，并对旧城改造和新建地块建设提出具体要求。

总体来说，目前在指导城镇空间格局塑造及城镇开发边界中的应用相对较少，对于利用风环境评估指导具体微气候改善的应用案例较多。主要是由于现行的宏观尺度量化评估模型尺度过大，无法达到指导具体规划实践的精度要求，因此构建空间格局、确定城镇开发边界等宏观规划层面的实践应用是下一步通风廊道应用的重点探索方向。

7.1.3 将通风廊道研究成果应用于城乡规划的成都实践

成都市作为典型高静风频率城市，形成优良的通风环境对于改善大气环境具有重要作用，因此成都市在规划实践中非常注重考虑建设对大气环境的影响。依托在通风廊道领域多年深入的研究成果，成都市目前已经能够实现在宏观、中观、微观各个尺度对风环境、热环境、大气污染影响进行数值模拟和空间分布的量化评估，且评估模型精度能够达到城市规划的要求精度，这些技术方法在指导各层级、各类型规划实践中发挥了重要作用，尤其在目前研究较少的生态格局构建和城镇开发边界划定等应用方面，成都市也进行了进一步探索。本书就近年来成都市通风廊道研究成果的应用实践进行了总结梳理，以期为规划同行提供从规划角度促进大气污染问题缓解、改善大气环境质量的成都经验。结合成都市经验，本书将从以下 7 个方面，对通风廊道研究成果在城乡规划中的实践应用思路及具体方法进行详细介绍：

（1）从保护重要气候资源角度，以风源量化评估为基础，将风环境因子作为重要自然资源要素纳入城市生态格局构建。

（2）结合风源空间分布的量化评估结果和风环境模拟分析，支撑城镇开发边界划定方案的论证和比选。

（3）在工业集中发展区的选址与规划方案生成阶段，利用点源污染影响空间分布评估模型，实现对工业点源污染影响的量化评估，同时结合大气污染传输模拟模型，指导工业集中发展区选址和工业集中发展区内部用地布局优化，提出消除对下风向区域污染影响的工业集中发展区规划策略。

（4）从保护通风廊道的角度，结合风源空间分布量化评估结果和风环境多情景模拟分析，为通风廊道内特色镇、农村新型社区、独立选址项目提供方案可行性论证的技术支撑。

（5）在城市更新改造中，结合城市通风潜力相关研究方法，识别以最小代价打通引风入城通风廊道的具体路径，指导在旧城改造中明确优化通风环境的设计条件。

（6）在城市设计中，结合风环境多情景模拟分析方法，提出从优化通风环境角度的规划策略，指导城市设计方案生成。同时，从有利通风、同时考虑管控成本的角度，运用风环境多情景模拟方法，提出地块具体建设指标的管控建议。

物排放量增加，对区域的生态格局会产生重大影响，因此，在新区规划的最初阶段将风环境因子纳入生态格局构建，是非常必要的。首先，根据区域大气环境特征及城镇建设与大气环境的作用规律，指导新区生态格局构建，可以从源头上有效避免热岛、大气污染等问题产生；其次，新区规划属于在“一张白纸”上进行规划，生态格局构建协调难度小，能够以最小的代价实现对最有价值气候资源的长期有效保护。因此，在新区生态格局构建中纳入风环境因子，应该基于对风源空间分布的精细量化评估及冷热源空间分布的量化评估，因此工作思路是明确需优先保护的重要风源区域，构建结构完善、作用效果最优的通风廊道体系，以此作为指导生态格局构建的重要依据之一，与其他因子综合考虑，进而得到新区生态格局。

7.2.4 成都市实践案例

1）成都市城市生态格局构建的研究思路

为指导市域生态功能分区和生态保护红线划定，成都市参照生态环境部相关定技术流程，对水源涵养、水土保持及生物多样性保护等方面进行了综合评估，得到各级生态因子的评价图纸（图 7-1），并叠加各类生态因子进行生态敏感性评估，得到了生态系统服务重要性评价结果（图 7-2）。

从图 7-2 中可以看出，基于生态环境评估的评价结果虽然较为清晰地反映了龙泉山、龙门山等生态地区的生态系统服务重要性，但对于城市规划区内的生态系统服务重要性评价结果较为均质，不能满足城市建设区构建生态格局的需求。因此成都市采取基于城市规划理论的生态格局构建方法，其工作流程包括分类分级提取因子和生态安全结构总结提升，具体技术路线如下（图 7-3）。

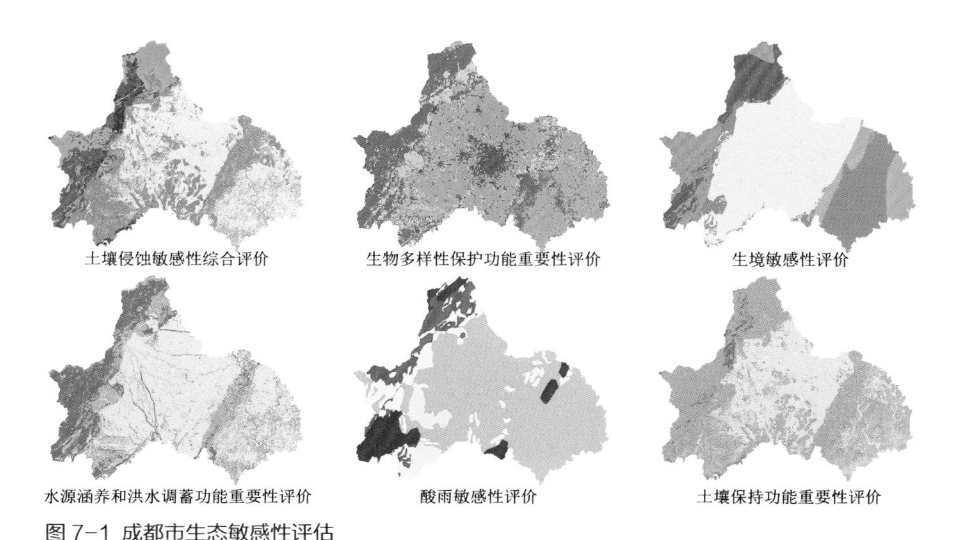

图 7-1 成都市生态敏感性评估

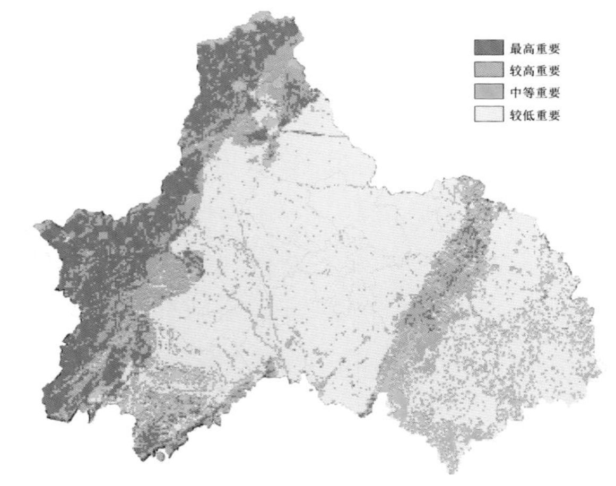

图 7-2 成都市生态系统服务重要性评价

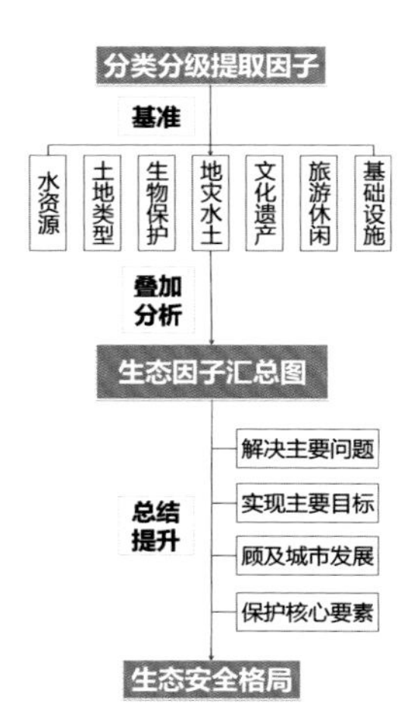

图 7-3 成都市生态安全格局构建的技术路线图

2）成都市城市生态格局评价因子选取

根据叶祖达、俞孔坚两位学者的研究，结合成都市的规划相关情况，成都市提出生态安全格局评价因子及空间划定标准，具体包括水资源、土地类型、生物保护、地质灾害和水土流失、文化遗产、旅游休闲、基础设施等 7 个大类，河湖库、洪水调蓄、地表水保护、耕地、林地、其他非建设用地、焦点物种栖息地等 16 项因子，按照基本安全格局、满意安全格局、理想安全格局三级标准（表 7-2）。

其中，由于成都市位于四川盆地内，先天的地理环境特征不利于通风，大气污染问题较突出，为了最大程度充分保护和利用风环境，将风环境因子纳入成都市构建生态格局的评估因子中。

生态因子提取分类分级标准 表 7-2

大类	中类	划定标准（规划尺度）		
		基本安全格局	满意安全格局	理想安全各级
水资源	河、湖、库、渠、塘、湿地	河：一、二、三级水系按城镇段 50m、非城镇段 200m 划定保护绿带。三级以下水系城镇段根据相关规划进行划定保护绿带，非城镇段划定 30m 保护绿带。 湖：自然水系流经的或距自然水系 30m 范围内的坑塘湖泊须予以保留。 塘：面积大于 0.1k ㎡须予以保留。 湿地：以 10~100k ㎡确定小流域的研究范围；各级水系交汇处为推荐湿地选址	\	\
	洪水调蓄	模拟洪水淹没范围和历史洪水淹没范围的重叠区	模拟洪水淹没范围	模拟洪水淹没范围和历史洪水淹没范围
	地表水源保护	地下水源核心保护区	地下水源防护区	\

大类	中类	划定标准（规划尺度）		
		基本安全格局	满意安全格局	理想安全各级
土地类型	耕地		基本农田	一般农田
	林地（林地、园地、草地）	一、二级保护的生态公益林	面积大于 4ha 的林地	一般林地
	山地	坡度＞25°	坡度＞6°~25°	\
	城镇建设用地	\	\	\
	其他非建设用地	宏观通风廊道，宽度为 600～1 200m 的市域生态廊道 城市组团 1 000～2 000m 绿隔	中观通风廊道	微观通风廊道，宽度不小于 30m
生物保护	焦点物种栖息地	各级自然保护区、森林公园	周边控制区	\
	生物保护性廊道	标识物种栖息及其周边一定范围	根据研究成果，适当扩大	\
地质灾害和水土流失	泥石流、滑坡、矿山塌陷、崩塌	地质灾害高易发区、中易发区	\	\
	地面沉降	\	\	地面沉降超过 300mm 的地区
	地裂缝	地裂缝所在地		
文化遗产		核心保护范围	建设控制地带	各文物保护单位之间的联系廊道
旅游休闲	景区景点	风景名胜区	\	\
基础设施	重要道路	两侧控制带	\	\
	市域绿道	市域绿道	\	\
	市政设施	市政设施防护带	\	\

3）将风环境因子纳入成都市生态格局构建的具体方法

成都市生态格局构建是在既有规划和建设基础上进行生态格局构建，因此纳入风环境因子的思路是对既有格局通风作用的验证与优化。《成都市生态守护控制规划》提出将城市周边的 6 大绿楔作为通风廊道进行保护，并从通风廊道宽度、建筑高度和密度、布局形式、建筑体量 4 个方面提出了管控要求。出于尊重既有规划及建设的考虑，研究主要采用风源空间评估对“六片”通风绿楔的风源保护效果进行评价（图 7-4），对其重要性进行初步判断，并采用 CFD 模型验证“六片”通风绿楔的通风效能，验证重要性进行排序，从而指导城市生态格局构建。

（1）基于风源空间评估对风源保护效果进行初判

①评价方法

通过叠加国土空间规划方案和风源分级评价图，并结合中心城区周边生态区域，计算各片通风绿楔的风频值。

②评价结果

东北 - 西南走向的绿楔风频率较高，东北的⑤号通风廊道是通风频率最高的通风绿楔，其次为②号、④号及⑥号通风廊道（表 7-3）。

既有通风绿楔的风频率评分　表 7-3

重要性排序	通风廊道编号	风频率评分
1	⑤	14.42
2	④	13.34
3	②	8.20
4	⑥	7.14
5	③	6.72
6	①	4.89

图 7-4 成都市“六片”通风绿楔占用高风频区域情况

（2）基于 CFD 模型验证各片绿楔的通风效能及重要性

①模型选择

用于风环境计算的模型多以 CFD 模型为主，CFD（Computational Fluid Dynamics）模型以计算流体力学为基础，是建立在 Navier-Stokes 方程近似解基础上的计算技术，可应用的领域较广，已有武汉、香港等城市将该技术用于城市规划实践中。

目前，我国应用较为广泛的 CFD 软件主要有 PHOENICS、Fluent、CFX、Star-CD 等。相对而言，PHOENICS 有三个比较突出的优势：一是接口丰富，与 sketchup、3DMAX、Autocad、engerplus 等有接口，支持导入 3ds、stl、epw 等格式数据；二是功能多样，可对风环境、热环境、污染扩散、水文模拟等城市规划相关领域进行模拟，无须用户编程，只需要导入或者输入数据；三是计算快速，可以采用并行运算，进行大尺度或者更精细的模拟，为方案设计节省时间。

②参数设置及情景设定

在进行风环境前处理时，重点需要设置气象数据、方程类型、下垫面性质三种关键参数，并在划分模拟区域的网格后进行迭代计算，为了提高收敛效果，对松弛因子的最值进行限制。各个参数的主要内容和获得途径详见表 7-4。

PHOENICS 模拟参数设置表 表 7-4

数据类型	参数	取值	参数设定方法
气象	风速	2m/s	选择能够大幅改善污染且最常出现的典型风速。根据 2015—2017 年统计数据分析日均风速及污染改善率的对应关系：风速大于 2m/s 能使污染在短期内得到显著改善，改善程度在 50% 以上
	风向	N-N-E	成都市重污染天气下的主导风向。成都市冬季风以 NNE 占主导
方程类型		指数方程	软件自带，用于模拟风热环境
下垫面性质	粗糙度	0.03	软件自带，用于模拟房屋密集的城市市区
网格	栅格网	500×500×80	经验取值，平衡模拟时间和模拟精度后的选择
	像元	100m×100m×8m（实体模型层垂直分辨率为 5m）	根据实体模型大小计算得到
	递进系数	1.2	经验取值，加密模型区网格以实现快速精准的运算
计算	迭代步数	2000	推荐取值，经过多次收敛测试后的推荐取值
	松弛因子及时间步长	风压 P 和湍流 KE：linear，0.2；风速 u、v、w：falsdt，0.1	经验取值，经过多次收敛测试后的推荐取值
	最值	风速不超过 30m/s；风压不超过 100Pa	最大最小值限制到速度不会超过的合理范围

为了研究预留各片通风绿楔的通风效能，设定了既有规划、不预留城市绿楔、占用上风向、占用下风向及占用垂直于主导风向的绿楔进行建设等 5 种情景（图 7-5）。可对各片通风绿楔的重要性进行排序，作为行政决策的参考依据。

③评价标准选取

模型收敛效果的评价标准。14 个小时后，模型经过 2000 次迭代计算，通过迭代监视器窗口查看模型收敛效果（图 7-6）。左侧曲线为监测点的变量数据，右侧曲线为残差曲线图，

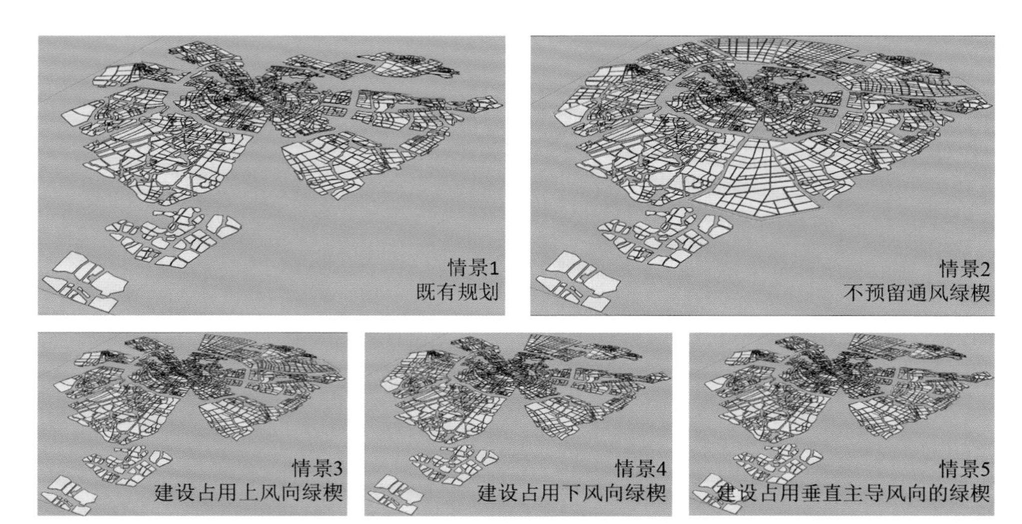

图 7-5 模拟情景示意图

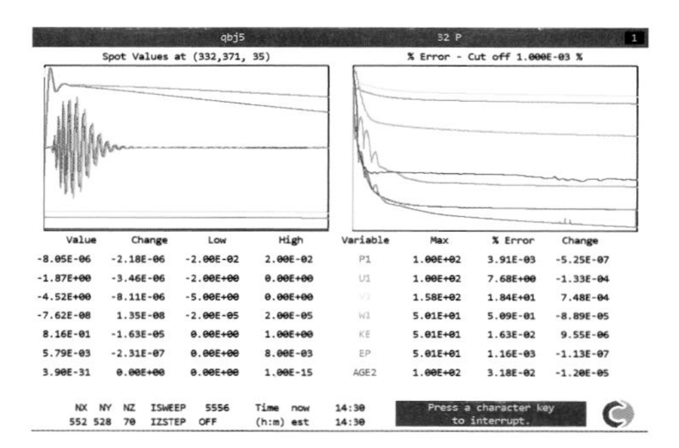

图 7-6 PHOENICS 收敛结果示意图

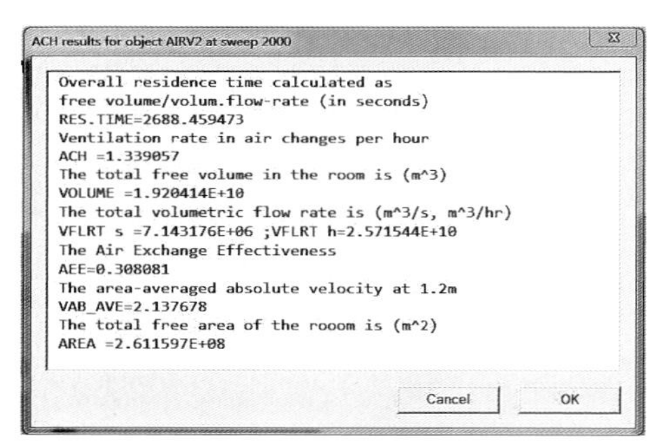

图 7-7 PHOENICS 模拟结果示意图

指示风速、风压、温度等数值的误差变化，当残差曲线从频繁波动逐渐变化为缓平的曲线，且残差变化幅度在 0.001 以内，则证明本次模拟是有效的。

通风效果的评价标准。由于模拟尺度较大，传统用于室外风环境评估的评估指标——平均风速在各情景之间差异不大。本研究创新性地选取空气交换效率（the air exchange effectiveness, AEE）和贯穿风比例作为通风效果的评价标准（图 7-7）。空气交换效率多见于评估室内风环境，本研究用于评估整个模拟区域内平均空气交换效率。贯穿风比例是指出风口气流轨迹量与进风口气流轨迹量之比。该两项指数能间接指示通风条件对空气污染稀释和热岛效应缓和的效率，对改善人居环境有重要意义。

④模型模拟结论

模拟结果显示，相比不预留通风绿楔的情景（情景 2），预留各片通风绿楔有利于提升空气交换效率、增加贯穿风。其中，预留上风向通风绿楔（情景 3）的作用最明显，能够将空气交换效率提升 13.9%，将贯穿风比例提升 22.7%（图 7-8，表 7-5）。

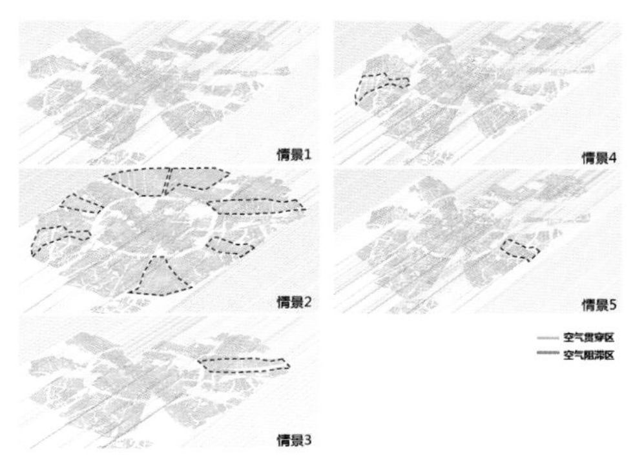

图 7-8 生态格局构建情景模拟结果

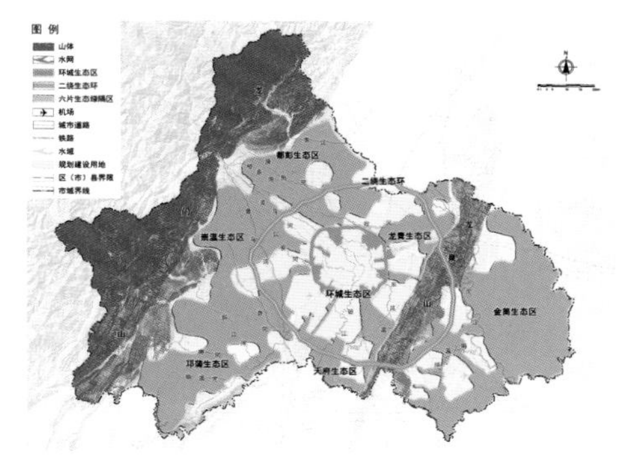

图 7-10 成都市市域生态格局图（图片来源：《成都市国土空间总体规划（2019—2035 年）》）（在编）

模拟结果一览表　　　表 7-5

编号	情景	空气交换效率	贯穿风比例
1	既有规划	0.3081	45.7%
2	不预留城市绿楔	0.2513	32.2%
3	东北向绿楔被破坏	0.2864	39.5%
4	西南向绿楔被破坏	0.3053	45.7%
5	东向绿楔被破坏	0.2996	43.2%

结果表明，充分预留大型绿楔，锚固中心城区生态安全格局，对提升空气交换效率和增加贯穿风比例的效果显著，对改善城市人居环境有重要作用。

4）研究结论的应用

根据研究结论，“六片”除了具有保护成都市精华灌区和优质农田的作用，还具有加强通风、缓解大气污染问题的作用。因此，在成都市中心城区生态格局中提出严控通风绿楔，确定六大生态功能区，确保通风绿楔不被侵蚀，增加风速风量、稀释空气污染、缓解热岛。

基于分类提取市域山、田、河、湖、林等生态要素（图 7-9），分析确定各类要素的生态价值或意义，结合城市发展空间格局，确定“两山、两环、两网、六片”的总体生态格局（图 7-10）。

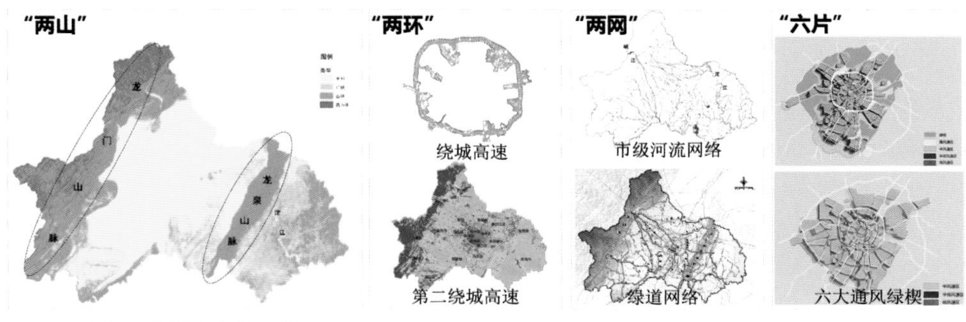

图 7-9 成都市市域生态格局分析图

7.3 将风环境作为城镇开发边界划定与调整的重要评估要素

7.3.1 城镇开发边界的定义及划定意义

1）城镇开发边界的定义

2019 年 6 月自然资源部印发的《城镇开发边界划定指南》将城镇开发边界定义为：一定时期内指导和约束城市发展，在其区域内可以进行城镇集中开发建设，重点完善城镇功能的区域边界。

根据定义，城镇开发边界包含了“引导”与“控制”的双重含义。其本质上既是按土地功能发展方向划分的城乡地域分界线，又是一定时期内城市建设可选择布局的区域边界。

2）划定城镇开发边界的意义

基于城镇开发边界的双重含义，不同城市特征下划定城镇开发边界的意义不同。对于特大城市或大、中城市而言，更多是体现了城镇开发边界的控制性，其主要意义在于控制城市过渡蔓延，保护优质农地、森林和生态敏感地带；促进城市紧凑发展，实现建设用地精明增长；促进内城土地节约集约利用和保值，防止内城衰落。对于小城镇而言，更多地体现了城镇开发边界的引导性，其主要意义在于明确可开发的土地空间范围，明确空间发展预期。

7.3.2 城镇开发边界划定的技术方法

1）划定要求

城镇开发边界的思想源于城市增长边界（Urban Growth Boundary, UGB），最早追溯到 1938 年，《大伦敦绿化规划法案》通过“确定城市绿带用地，限制城市无序扩张”，成为划定城市增长边界的雏形。1970 年，美国塞勒姆市首次正式提出城市增长边界的概念，通过划定城市与农村地区之间的界限，限制城市地区增长，之后英国、韩国、日本等国在划定城市增长边界上进行了实践，城市增长边界成为国家空间开发管理常用的政策工具。

国内关于城市开发边界的相关概念内涵最早可以追溯到 2006 年《城市规划编制办法》中的“空间增长边界”；之后，城乡规划、土地利用规划分别以“规划区”“三区四线”和“三界四区”等管理工具对城市建设范围进行了划定。2013 年，中央城镇化工作会议明确提出“尽快把每个城市特别是特大城市开发边界划定”，正式拉开国内各城市划定城市开发边界工作的序幕。2015 年，原国土资源部会同住房和城乡建设部决定新增 600 个城市为“城市开发边界”划定推广试点。随后许多省市先后推出城市开发（发展）边界划定导则。

2019 年 6 月，自然资源部印发《城镇开发边界划定指南（试行，征求意见稿）》（以下简称《指南》），提出“防止城镇盲目扩张和无序蔓延，促进城镇发展由外延扩张向内涵提升转变，优化城镇布局形态和功能结构，提升城镇人居环境品质，推动形成边界内城镇集约高效、宜居适度，边界外山清水秀、开敞疏朗的国土空间格局”的总体目标。《指南》要求按照“提升人居环境品质”的划定原则，坚持以人为本，统筹安排城镇生产生活生态，突出当地自然与人文特色，塑造高品质人居环境，把城市放在大自然中，让居民望得见山、看得见水、记得住乡愁。

2）技术路线

《指南》中提出了划定城镇开发边界的五大技术流程，要求依托市县级国土空间规划研究和编制工作开展城镇开发边界划定工作，并由省级自然资源主管部门指导协调初划方案（图 7-11）。

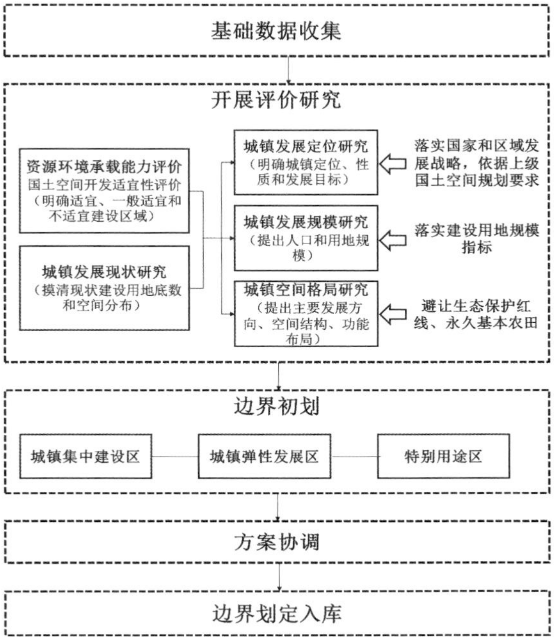

基础数据收集
开展评价研究
资源环境承载能力评价
国土空间开发适宜性评价
（明确适宜、一般适宜和不适宜建设区域）
城镇发展现状研究
（摸清现状建设用地底数和空间分布）
城镇发展定位研究
（明确城镇定位、性质和发展目标）
城镇发展规模研究
（提出人口和用地规模）
城镇空间格局研究
（提出主要发展方向、空间结构、功能布局）
落实国家和区域发展战略，依据上级国土空间规划要求
落实建设用地规模指标
避让生态保护红线、永久基本农田
边界初划
城镇集中建设区
城镇弹性发展区
特别用途区
方案协调
边界划定入库

图 7-11　城镇开发边界划定技术路线图（图片来源：《城镇开发边界划定指南（试行．征求意见稿）》）

3）评价因素选取

城镇开发边界的划定主要由生态保护控制和城乡发展控制两大要素决定，具体的评价因子应因地制宜进行选取。生态保护控制要素主要通过资源环境承载能力评价和国土空间开发适宜性评价（“双评价”）综合确定，可根据城市特征将生态重要性和生态要素占比等作为“双评价”依据。城乡发展控制要素考虑城镇发展的趋势及现状。例如，可将城镇定位、性质及发展目标，城镇人口及用地规模预测，城镇发展方向、空间结构、功能布局等作为评估因子。

《指南》是自然资源部对全国市县级国土空间规划研究和编制中城镇开发边界划定的指导，涉及范围广、普适性强；在实际划定过程中，城镇开发边界的划定需要追本溯源，回到对自然规律认识的基点上，结合城市特征思考划定城镇开发边界的意义及规划管理的方法。一方面，以“城镇开发边界对城镇外延扩张的约束作用”为导向，综合考虑城镇规模的控制作用、对城镇形态的引导作用及差异化管控机制；另一方面，以“城镇开发边界对自然资源的保护作用”为导向，因地制宜选取评估因子。例如，对于空气污染问题、热岛效应问题突出或静风频率高的盆地城市，风环境评估是明确开发边界的关键因子。又如，地处海陆界面这一特殊地域单元的海岸带城镇，近海生态脆弱性评估是明确开发边界的关键因子。

4）基础条件评价方法

（1）资源环境承载力评价方法

资源环境承载力评价是分别基于生态保护、农业生产、城镇建设功能指向，在资源环境单要素评价基础上对评价结果进行集成，形成的综合评价结果。

对于资源环境单要素评价，按照评价对象和尺度差异，结合区域特征与问题，因地制宜选取评价指标，分别开展土地资源、水资源、生态环境、灾害等要素的单项评价。对当地影响显著的资源环境类指标，可参照相应逻辑补充当地特色指标。

对于单个评价要素的评价阈值可以参照《资源环境承载能力和国土空间开发适宜性评价技术指南（征求意见稿）》确定，当评价结果在内部差异和地区特点不明显时，可结合地方实际细分部分阈值区间。对于资源环境承载能力集成评价，基于资源环境要素单项评价结果，开展生态保护、农业生产、城镇建设不同功能指向下的资源环境承载能力集成评价，将相应的资源环境承载能力依次划分为高、较高、一般、较低和低 5 个等级。

（2）国土空间开发适宜性评价方法

国土空间开发适宜性评价是基于资源环境承载力评价结果，进一步从农业生产和城镇建设的角度出发，分析国土空间开发的适宜性。

基于资源环境承载能力评价结果，将国土空间分别划分为生态保护极重要区、重要区、一般区，农业生产适宜区、一般适宜区、不适宜区，城镇建设适宜区、一般适宜区、不适宜区。对评价结果，重点对生态保护极重要区、农业生产适宜区和不适宜区、城镇建设适宜区和不适宜区进行专家校验，综合判断评价结果与实际状况的相符性，修正结果边界。针对明显不符合实际情况的评价结果，开展必要的现场核查校验与调整。

在农业生产适宜区基础上，依次扣除生态保护极重要区，自然保护地，现状湿地、耕地、园地、基本草地、城镇和基础设施建设用地、特殊用地、应当保留的农村居民点，连片分布的林地等，识别未来适宜农业生产的潜力空间。在城镇建设适宜区基础上，依次扣除生态保护极重要区，自然保护地，现状湿地、城镇和基础设施建设用地、特殊用地、应当保留的农村居民点，连片分布的现状优质耕地、公益林、草地等，识别未来适宜城镇建设的潜力空间。

5）开发边界划定方法

（1）边界初划

结合城镇发展定位和空间格局，依据国土空间规划中确定的规划城镇建设用地规模，按照城镇集中建设区、城镇弹性发展区、特别用途区的顺序进行划定，由以上三个区域共同组成城镇开发边界。首先，将现状建成区、规划集中连片、规模较大、形态规整的城镇建设区和城中村、城边村划入城镇建设区。其次，在与城镇集中建设区充分衔接、关联的基础上，在适宜进行城镇开发的地域空间划定面积不超过城镇集中建设区 15% 的区域作为城镇弹性发展区。最后，根据地方实际，把对城镇功能和空间格局有重要影响、与城镇空间联系密切的山体、河湖水系、生态湿地、风景游憩空间、防护隔离空间、农业景观、古迹遗址等地域空间划入特别用途区。

（2）方案协调

在完成城镇开发边界初划后，经历征求意见、明晰边界、三线协调三个步骤，可形成最终划定成果。在征求意见阶段，主要是征求相关部门和区县人民政府意见。尽量利用国家有关基础调查明确的边界、各类地理边界线、行政管辖边界、保护地界、权属边界、交通线等界线，将城镇开发边界落到实地，做到清晰可辨、便于管理。同时，应尽可能避让生态保护红线和永久基本农田保护红线，形成最终的城镇开发边界划定结果。

7.3.3 在城镇开发边界划定中考虑风环境因子的案例

由于近年来加速发展，许多城市面临空气污染问题、热岛效应问题，越来越多的城市在城镇开发边界划定中开始考虑风环境。

1）深圳市南山区：以气候规划结构指导城市开发边界划定

（1）基本情况

深圳市南山区位于深圳市西南部，属南亚热带季风气候区，夏长冬短，日照充足，通风良好。根据深圳市历年气候公报，深圳市多年平均风速为 2.7m/s，其中一、四季度平均风速最大，各月均达 2.8~3.0m/s，盛夏平均风速最小，7~8 月年均风速 2.1~2.2m/s。历年中，深圳日均风速大于 17.2m/s 的大风日数有 5.9 天。

尽管通风条件良好，南山区乃至整个深圳市仍然面临较为严重的夏季热岛效应。改革开放 30 年以来，深圳成为全国乃至世界发展最快的城市之一，并于 2004 年在全国首先实现了 100% 的城市化。在深圳的城市建设过程中，由于能够使用的土地资源有限，为了争取更多的空间，深圳倡导对土地资源的集约节约利用，采取高密度、高容积率的建设措施来提高土地利用率。作为亚热带湿热气候地区的滨海城市，深圳在每年长达 7 个月中的夏季热岛效应非常明显，而凉爽的海风因为滨海高密度建筑的阻碍而无法进入到内陆地区。

深圳市南山区以“建成健康舒适、可持续的生态城市”为城市建设目标，因此深圳的各级规划中均展开了城市气候的研究。在规划前期深圳将城市气候作为一个衡量因素，与城市规划结构体系相适应，使得对气候的研究落实到当地规划建设实践中，塑造舒适、健康、节能的城市环境，缓解夏季热岛效应，减少城市建成后修正气候问题而造成的损失。

（2）风热环境分析技术方法

首先，选取气候影响因子。根据深圳市南山区城市特征，从城市几何形态、城市绿化及地形三个维度选取 6 个气候影响因子，分别是用于反映负面影响的建筑体积值、建筑密度、绿地粗糙度，以及用于反映正面影响的开放空间影响度、绿地面积、海拔高度。

其次，量化气候影响因子对气候的影响。德国工程师协会（Verein Deutscher Ingenieure, VDI）基于人体热量平衡模型提出了生理等效温度（Physiologically Equivalent Temperature, PET），该指数将人体热舒适状态划分为 9 个等级，是目前室外热环境评价最常用的指数。深圳以生理等效温度为衡量标准，设定各个气候影响因子图层的权重，划分城市气候等级，绘制深圳市南山区城市局地气候分析图。

最后，划定城市气候规划分级，形成南山区气候分析图。叠加气候影响因子，得到精度 1km×1km 的南山区城市局地气候分析图。根据每个网格内热负荷（由建筑体积值、绿地分布和地形高程叠加得到），以及通风潜力（由建筑密度、绿地粗糙度和开放空间影响度叠加得到）情况，将其划分为 7 个气候等级（表 7-6）。

南山区城市气候级别分类　　表 7-6

级别	气候状况	主要环境状况	气候敏感度
1	中负值热压和通风非常好的区域	主要分布在南山区北部蕉窝山海拔较高的地区及西沥水库附近，南山区南部的小南山公园和大南山公园也有少量分布。这些区域的气温较低，皆处于森林绿地当中，可以为其周围区域提供新鲜的冷空气	极高
2	轻负值热压和通风良好的区域	主要分布于北部山坡及森林公园、西南部的城市公园，以及沙河沿岸。这些区域气候凉爽	高
3	低热压和通风良好的区域	主要为城市开放空间以及绿地公园，气温舒适	中等
4	低热压和通风一般的区域	集中于城市建成区中的低密度区和硬质铺地区，拥有开敞空间和一定的绿化，气温温和	低
5	中热压和通风一般的区域	主要为城市建成区中的中密度区域，绿地较少，分布零散，气温略高	中等
6	高热压和通风较差的区域	城市建成区中建筑密度和容积值较高，绿地面积较少的区域，这些区域集中于南头、后海和华侨城一带，气温较高	高
7	极高热压和通风潜力极差的区域	位于城市建成区中极高建筑的密集区域，这些区域面积不多，集中于后海、南油、科技园等密集建筑群中心，气温极高，闷热不适	极高

（资料来源：方宇婷 . 城市气候评估在空间规划中的应用研究 [D]. 深圳：深圳大学 , 2017.）

(3) 风热环境评估结果在南山区城镇开发边界划定中的实践

研究从气候适宜性的角度形成南山区气候规划结构，提出了南山区城市格局的发展建议。建议对绿地生态功能区加以维护，对滨海生态功能区的城市建设进行控制；将城市气候敏感区和中性气候区纳入城市开发边界，要求逐步降低城市气候敏感区内建筑密度、禁止进一步开发，并从气候维护的角度出发允许在中性气候区进行适度的城市建设。

2）厦门：生态优先导向下的城市开发边界划定

（1）基本情况

厦门地处福建省东南端，是我国东南沿海重要的中心城市，国务院批复确定的经济特区。厦门是国家物流枢纽、东南国际航运中心。在高速发展的历史进程中，人地矛盾逐渐突出，2007 年以前的厦门面临一系列生态问题，突出表现在：新开发区和开山采石形成的裸露山体，给城市增加了扬尘来源；海岸带受到开发侵蚀，部分红树林被毁损，海洋生态环境恶化；工业建设带来污染，影响大气环境。

此后，厦门加强生态文明建设，制定了创建国家低碳城市、森林城市、园林城市和生态城市的目标。生态建设不断加强、节能减排全面落实，生态问题基本得到解决，并获得全国“十大低碳城市”的荣誉。

2014 年，厦门市人民政府公开《美丽厦门战略规划》，解读了“美丽厦门”的内涵：以秀丽的山体为背景、开阔自由的海绵为基底，“山、石、林、泉、海、湾、岛、岸”等丰富的自然资源为元素，形成张弛有致、极富韵律的“山海相融”的景观特色和“处处显山见海”的城市意向。该战略规划还提出 4 大生态优美行动，要求加强生态廊道建设工程，防控闽西南区域环境污染问题。

（2）划定步骤

第一，以“两规合一”为基础，实现空间统筹管理。以优化城市功能布局为导向对原土归和总规的差异图斑进行处理，形成“两规”一致的建设空间，形成全市“一岛、一带、多中心”的空间结构，作为分析城市发展需求的基础。

第二，从城市发展战略层面构建生态格局。综合考虑既有条件和生态空间连通性，规划达到避免城市组团粘连发展、增强宜居性、促进通风、保护生物多样性等多重目的，形成“山海相护、林海相通”的生态空间布局。重点保育 10 大山海通廊，划定 800km^2 的生态保护，控制 237km 的海岸线。

第三，从生态优先层面明确不能建设的区域。通过高程、坡度、日照、防洪、地质等自然地形分析，结合林业用地分布、河流水系、基本农田分布、城市公园分布，形成建设适宜性分析结果，在城市开发边界划定中对不适宜建设的区域予以避让。

第四，生态空间与建设空间校核协调后得到城市开发边界。

3）小结

城镇开发边界是国土空间规划中的一条重要管控线，是约束城市建设的刚性边界，因此其划定必须做到综合多要素且具备高度的精准性。目前在城镇开发边界划定中考虑风环境的实践案例，其工作思路多是结合市域尺度的气候评估结论，形成通风廊道结构，以此作为城镇开发边界划定的指导。在这个过程中，提高通风廊道边界划定的精准度和科学性，是有效指导城镇开发边界划定的重要前提。

7.3.4 成都市实践案例

1）以风源空间分布评估指导城市发展方向上的城镇开发边界的多方案比选

（1）项目背景

为了辐射引领周边区域同城化发展，成都市在重构区域格局、强化同城化发展方面，面临连片发展和组团发展的矛盾选择。一方面，连片发展有利于强化“主干”的经济带动力、吸引力；有利于功能集聚与协作，促进产业集聚，便于基础设施、公共服务设施的共建共享；有利于沿线居民的生活便捷，提高通勤交通效率。另一方面，组团发展对自然资源的占用较少，组团间由生态用地相隔，避免了城市“摊大饼式”的单极化扩张的弊端；有利于引田园风光入城，提升区域通风环境，保障可持续的同城化。

然而，组团发展的生态化优势往往基于定性评价，定量评估的技术方法缺失导致无法科学评判组团化建设带来的生态效益。在其他综合判断结果无明显差异的背景之下，风源评估的结果为重构区域发展格局提供了量化的科学依据，区域发展格局对风环境的评判显得尤为重要。

（2）情景设定及研究方法

将对风环境影响作为考虑因子纳入城市规划方案比较，实现定量判断为城镇开发边界调整合理性提供决策依据。分别以“强化‘主干’经济带动力、吸引力”和“保障可持续同城化”为导向，设定区域连片发展情景及区域组团发展情况，并与现行规划方案做比较（图 7-12）。

运用风频率空间评估研究成果，以风频率影响值变化程度为评估指标，模拟区域格局发展模式对通风的影响。

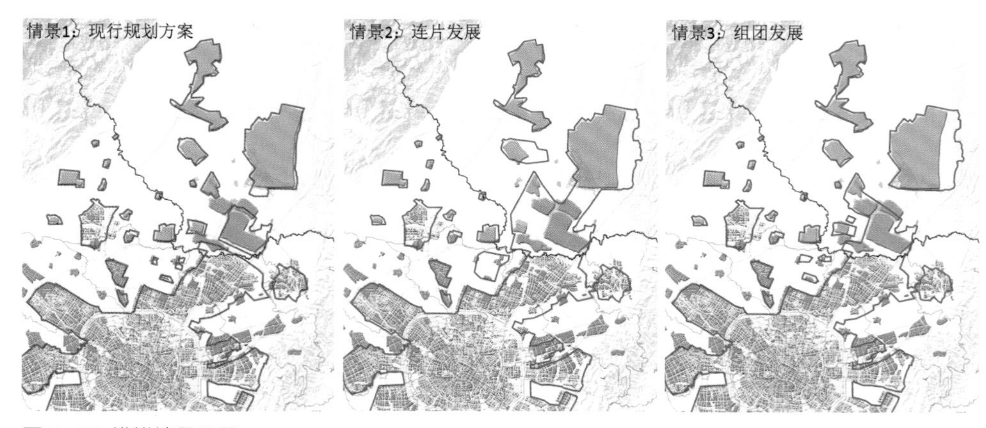

图 7-12 模拟情景设置

（3）结果和结论

研究结果显示，连片式发展模式与组团化发展模式对风环境影响差距显著。连片发展对区域整体通风水平造成明显影响，分别会导致区域风频率降低 5% 和 12%（图 7-13）。因此，建议该区域按照组团化发展模式划定城镇开发边界。

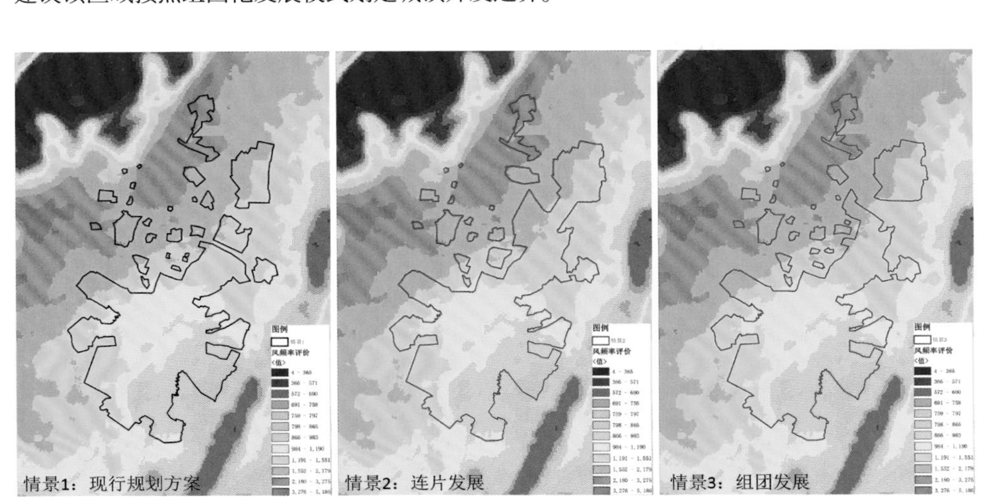

图 7-13 风频率分析图

2）重要通风区城镇开发边界划定研究

（1）情景设定

区域 A 位于山体海拔较低的贯通豁口处，经风频率分析，该区域属于高风频区域，是影响西侧城镇的重要通风口。本研究将风环境因素作为重要评估因素，研究区域 A 城镇开发边界的划定方法（图 7-14）。

研究根据区域 A 主导风向以及该区域盛行的山谷风，分别设定情景 1（主导风向）和情景 2（山谷风向），对比两组情景之下“划定城镇开发边界，控制区域 A 既有建设规模”，以及“不采取控制措施，区域 A 继续扩大建设规模”对西侧城镇的通风影响（图 7-15）。

图 7-14 区域 A 区位示意图

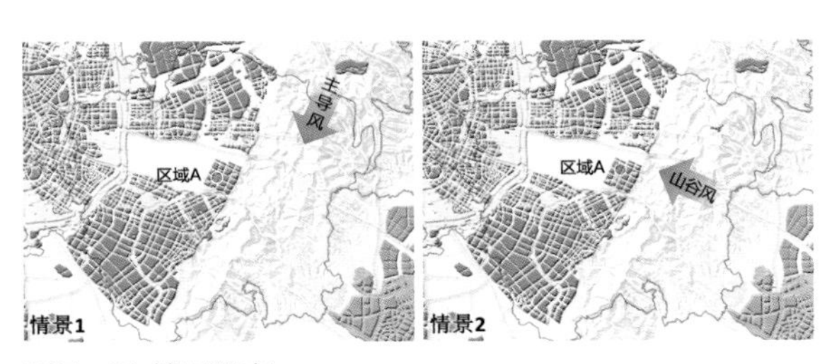

图 7-15 情景设定

（2）研究方法

基于 CFD 模型对区域 A 在不同风向下的情景进行模拟，以风速和贯穿风比例为标准，分别定量分析两种情景下区域 A 对西侧城镇的通风影响。

各个参数的主要内容和获得途径详见表 7-7。

PHOENICS 模拟参数设置表 表 7-7

数据类型	参数	盛行风下取值	山谷风下取值	取值思路及获取途径
气象	风速	2m/s		选择能够大幅改善污染且最常出现的典型风速
	风向	N-N-E	E-S-E	分别模拟盛行风和山谷风下
方程类型		指数方程		软件自带，用于模拟风热环境
下垫面性质	粗糙度	0.03		软件自带，用于模拟房屋密集的城市市区
网格	栅格网	500×500×80		经验取值，平衡模拟时间和模拟精度后的选择
	像元	10m×10m×5m（实体模型层垂直分辨率为1m）		根据实体模型大小计算得到
	递进系数	1.2		经验取值，加密模型区网格以实现快速精准的运算
计算	迭代步数	2000		推荐取值，经过多次收敛测试后的推荐取值
	松弛因子及时间步长	风压 P 和湍流 KE: linear, 0.2; 风速 u、v、w：falsdt，0.1		经验取值，经过多次收敛测试后的推荐取值
	最值	风速不超过 30m/s；风压不超过 100Pa		最大最小值限制到速度不会超过的合理范围

(3) 评估结果

在主导风向下，区域 A 建设对西侧城镇风速和贯穿风的影响不大（图 7-16）。

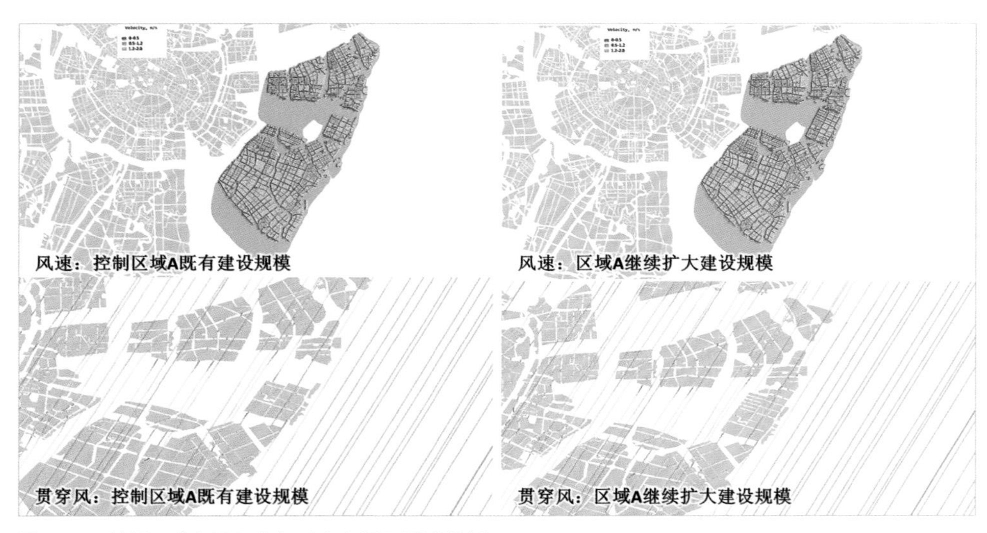

图 7-16 情景 1（主导风向）对全市通风影响分析

在山谷风下，区域 A 建设对西侧城镇风速影响不大，但贯穿风也少量损失（图 7-17）。划定城镇开发边界控制区域 A 既有建设规模后，平均风速仅升高 0.001m/s；但若突破研究划定的城镇开发边界，扩大区域 A 建设规模，将会造成 7 号风道内贯穿风损失 10%。

因此，建议加强对重要通风区域周边及城镇开发边界的控制；同时，进一步控制重要通风区域的建筑高度、建筑走向和建筑退距，保障重要通风区域的通风能力。

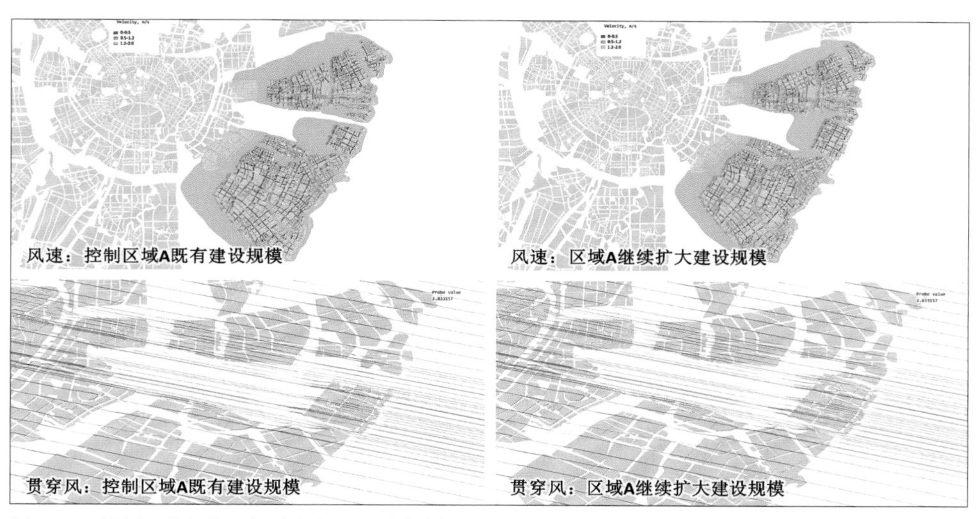

图 7–17 情景 2（山谷风）对全市通风影响分析

7.4 从提升大气环境质量角度优化工业集中发展区布局

7.4.1 工业集中发展区大气环境质量要求

由于工业集中发展区往往排放基数大、风险高，环境问题复杂，因此各级政府纷纷对工业集中发展区的大气环境质量提出了控制要求，提出了提升工业集中发展区大气环境质量的种种要求和具体举措。国家层面提出加强工业园区环境保护和促进大气环境改善的总体要求，地方层面也结合自身特征细化工业园区大气环境管控。

1）国家层面

2012 年 5 月，国家生态环境部发布《关于加强化工园区环境保护工作的意见》，要求科学制定园区发展规划，强化园区开发建设规划环境影响评价工作，推行园区规划环境影响跟踪评价。

2013 年 9 月，国务院发布《大气污染防治行动计划》，要求：严格节能环保准入，成渝城市群新建火电、钢铁、石化、水泥、有色、化工等企业以及燃煤锅炉项目要执行大气污染物特别排放限值；优化产业空间布局，科学制定并严格实施城市规划，强化城市空间管制要求和绿地控制要求，规范各类产业园区和城市新城、新区设立和布局，禁止随意调整和修改城市规划，形成有利于大气污染物扩散的城市和区域空间格局。

2015年8月，全国人大常委会通过《中华人民共和国大气污染防治法》，提出编制可能对国家大气污染防治重点区域的大气环境造成严重污染的有关工业园区、开发区、区域产业和发展等规划，应当依法进行环境影响评价。

2015年12月，国家工业和信息化部发布《促进化工园区规范发展的指导意见》，要求：科学规划布局，按照国家有关规定设立隔离带，与周边居民区保持足够的安全、卫生防护距离；结合当地环境和安全容纳能力的要求，以及资源、市场等基础条件，科学编制产业规划。

2017年7月，国家生态环境部、发改委、水利部联合发布《长江经济带生态环境保护规划》，要求强化工业园区环境风险管控，加快布局分散的企业向园区集中，按要求设置生态隔离带，建设相应的防护工程，选择典型化工园区开展环境风险预警和防控体系建设试点示范。

2017年9月，国家生态环境部、发改委等6部门联合发布《“十三五”挥发性有机物污染防治工作方案》，指出我国以$PM_{2.5}$和O_3为特征污染物的大气复合污染形势依然严峻，要求包含四川在内的16个省（市）紧密围绕本地环境空气质量改善需求，基于O_3和$PM_{2.5}$来源解析，确定挥发性有机物（VOCs）控制重点，强化部门协同、紧密配合，加强产业结构与布局优化调整工作。

2018年6月，国务院发布《关于全面加强生态环境保护 坚决打好污染防治攻坚战的意见》，要求强化区域联防联控和重污染天气应对，进一步明显降低PM2.5浓度，明显减少重污染天数，明显改善大气环境质量，明显增强人民的蓝天幸福感；深化生态环境保护管理体制改革，制定生态环境准入清单，在地方立法、政策制定、规划编制、执法监管中不得变通突破、降低标准。

2）四川省层面

按照国家要求，四川省发布相关政策，要求因地制宜推进工业园区挥发性有机物污染综合治理，尤其是对工业炉窖提出了更加严格的综合治理要求。

2018年4月，四川省环保厅、发改委等7部门联合发布《四川省挥发性有机物污染防治实施方案（2018—2020年）》，指出挥发性有机物（VOCs）是形成臭氧（O_3）污染的重要前体物，对细颗粒物（$PM_{2.5}$）二次生成具有重要影响，对大气环境影响日益突出。要求强化成都平原地区联防联控联治，因地制宜推进工业园区VOCs综合治理。

2019年11月，四川省生态环境厅、经信厅等四部门联合印发《四川省工业炉窑大气污染综合治理实施清单》，要求加大产业结构调整力度，严禁新增钢铁、水泥、焦化、电解铝、平板玻璃等产能；要求实施工业炉窑污染全面治理，成都在内的 12 个市的大气污染防治重点区域按照颗粒物、二氧化硫、氮氧化物排放限值分别不高于 30μg/m^3、200μg/m^3、300μg/m^3 实施工业炉窑改造；要求开展工业园区综合治理，结合“三线一单”、规划环评等要求，进一步梳理确定园区和产业发展定位、规模和结构，对标先进，制定涉工业炉窑类工业园区综合治理方案，从生产工艺、产能规模、燃料类型、能源利用、污染治理等方面提出明确要求。

3）市级层面

成都市根据自身实际情况，先后发布多种实施方案和行动方案，进一步约束工业园区大气污染排放，强化环境保护要求。

2014 年 3 月，成都市人民政府印发《成都市大气污染防治行动方案（2014—2017 年）》，要求：优化区域经济布局，依据区域资源环境承载能力，合理确定重点产业发展布局、结构与规模；优化城市生态空间布局，提高大气自净能力，合理控制开发强度，完善功能布局，形成有利于减少大气污染物集中排放的城市空间布局；强化生态绿地建设，增加城市通风量，构建城乡贯通的生态体系，有效增加风速风量、稀释空气污染、降低热岛效应。

2017 年 6 月，成都市市委、市政府办公厅联合印发《实施“成都治霾十条”推进铁腕治霾工作方案》，要求以颗粒物（PM_{10}、$PM_{2.5}$）和臭氧污染防治为重点，推动成都平原城市群大气污染联防联控。

2018 年 1 月，成都市人民政府印发《全市产业功能区及园区建设实施方案》，要求：进一步明确产业功能区及园区主导产业及细分领域，精准配置和布局产业功能区。

2018 年 11 月，成都市环境保护局印发《成都市打赢蓝天保卫战实施方案（2018—2020）》，要求优化产业结构，强化工业污染治理，按照“东进、南拓、西控、北改、中优”城市功能分区高水平编制重点区域规划，搬迁改造或依法关闭不符合城市规划和污染物排放经整治后仍不能达标的工业企业。

2020 年 4 月，成都市大气污染防治工作领导小组印发《成都市 2020 年大气污染防治工作行动方案》，突出依法精准科学联动是大气治理的关键，要求持续开展 $PM_{2.5}$ 来源解析、臭氧污染成因分析以及 VOCs 来源解析，提高污染来源与成因分析能力，为决策提供科学化、定量化、精准化依据。

4）小结

按照国家、省、市要求，工业集中发展区建设必须达到相应行业的排放标准，并在严格管控污染影响的前提下发展工业集中发展区。为达到该要求，从排放强度、生态隔离、产业结构、园区规模等方面进行严格管控。精细化定量分析工业集中发展区的大气环境影响，并从大气环境角度对相关规划进行指导和管控是有助于减缓工业集中发展区环境影响的有效对策。

7.4.2 工业集中发展区大气污染物排放及传输特征

1）大气污染物排放特征

工业集中发展区是集聚大量产业的区域，它以若干工业行业为主体，一般行业之间关联配套、上下游之间有机链接。因产业行业的不同，工业集中发展区的生产装置、类型多样，其排放的主要大气污染物也有差异（表 7-8）。

工业集中发展区特征及主要大气污染物　　表 7-8

园区类型	园区特征	主要大气污染物
物流园区、精密机床、工装模具、装备制造、交通装备、机电装备	产生颗粒污染物	$PM_{2.5}$、PM_{10}
热电厂	利用燃煤、石油及含硫原料	SO_2、CO_2 和 H_2S 等
水泥厂、制砖厂	生产过程中使用冰晶石含氟、磷或萤石	HF
汽车配套、制药、农药厂区、轻工业	利用含氯物质作为原料	Cl_2

2）大气污染物传输的影响因素

主要大气污染物在空气中的扩散除了与污染物自身有关外，还与工业集中发展区所在区域的气象特征、绿化建设以及下垫面粗糙度密切相关。

大气污染物以大气为载体进行传输，因此气象条件决定了大气污染物的对流传输。气象条件变化引起的大气湍流变化是影响大气污染物传输的主要原理，引起湍流改变的气象因素包括风速、风向、温度、湿度、降水等。风速是影响大气污染物扩散效率最重要的因素，一般而言风速不低于 2m/s 即可有效改善空气污染。风向决定污染物的传播方向，下风向区域受污染影响往往更严重。温度的影响涉及逆温变化、大气稳定度、日均温度等，冬季逆温天气发生时逆温层大气温度随高度增加而升高，阻碍原本上升的高温气团继续上升，从而降低空气垂直流动性，削弱大气扩散能力，加重颗粒污染物浓度。湿度和降雨影响颗粒污染物凝聚，相对湿度增加会导致颗粒物粒径分布向大的方向偏移。

绿化建设对于工业集中发展区而言是一把“双刃剑”。一方面，植物具有极高的颗粒污染物捕获能力，被广泛地视为大气污染物和颗粒物的有效清除器；另一方面，绿化建设会改变降低工业集中发展区附近的空气交换速率，导致通风效应减弱和污染物浓度增加。

下垫面的粗糙度是影响大气湍流运动的重要因素，因此可能带来大气污染物的快速扩散或积聚效应。

因此，优化工业集中发展区布局，科学进行绿化建设是减缓工业集中发展区污染影响的有效对策。

7.4.3 通过优化工业集中发展区布局提升大气环境质量的案例

1）优化工业集中发展区选址

城市工业集中发展区选址工作是一项政策性、综合性、复杂性极强的工作，对所在城市、区域的经济发展及生态环境会产生长期影响。需考虑当地常年气候状况，确定主要风向和平均风速以及大气稳定度，在一定排放条件下得出污染影响范围半径，保证工业区与城市中心和主要居民区不在污染影响范围内。

（1）斯图加特工业区选址规划实践

斯图加特位于内卡河谷，地势平缓，两侧山峦抬升，因此拥有非常多可以俯瞰全城的观景点，受到了许多市民和游客的喜爱。但特殊的地理环境决定了它城市风速特别低，全市年均风速仅有 1m/s，内卡河谷地区的风速甚至更低。

斯图加特工业区以其先进的汽车工业而闻名世界。生产奔驰汽车的戴姆勒公司、誉满全球的保时捷公司以及工业时代的先驱者、创立“精密机械和电气工程车间”的罗伯特·博世公司等企业都将其总部设立在斯特加特。

19 世纪中叶起，斯图加特工业蓬勃发展，除了那些历史悠久的大企业外，斯特加特迅速崛起约 1500 家中小企业。市区所在的盆地显得过于窄小，于是工厂企业逐渐向坡地发展，向郊区发展，形成大斯图加特工业区。

20 世纪起，德国开始关注工业区选址对大气环境的影响，韦伯（Alfred Weber）首次提出了“工业区位”的概念，并奠定了工业集中园区选址方法的理论基础。他认为工业集聚是影响工业区位合理性最重要的因素，工业集聚到一定规模能够有效降低劳动力成本和运输成本，但可能导致局地空气恶化。

20 世纪 90 年代，斯图加特制定《山坡地带规划框架指引》，基于气象环境信息指导城市核实开发和建设，提出要加强对气候敏感区的建设论证。斯图加特《山坡地带规划框架指引》评估出气候高质量地区，要求逐步腾退对气候质量造成负面影响的建设用地，转换为绿地。同时，将相关成果列入《斯图加特土地利用条例》，通过法定化手段保障气候质量。

（2）京津冀协调工业区选址方案

2018 年，北京市出台《京津冀协同发展 2018—2020 年行动计划》及其《2018 年工作要点》，明确提出京津冀城市群需协调确定工业集中发展区选址：“城市工业区的选址需考虑当地常年气候状况，确定主要风向和平均风速以及大气稳定度，在一定排放条件下得出污染半径，保证工业区与城市中心和主要居民区不在污染范围内。”

（3）海峡西岸经济区某石化园选址规划

海峡西岸经济区某石化园规划位于海峡西岸经济区的环三都澳区域，以石油炼制、乙烯以及其他石化下游产业的合成加工为主导，该石化园的选址以大气环境可接受为原则，制定以下判断标准：①符合环境功能区划；②有环境容量；③规划实施后正常运行情况下，大气环境质量满足标准要求。

采用 CALPUFF 模型，以 SO_2、NO_2 和 PM_{10} 为模拟对象，预测园区主要助燃物在当地气象条件和地形条件下的传输方式和长期累积影响。采用 CHARM 模型（Complex Hazardous Air Release Model），以毒性重气体丙烯腈为模拟对象，预测复杂地形下石化园突发性大气污染事故。最终明确了利于污染扩散且在突发条件下对下游城市居民不造成影响的选址方案。

（4）平凉工业园区规划空间布局优化

利用 CALPUFF 模型研究了工业废气源、事故源空间布局变化对崆峒区各空间位置敏感区及整体居住、旅游环境的影响规律。对平凉工业园规划空间布局提出了五种不同调整力度的布局优化方案。并通过方案比选最终确定了 3 处选址，要求该 3 处工业集中发展区外的工业用地逐步搬迁进入园区。

2）消除工业集中发展区对周边的污染影响

工业集中发展区是城市内排放空气污染物的集中区域，对周边环境造成明显的污染聚集。工业集中发展区选址需要考虑的因素十分复杂，对于新规划的工业集中发展区，尚可结合其产业类型、排放强度和产业规模进行污染影响模拟；对于既有规划的工业集中发展区，可以采用绿化建设消除对周边的污染影响。研究证明，绿化建设是治理大气污染的有效手段。绿化建设可以有效吸纳有害气体和尘埃，起到消除既有工业集中发展区大气污染影响的作用。研究证明，在改善大气环境质量方面，绿化覆盖率每提高 10%，二氧化碳浓度一般可以减少 20%~30%，悬浮颗粒浓度可以减少 15%~20%，重要致癌物苯并芘的浓度可减少 20% 。

目前，《环境影响评价技术导则——大气》（HJ2.2—2008）规定了大气环境防护距离内不应有长期居住人群，但未明确该距离内的功能。多数地方通过建设厂区内部的绿化来满足大气防护距离，然而近年来越来越多的研究证实，绿化隔离带（下称“绿隔”）在改善工业区周边大气环境方面发挥了重要作用。按照建设形式不同，可以将绿化建设分为“防护林”和“绿隔林网”两种形式。“防护林”一般由厂区周边或下风向集中密植的高大乔木组成，采用该绿隔建设形式的国家与地区以日本、中国台湾、上海、武汉等地为代表；“绿隔林网”是一般由工业厂区下风向生态区内沿河、沿路栽植的高大乔木共同组成，采用该绿隔建设形式的地区以德国弗赖堡、哈尔滨以及长三角地区为代表。

（1）采用防护林优化工业集中发展区污染影响的经验

①日本：工业区外围建设 30m 以上以乔木为主的高密度绿化带

根据《日本工业区绿地规划》，工业区外围的防护绿地宽度至少为 30m，并宜采用以乔木为主的高密度种植形式；大规模工业区外围应有 60m 防护绿带，防护绿带内可设置小型绿地或休养设施。

②中国台湾：在区域四周及内部设置绿化缓冲带

六轻工业区园区是台湾地区的大型石化基地，曾经引发严重的“邻避”事件。2011 年台湾地区制定了《特殊性工业园区缓冲地带及空气质量监测设施设置标准（修正草案）》，要求金属冶炼、炼油、石油等十余类污染产业面积占比超过 1/4 的定义为特殊性工业园区，除需按照美国环保署 TO-14 方法确定监测物质、布设监测网络外，还需在区域四周及内部设置绿化缓冲带。

③上海：在三类工业区外建设 50 ～ 1 000m 不等的工业区防护林带

2018 年 9 月，上海市城市规划管理局批复通过《上海市化学工业区绿化系统专项规划》，规定三类工业区根据环评结果，在外围建设 50 ～ 1 000m 不等的防护林。随后，上海新龙泉港化工区周边设置了 1 000m 宽的防护林带，上海金山第二工业区协调建设条件后设置了 264m 的防护林带

④武汉：钢铁公司厂区防护绿地建设

武汉钢铁公司位于武汉市青山区，由主厂区、工业港、生活区等组成，总面积约 $45km^2$，是一个特大型钢铁生产区。主要进行焦化、烧结、炼铁、轧钢等工序，工厂每年排放大量 SO_2。为了改善 SO_2 对周边生活区影响，武汉钢铁公司以建设“花园式企业”为目标，厂区内部的绿地率达 25%。此外，在厂区附近建设专门的防护林及道路绿化带，绿地总面积达到 $1.4km^2$。

同时，武汉钢铁公司进行了植物滞尘能力研究，明确常绿乔木叶片对 SO_2 污染物的年吸收量最大，达 6 500kg/ 年，滞留颗粒污染物的年滞尘量高大 2 800t/ 年，其生态服务功能的年总货币化价值相当于 20 000 万元。

（2）采用绿隔林网优化工业集中发展区污染影响的经验

①德国弗赖堡：按污染和未污染空气廊道分类制定气候改善策略

根据德国国家标准《大气污染图集》（VDI3787）绘制城市环境气候分析图，明确污染空气廊道和未污染空气廊道，为具体规划项目提供决策支撑。对于污染空气廊道，需制定微气候调整方案，可能的措施包括种植大叶树或地表管理。对于未污染空气廊道，一是列入高敏感气候区，考虑布置绿地和开放空间，增强洁净空气（尤其是冷空气）的流通效果；二是引入《联邦污染防治法》列出的管控指数，确保污染不超标。

②哈尔滨：在生态区域内沿线形要素栽种高大乔木

《哈南工业起步区绿地规划研究》建议：在哈南工业起步区下风向的生态区域内，沿河、高压走廊、铁路、道路等分别设置高大乔木绿化带（图 7-18）。

③长三角地区：共建生态屏障，共享绿色美丽长三角

根据《长三角地区 2018—2019 年秋冬季大气污染治理攻坚行动方案》，长三角地区除

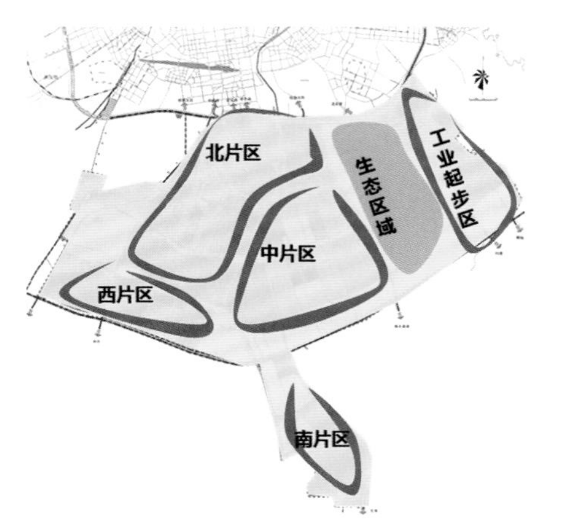

图 7-18 哈南新区功能分区图
（图片来源：根据谭喆 . 哈南工业新城起步区绿地规划研究 [D]. 哈尔滨：东北林业大学 , 2011. 改绘）

了优化产业结构、提升用能效率外，还采用了共建生态屏障的方式来建设城市绿地、农田防护林等绿色生态屏障，综合防治燃煤、扬尘、工业、机动车等大气污染。

7.4.4 大气环境污染定量化分析方法研究

综合各地实践案例，工业集中发展区大气环境影响分析方法主要包括数值模型法、风洞试验法和实地监测法（表 7-9）。

工业集中发展区大气环境影响分析方法利弊对比　　表 7-9

研究方法	优点	缺点
数值模型法	实验周期短、费用低；影响因素可控制、可参数化，可形成直观的图示化结果，便于优化设计方案	数据理想化，需用实测数据进行验证，提高模拟有效性
风洞试验法	兼具现场观测的真实性和数值计算的可预测性等；能够模拟数值模型忽略的复杂过程，如二次污染物生成	主要考虑风速风向的影响，不可模拟温湿度等气象因素的影响；设备昂贵
实地监测法	可获得特定地点的实时数据，不受模拟精度和模拟尺度限制	影响因素复杂且不可控制，难以量化各影响因素对颗粒物浓度的贡献；参数测量困难，如污染源强的测定与估计；监测结果受测点数目及位置分布的限制；结果往往只是用于特定情况，难以外推

数值模型方法因其直观、便捷、低成本的特点，是目前最广泛使用的研究方法。不同模型因耦合不同的气候尺度，同时受地形、污染物特征等因素制约，适用于不同的模拟情景。城市规划中常根据研究尺度分类选择适宜的模型（图 7-19）。

对于城市与区域总体规划而言，重点选用宏观尺度和中尺度数值模型，要求模型能够模拟多源污染的扩散规律。《城市总体规划气候可行性论证技术规范》推荐“选取使用广泛的中尺度数值模型，水平分辨率不应大于 1 000m，应能体现地形、下垫面的影响”。应用最为广泛的包括 WRF-Chem、CMAQ、MM5 等。

对于城市设计和控规而言，重点选用应用于街区及建筑的微尺度模型，水平分辨率一般不大于 50m。应用最为广泛的多源模型有 PHOENICS、OSPM、MISKAM、ENVI-met 等。

对于单一项目选址规划而言，可以借鉴环评领域的单一污染源模拟模型。《环境影响评价技术导则——大气》（HJ2.2—2008）正式推荐国际流行的 3 种环境质量预测模式作为我国的法规模式，分别是 AERMOD 模式、ADMS 模式及 CALPUFF 模式，该 3 种模型对于某地区在特定气象条件下的单一污染源预测准确度较高。

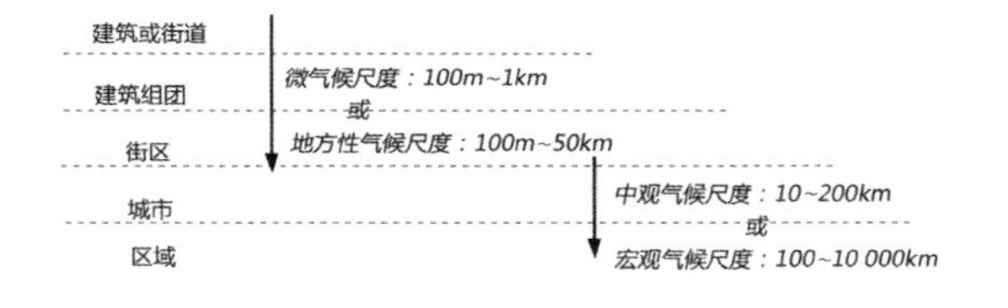

图 7-19 城市尺度和气候尺度的关系
（图片来源：匡晓明，陈君，孙常峰．基于计算机模拟的城市街区尺度绿带通风效能评价 [J]. 城市发展研究，2015, 169(09):97-101，163.）

风洞试验法是严格按照相似性准则，在缩小的物理模型上再现实际物理过程的物理模拟方法。风洞的工作原理是使用动力装置驱动可控气流，使其流过安置在实验段的静止模型；测量作用在模型上表面及周围的风速、污染物浓度；根据相似理论将实验结果整理成可用于实物的相似准数。目前，该方法多用于街区尺度的交通污染扩散模拟，在工业集中发展区污染物扩散研究中的发展相对缓慢。

尽管实地监测法能够获得真实可靠的实时数据，但该方法仍然面临许多困难，包括地表风速测量和工业集中发展区污染源强度测量的困难等。因此，实地监测法目前多用于执法过程中的监测、减排效果的验证以及对数值模拟和风洞试验结果的校验。

7.4.5 工业集中发展区大气污染影响空间评估方法研究

城市全域层面的现有工业集中发展区污染影响研究主要依托 WRF、CMAQ 和 MM5 等中尺度模型进行模拟。该类模型常用于气象预测，反映气流及污染物分布的瞬时空间分布特征，但不能反映产期的污染影响规律，且耗费时间较长。并且从应用于城市规划考虑，该类模型对应的空间误差范围有几公里，不满足精确定界的要求。

城市规划常用 CFD 模型，但其只适用于中小城市组团的风环境模拟（$10km^2$ 左右），若在整个城区范围会导致运算量巨大，简化模型又会导致模拟效果的准确性偏差较大。因此，项目组综合多个学科创新探索出应用于城市空间规划的风频率空间分布评估方法，开创了城市规划全新评估角度，实现对全市层面的污染影响范围精细化定量评估。

1）模拟对象选取

一般而言，模拟对象的选取有两种思路。

一是以工业园区的主要污染物为模拟对象，选取这种思路的工业园区所产生的主要污染物往往是对人体健康有明显影响的物质。例如静脉产业园中焚烧生活垃圾产生的二噁英在极低浓度下即可造成健康影响，因此静脉产业园污染影响评价的模拟对象往往选取二噁英。

一般而言，物流园区、精密机床生产业、工装模具生产业、装备制造业、交通装备制造业及机电装备制造业等工业类型以颗粒污染物为主要污染物，多选取 $PM_{2.5}$ 或 PM_{10} 为模拟对象；热电厂等工业类型有利用燃煤、石油及含硫原料的特征，多选取 SO_2、CO_2 或 H_2S 为模拟对象；水泥厂、制砖厂等工业类型在生产过程中会使用冰品石含氟、磷或萤石的原料，多选取 HF 为模拟对象；汽车配套制造业、制药业、农药厂区及轻工业需利用含氯物质作为原料，多选取 CL_2 为模拟对象。

二是以所在城市或区域的主要问题污染物为模拟对象，选取这种思路的城市往往面临长期的某一种污染物质不达标。工业集中发展区的规划建设面临影响城市居民呼吸健康的困境。根据生态环境部发布的《2018 年中国生态环境状况公报》，全国 169 个地级及以上城市的主要污染物以 $PM_{2.5}$ 和 O_3 为主，以 $PM_{2.5}$ 为首要污染物的天数占重度以及以上污染天数的 44.1%，以 O_3 为首要污染物的天数占重度以及以上污染天数的 43.5%。O_3 生成和传输原理复杂，难以进行空间量化评估。

在成都市的研究中，笔者对应成都市建设美丽宜居公园城市的目标（要求空气优良天数达到 80%），认为实现目标，$PM_{2.5}$ 浓度还需进一步降低，尤其在冬季 $PM_{2.5}$ 污染高发的时间段需要着力控制 $PM_{2.5}$ 浓度。因此，在针对成都市的研究中选择以 $PM_{2.5}$ 为主要模拟对象。

2）污染影响评价标准确定

参考国家空气质量标准，以不造成空气质量降级为目标，通过优化选址、控制排放强度或增加绿色隔离等手段优化工业集中发展区及其周边规划。

根据《环境空气质量标准》GB 3095—2012，二类环境空气功能区 $PM_{2.5}$ 年平均浓度不应超过 75μg/m^3；24 小时年平均浓度不应超过 35μg/m^3 。因此形成以下准则：

①原背景值 0~35μg/m^3，工业点源叠加背景值后的 $PM_{2.5}$ 浓度：不超过 35μg/m^3 为无影响，超过 35μg/m^3 为受明显影响；

②原背景值 35~75μg/m^3，工业点源叠加背景值后的 $PM_{2.5}$ 浓度：不超过 75μg/m^3 为无影响，超过 75μg/m^3 为受明显影响。

3）工业集中发展区污染影响空间评估模型构建方法

研究构建了工业集中发展区污染影响空间分布量化评估模型，结合工业集中发展区规划方案，使用数值模拟技术来明确工业集中发展区对污染物浓度分布的影响，以实现对工业集中发展区污染影响范围的精准量化评估。研究技术路线如图 7-20。

（1）利用 WRF 模型重现典型气象条件下 $PM_{2.5}$ 空间分布

首先，利用气象学原理，将冬季近 100 天的气象数据带入 WRF 模型，得到冬季每一天的 $PM_{2.5}$ 浓度空间分布。

WRF 模型的污染模拟是通过耦合天气研究与预报模型（WRF）、稀疏矩阵排放模型（SMOKE）及多尺度空气质量模型（CMAQ）三个模型，根据长时间记录的气象数据重现

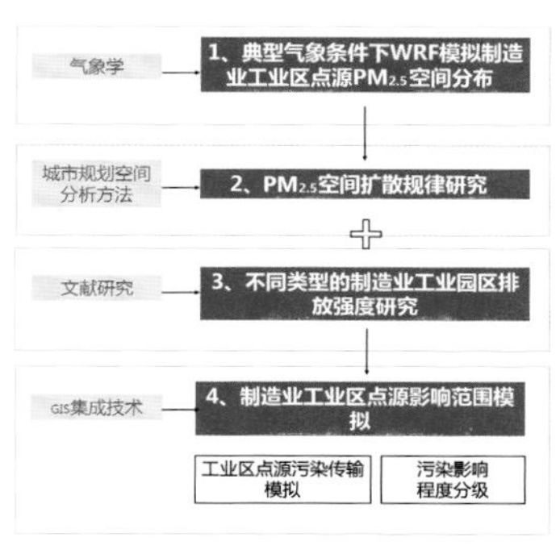

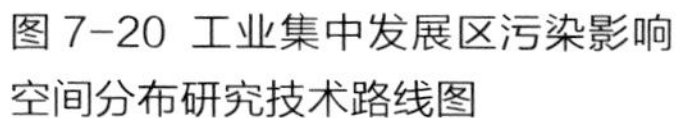
图 7-20 工业集中发展区污染影响空间分布研究技术路线图

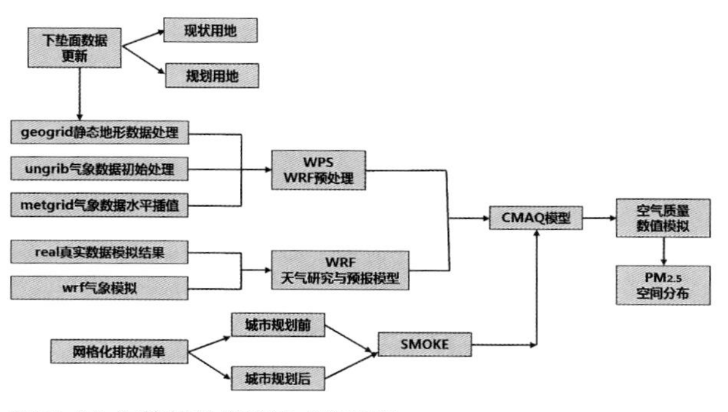

图 7-21 污染排放模拟技术路线图

现状大气污染传输情况，实现成都市大气污染物时空分布的数值模拟工作。技术路线如下（图 7-21）。

WRF 模型是目前最新的中尺度气象模型，研发始于 20 世纪 90 年代，由美国 UCAR、NCEP 等机构合作开发完成，适用于数十米到数千公里的不同应用尺度，广泛应用于气象、环保、水文等领域，用于理想或真实大气环流特征的数值预报和模拟，在环保领域，WRF 模型除直接提供网格化气象产品作为数据分析工具外，主要用于驱动 CMAQ、CAMx 等空气质量模型进行污染模拟。

SMOKE 模型由美国北卡罗来纳大学教堂山分校主导开发，模型主要用于对污染物排放清单进行处理，以适应不同空气质量模型的需要，排放清单表征某一时间尺度上，不同排放源不同污染物的排放量，通常以年为单位，由于实际污染排放过程复杂，因此模型需要对排放清单进行时间分配、空间分配和物种分配，以表征污染物随时间的变化，排放源在空间分布上的差异，及复杂污染物的组分构成差异（包括颗粒物元素成分、挥发性有机物组分构成及氮氧化物中 NO、NO_2 构成比例差异）。

CMAQ 模型由美国 EPA 主导，以社区开发的形式进行不断完善的第三代空气质量模型，自 1998 年第一个版本发布以来，目前已更新到 5.2。CMAQ 模型出现之前的空气质量模型往往针对某个特定的污染问题，如酸沉降（RADM 模型）或臭氧（ROM 模型），而真实大气中的污染物理化过程往往涉及复杂的相互反应，CMAQ 模型以“一个大气”为主导思想，通过耦合复杂化学机制来反映大气中不同污染物之间的相互作用关系，并结合水平扩散、垂直对流、云水过程等物理过程对污染物的迁移、扩散、转化、消逝进行模拟，从而反映污染物排放入大气环境后的生命过程。

在本次研究中采用本地化的 SMOKE 模型作为模拟模型。成都市环科院从 2010 年开始对 SMOKE 模型进行本地化工作，并对接成都市本地排放清单、四川省环科院德绵眉资清单及清华大学 MEIC 全国清单，现已建立完整的本地清单处理机制，实现本地数据的应用。

首先，模拟需输入的数据包括排放清单数据、气象数据和下垫面数据。其中，排放清单数据是空气质量模拟的重要基础数据，直接影响空气质量模拟的准确性。本研究所使用的排放数据耦合三套来源：2016 年度成都市大气污染物排放清单、2014 年度四川省大气污染物排放清单（结合统计数据订正至 2016 年）以及 2012 年度 MEIC 全国排放清单（结合统计数据订正至 2016 年）。气象数据的本地化是影响模型精度的关键要素，本研究根据模型需求从两种途径获取气象数据。用于工业集中发展区污染扩散模拟的 WRF-CMAQ 模型使用的气象数据为美国 NCEP 提供的全球 1° ×1°分辨率气象再分析资料（FNL），该数据集广泛应用于国内外气象、环保科研和业务工作中。FNL 数据作为 WRF 模型的驱动数据，为模型提供初始场和边界场，使模型可以在局地网格上考虑全球气象条件变化的影响。用于植物滞尘模拟的 ENVI-met 的气象数据来源于 2015-2017 年成都市冬季日均气象数据。下垫面数据来源于现状及规划用地布局，以及 OSM（Open Street Map）地图数据。

其次，选取典型天的污染传输规律，将动态瞬时的污染传输数据转化为可供规划使用的规律性结果。对于典型天的选择，是基于成都市近十年的冬季风速风向实测数据，通过统计得到成都市冬天主导风向、平均风速及平均污染物浓度特征：龙泉山以西的盛行风向为北北东，全年小时平均风速 0.94 米 / 秒；龙泉山以东的盛行北风，全年小时平均风速 1.57m/s。

最后，通过实际监测数据对模拟结果进行校验。2018 年 11 月至 2019 年 1 月期间，于某工业点源周边选择 13 个点位进行现场监测，得到 20 天的实际监测数据。根据监测结果，模拟所得 $PM_{2.5}$ 浓度与实测浓度比较接近，证明模拟结果有效。

（2）基于现状排放清单、产业门类及规模，推算规划形成的排放情况

首先，基于排放清单推算现状制造业产业地均排放强度。根据 $PM_{2.5}$ 污染源排放清单和规划制造业工业区规划布局方案，推算《成都市产业发展白皮书（2017）》66 个产业功能区中涉及的现状各类制造业工业区的地均排放强度（表 7-10）。

成都现状各类工业地均排放强度（$t/a \cdot km^2$） 表 7-10

产业类型	PM2.5 地均排放强度	产业类型	PM2.5 地均排放强度
电子信息	4.46	新材料	10.39
汽车制造	50.39	新能源	10.24
食品饮料	9.77	人工智能	5.27
装备制造	76.27	精准医疗	12.42
生物医药	41.63	虚拟现实	2.26
航空航天	67.78	传感控制	3.31
轨道交通	65.51	增材制造	13.57
节能环保	40.60		

其次，基于聚类分析法划分产业类型。本研究参考浙江省基于聚类分析的制造业产业污染程度分类方式。一般研究中的制造业污染分类方法多以污染程度系数为依据，根据其数值大小进行排序，进而完成制造业污染类型分类，该方法划分口径不统一，存在较大的主观性。本研究采用的聚类分析是将物理或抽象对象的集合分成相似对象类的过程，采用聚类分析进行制造业分类更为客观、科学。本研究采用 SPSS 软件依据排放强度将成都市的各类制造业产业聚类划分为三类（表 7-11）。

成都各类产业地均排放强度（$t/a \cdot km^2$） 表 7-11

产业分类	产业名称	$PM_{2.5}$ 排放强度（t/m^2）
I 类产业	汽车制造、装备制造、航空航天、轨道交通	＞ 50
II 类产业	生物医药、节能环保、新材料、新能源、精准医疗、增材制造	10-50
III类产业	电子信息、食品饮料、人工智能、虚拟现实、传感控制	≤ 10

最后，基于产业分类明确成都全域及周边区域的制造业排放强度分布。根据《成都市产业发展白皮书（2017）》66 个产业功能区中涉及的制造业工业区及成都周边工业园区的产业类型，按照排放强度及规划规模，计算 $PM_{2.5}$ 排放总量。

（3）典型气象下 $PM_{2.5}$ 空间扩散规律研究

基于城市规划空间分析方法和文献研究，推导不同排放强度的工业园区污染源的扩散公式。

$PM_{2.5}$ 空间扩散规律研究包括污染扩散距离的推算、污染方向扩散系数的推算两个部分。

污染扩散距离推算：利用 Screen3 污染浓度计算模型进行回归分析，得到不同排放强度下的污染传输空间规律推导公式：

$$\frac{Q_{\mathrm{C}}}{C_{\mathrm{m}}}=\frac{1}{A}(BL^{C}+0.25r^{2})^{0.5}L^{D}$$

其中，C_{m} 代表污染浓度限值；L 代表污染传输距离；r 代表排放源等效半径，根据生产单元占地面积 S 计算；ABCD 代表计算系数，根据工业所在地区近五年平均风速和大气污染源构成类别查取；Q_{C} 代表工业可达到的控制水平。

污染方向扩散系数推算：研究采用虚拟点源后置法，基于典型气象下的污染分布数据，分别计算重度、中度、轻度污染源在各方向的污染扩散系数。

（4）以“造成空气质量降级”为评价标准，形成工业集中发展区大气污染影响空间评价模型

对照 66 个产业功能区，根据规划制造业工业园区的规模和强度，运用 GIS 集成技术逐个模拟找到污染空间分布情况。并且，以“造成空气质量降级”为评价标准，可以实现对工业集中发展区规划情景下污染影响范围的精确量化评估。

4）植物污染阻隔能力研究方法

通过对现有模型的比选，本次研究采用ENVI-met模型模拟植物对$PM_{2.5}$的阻隔效益。ENVI-met模型是一个基于流体力学和非静力学的高分辨率三维城市微气候的CFD模型，由德国波鸿大学地理研究所的布鲁斯教授（Bruse）等于1998年开发，用于模拟城市街区尺度“实体表面—植物—空气”的相互作用。常被应用于城市街区的热舒适和污染物扩散的模拟、街区通风效能评价、建筑耗能研究等领域。

与植物阻隔污染功效相关的模拟组件主要包括大气运动、颗粒物沉降及植物相关模型组件。其中，植物模拟组件Albero能精细表达植物冠层细节对污染扩散、沉降和吸附的影响，在绿色基础设施建设对城市风热环境及空气污染的量化模拟研究中具有明显优势（表7-12）。

ENVI-met空气污染物扩散与颗粒物沉降相关数值计算机理　　表7-12

模型	控制方程	描述
大气模型	Navier—Stokes方程组： $\frac{\partial u}{\partial t}+u_i\frac{\partial u}{\partial x_i}=-\frac{\partial p'}{\partial x}+K_m\left(\frac{\partial^2 u}{\partial {x_i}^2}\right)+f(v-v_g)-S_u$ $\frac{\partial v}{\partial t}+u_i\frac{\partial v}{\partial x_i}=-\frac{\partial p'}{\partial y}+K_m\left(\frac{\partial^2 v}{\partial {x_i}^2}\right)+f(u-u_g)-S_v$ $\frac{\partial w}{\partial t}+u_i\frac{\partial w}{\partial x_i}=-\frac{\partial p'}{\partial z}+K_m(\frac{\partial^2 w}{\partial {x_i}^2})$ 连续方程： $\frac{\partial u}{\partial x}+\frac{\partial v}{\partial y}+\frac{\partial w}{\partial z}=0$	对于风场的求解，模型采用了三维非静力不可压缩流体模式。污染物运动轨迹模拟则采用拉格朗日方程描述，可以模拟气体及颗粒物的扩散，ENVI-met V4.0可以同时模拟多种污染物的扩散
	$\frac{\partial E}{\partial t}+u_i\frac{\partial E}{\partial x_i}=K_E(\frac{\partial^2 E}{\partial {x_i}^2})+Pr-Th+Q_E-\epsilon$ $\frac{\partial E}{\partial t}+u_i\frac{\partial \epsilon}{\partial x_i}=K_\epsilon\left(\frac{\partial^2 \epsilon}{\partial {x_i}^2}\right)+c_1\frac{\epsilon}{E}Pr-c_3\frac{\epsilon}{E}Th-c_2\frac{\epsilon^2}{E}$ $+Q_\epsilon$	温度的分布和相对湿度的计算基于平流扩散方程，湍流和气流交换过程则基于梅勒（Mellor）和山田（Yamada）发表于1975年的两个附加k-ε控制方程
颗粒物沉降模型	重力引起的沉降： $X_\downarrow(z)=-v_{s/d}\frac{X(z)}{\Delta z}$ 叶表面吸附的沉降： $\frac{m_{plant}}{\partial t}=X_{plant}(z)\cdot\frac{1}{LAD(x,y,z)}\cdot\rho$	叶表面是颗粒沉降的主要附着位置。ENVI-met中颗粒沉降控制方程包括两部分：重力引起的沉降和叶表面吸附的沉降。不考虑颗粒物短暂停留在表面之后的二次悬浮

模型	控制方程	描述
植被模型	$J_{f,h}=1.1(T_f-T_a)$ $J_{f,evap}=r_a^{-1}\Delta q\delta f_w+r_a^{-1}(1-\delta_c)\Delta q$ $J_{f,trans}=\delta_c(r_a+r_s)^{-1}(1-f_w)\Delta q$	植被对湍流的影响是通过引入与叶面积密度 (LAD) 相关的附加控制方程来实现的，而不是通过植被细节对湍流的影响来模拟植被对气流的拖曳作用

（资料来源：根据模型介绍 http://www.envi-met.info 归纳总结）

7.4.6 实践案例

1）指导新增工业集中发展区选址布局

（1）项目背景

本次研究以建设于现状城区上风向需新增选址的工业集中发展区为例，运用 WRF-CMAQ 模型和 GIS 技术进行定量分析，以不对下风向城区带来大气污染风险为原则，提出新增工业集中发展区的选址方案建议。

（2）研究方法及情景设置

以 $PM_{2.5}$ 为模拟对象，以不造成空气质量降级为评价标准，将规划工业集中发展区的规模和地均排放强度带入公式，运用 GIS 集成技术计算不同选址情景下的污染影响范围。

根据工业发展的不同可能情景，提出了高、低两种工业集中发展区的规划方案（图 7-22），其中：

方案 1：工业集中发展区 A 主要建于新城东南部，形成 4 个工业组团，规模约 $57km^2$。

方案 2：工业集中发展区 A 主要建于新城东北部，形成 4 个工业组团，规模约 $43km^2$。

（3）结果及建议

按方案 1 建成后，下游综合城区约 $47km^2$ 范围空气质量降级；按方案 2 建成后，下游综合城区不受影响（图 7-23）。

建议采用方案 2 的工业用地规划布局方案选址建设该工业集中发展区。若采用方案 1 进行建设，建议采用以下策略进行优化，并满足环境影响评价。

①提高排放要求：要求提高工厂废弃净化后再排放，从而降低污染危害。

②建设生态屏障：建议在工业集中发展区周边建设绿化防护带，并沿该工业集中发展

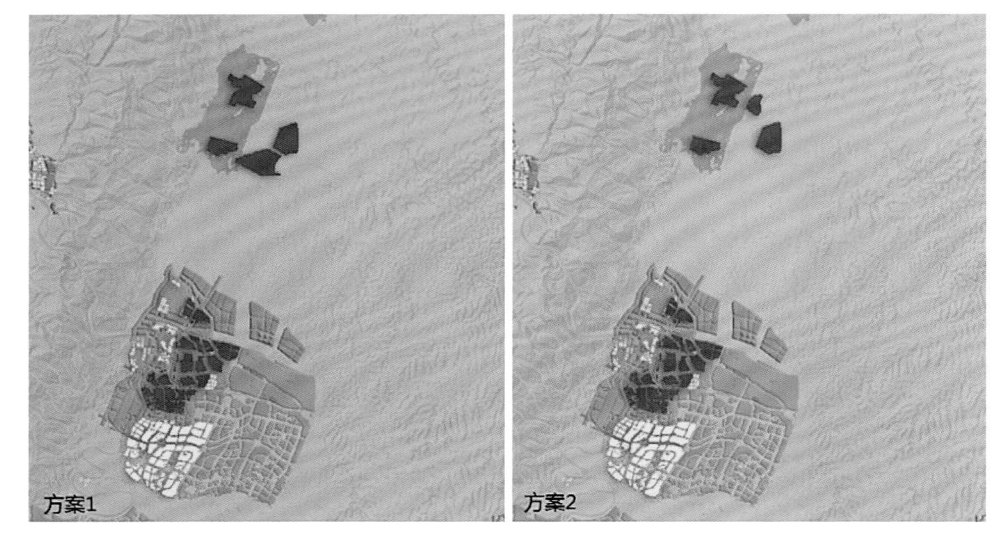

图 7-22 情景设置示意图

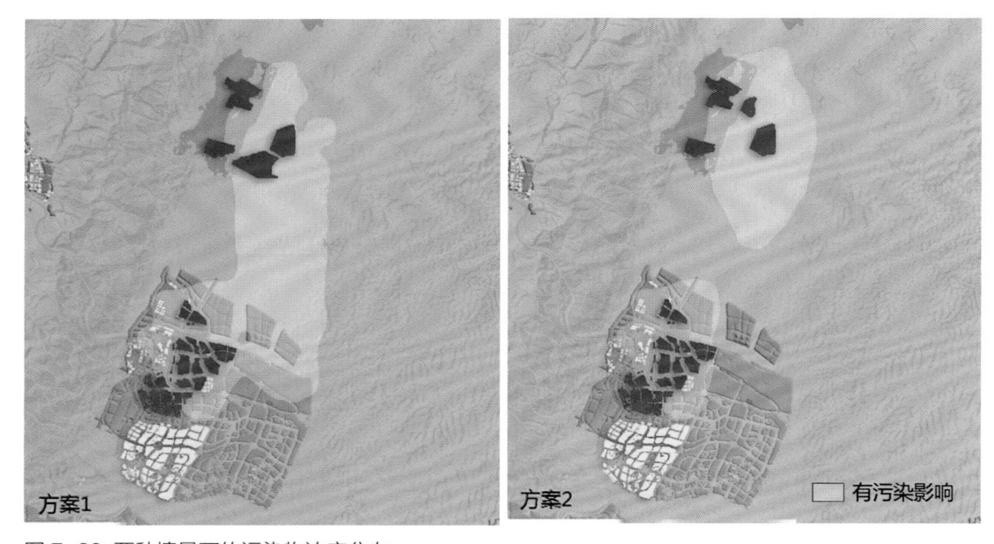

图 7-23 两种情景下的污染物浓度分布

区下风向生态区内的河流、道路等线形要素设置绿化带，加强污染物沉降，缩小影响范围。

③优化产业结构：建议提高产业准入门槛，加大力度提升用能效率，推动产业结构调整、淘汰过剩落后产能。

2）通过林带设置方案消除既有工业集中发展区对下风向城区的大气污染风险

基于大气污染影响量化评估，对于可能对下风向综合城区带来大气污染风险的工业集中发展区，除了加强源头排放强度的控制外，还可以加入林带设置，通过“组合拳”消除工业集中发展区污染影响。

通过对绿化建设形式、植物群落配置、种植宽度、种植密度及树种选择在内的多种情景进行模拟分析，得到以下可消除工业集中发展区污染影响的规划策略，可供读者借鉴参考：

①对于与下风向城区之间有生态区域间隔的工业集中发展区，可在工业集中发展区下风向生态区内沿铁路、高快速路、支路、村道及河流蓝线种植高大乔木可以达到既不影响通风、又能改善污染的效果。

②对于与下风向城区之间为城市建设用地间隔的工业集中发展区，可通过功能调整避免综合城区位于工业集中发展区下风向，同时规划防护绿地，形成密集林带，阻隔污染影响。

③可通过优化植物群落配置、合理确定林带宽度、密度、树种及配置方案，进一步提升污染阻隔效率。

以上方案均可通过实践或模型进行有效性验证。

（1）设置绿隔林带及林网的污染阻隔效果模拟研究

①情景设定

以主导风向（NNE）和最常出现的典型风速（1.2m/s）为气象输入参数，以 7.4.5 所述 I 类制造业工业集中发展区的 $PM_{2.5}$ 排放强度（$50t/m^2$）为污染输入参数，运用 ENVI-met 模型定量模拟大气污染情况。

为研究与下风向城区之间有生态区域间隔的工业集中发展区的污染影响及其消除办法，本次以某物流园区为例，分别设置工业园区地块周边密植防护林的 3 种情景（图 7-24 情景 1-3）和工业园区下游生态区内沿河、沿路栽植高大乔木的 2 种情景（图 7-24 情景 4、5）。此外设置不进行绿化建设的空白情景作为对照（图 7-25）。

情景 1：沿工业区种植宽度 100m 高密度防护林带；

情景 2：沿工业区种植宽度 50m 高密度防护林带；

情景 3：沿工业区种植宽度 30m 高密度防护林带。

情景 4：沿铁路、高快速路及河流蓝线设置高大乔木，对应林网密度为 $6.3km/km^2$；

情景 5：在情景 4 的基础上沿支路及村道设置高大乔木，对应林网密度为 $7.5km/km^2$。

②评估结果

两种类型的种植方式均使工业集中发展区下游 $PM_{2.5}$ 污染浓度显著降低。工业园区周边的防护林的建设能够显著改善下游污染情况，其作用效果比林网更佳。防护林宽度及林网密度均与工业园区下游污染改善情况正相关。

分析绿化建设前后的 PM2.5 浓度改善程度，结果显示：沿铁路、高快速路、支路、村道及河流蓝线均种植乔木，形成林网密度大于 $7.5km/km^2$ 时，更有益于降低下风向集中建设区内的污染浓度（表 7-13）。

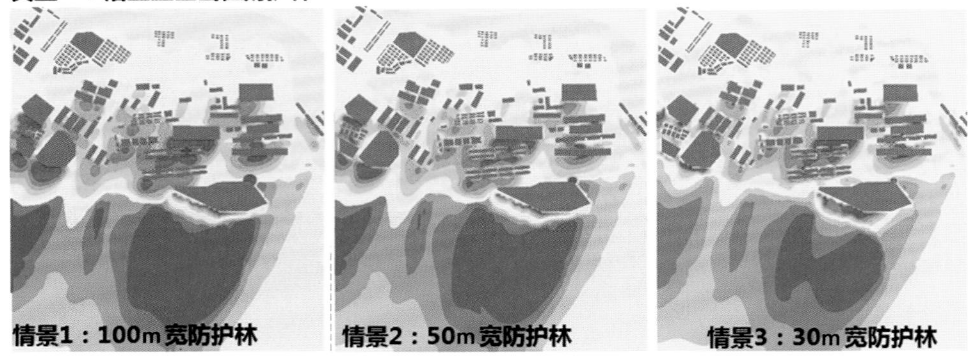

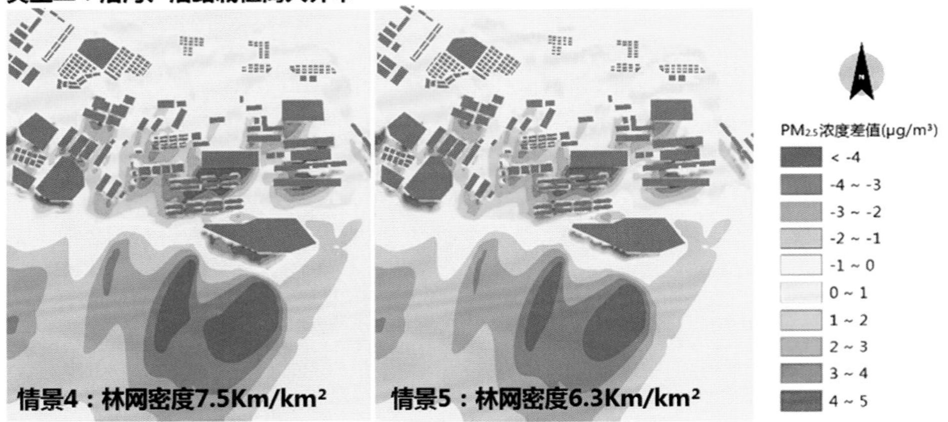

图 7-24 $PM_{2.5}$ 浓度差值分布图

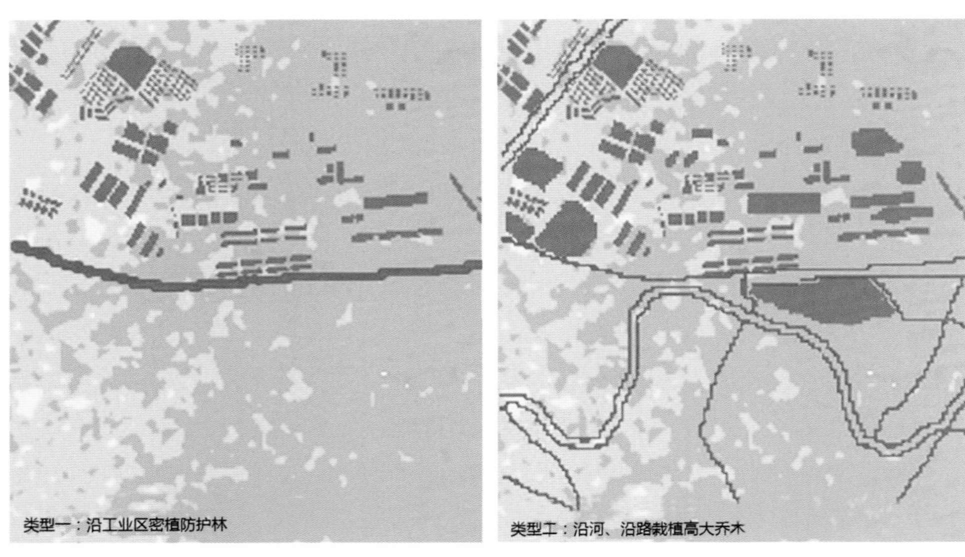

图 7-25 两类模拟情景示意图

绿化形式对 $PM_{2.5}$ 浓度的改善程度　表 7-13

类型	绿化形式	浓度改善率（%）
类型一 沿工业区密植防护林宽度（m）	100	5.53
	50	4.77
	30	4.39
类型二 沿河、沿路栽植高大乔木林网密度（km/km^2）	6.3	4.28
	7.5	3.86

沿工业区密植防护林能够有效改善下游污染状况，但可能造成防护林上风向建设区域内的污染物累积；沿路沿河种植树木，能在保障通风的情况下沉降部分污染。

（2）提升污染阻隔效率的植物种植方式研究

植物对污染物扩散的影响非常复杂，不仅与气候、排放源及空间布局等外界因素有关，也与植物本身的种植方式有关。有研究证实植物叶片、枝条和树干的复杂表面结构具有极高的颗粒物捕获能力，垂直绿化、屋顶绿化、行道树、集中林地等不同的种植形式，可能带来不同的污染物消减效果。因此，为探索在成都市特别的地理及气象条件之下，植物种植的最优方式，本次从绿化建设形式、植物群落配置、种植宽度、种植密度及树种选择五个方面展开详细研究分析。

①群落配置

a. 模拟情景

设置 4 种典型的工业集中发展区植物群落配置情景，分别是：落叶乔木林带、常绿乔木林带、混合乔木林带及先灌后乔林带。

b. 模拟结果

前灌后乔的配置下，行人高度平均风速无显著差异，差值在 ±0.05m/s 以内（图 7-26）。

但是，该配置方式下行人高度 $PM_{2.5}$ 平均浓度改善率最大，达到 12.5%（图 7-27，图 7-28）。该配置方式对 $PM_{2.5}$ 的吸附量也最大，比常绿乔木林大 14.7%，比落叶乔木林大 6.3%（图 7-29）。因此，工业集中发展区下游生态区内林带或工业集中发展区周边防护林带宜形成乔灌搭配、前灌后乔的种植模式，最利于 $PM_{2.5}$ 的空气浓度改善，并能够最大程度发挥绿植污染吸附作用。

②种植宽度

a. 模拟情景

分别模拟种植宽度 10m、20m、30m、40m 及 50m 的工业集中发展区林带。

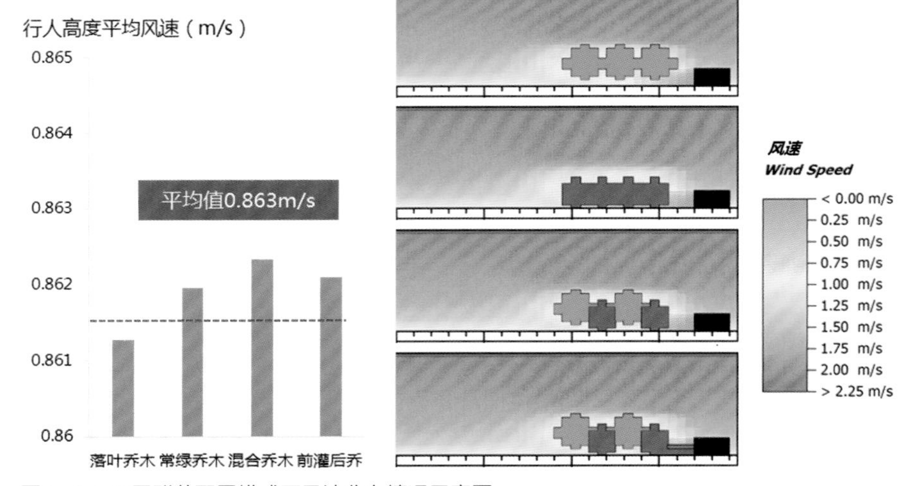

图 7-26 不同群落配置模式下风速分布情况示意图

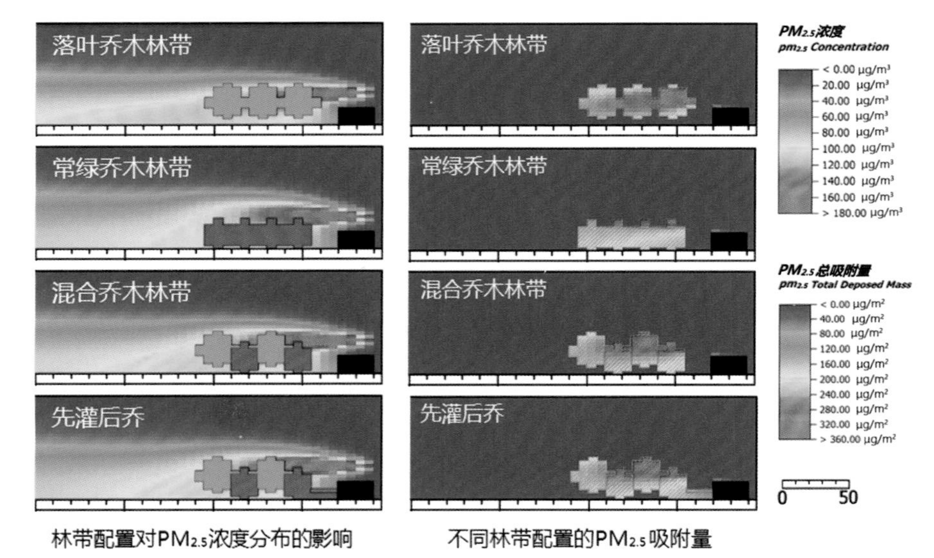

图 7-27 不同群落配置模式下 $PM_{2.5}$ 改善情况剖面图

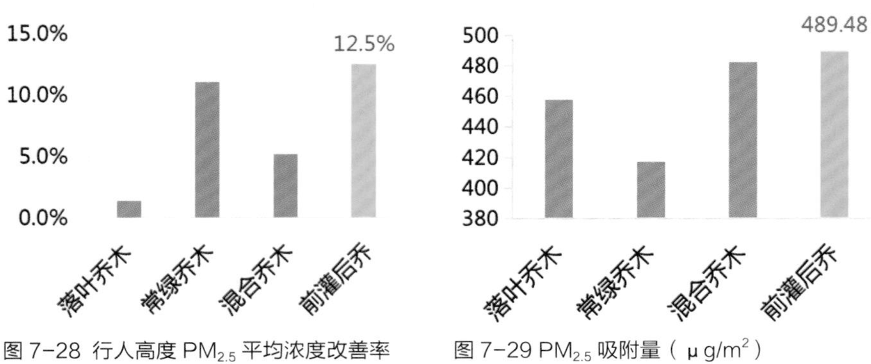

图 7-28 行人高度 $PM_{2.5}$ 平均浓度改善率

图 7-29 $PM_{2.5}$ 吸附量（μg/m^2）

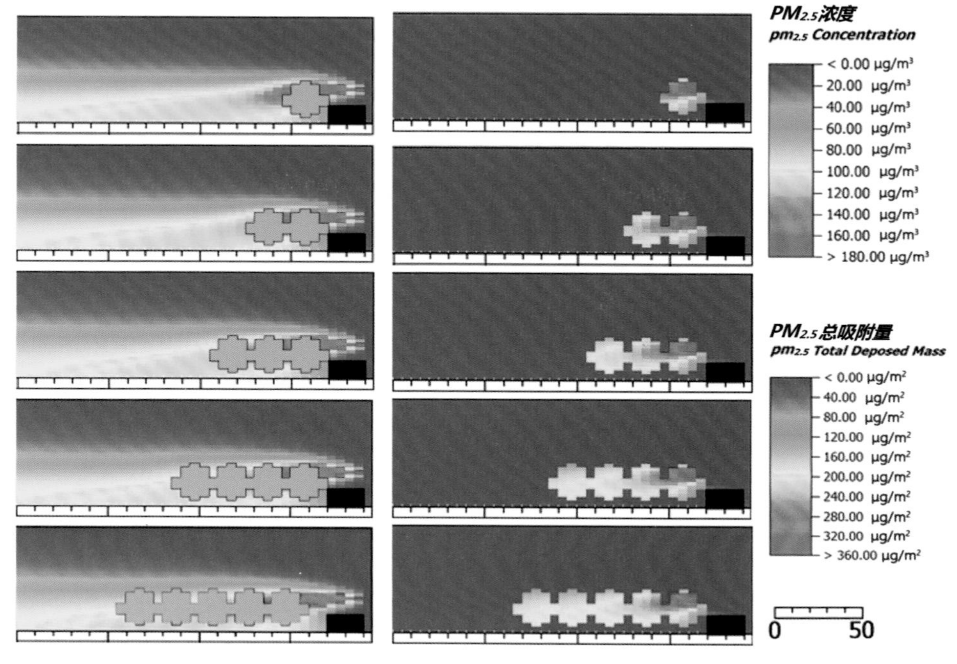

图 7-30 不同植物种植宽度模式下 $PM_{2.5}$ 改善情况剖面图

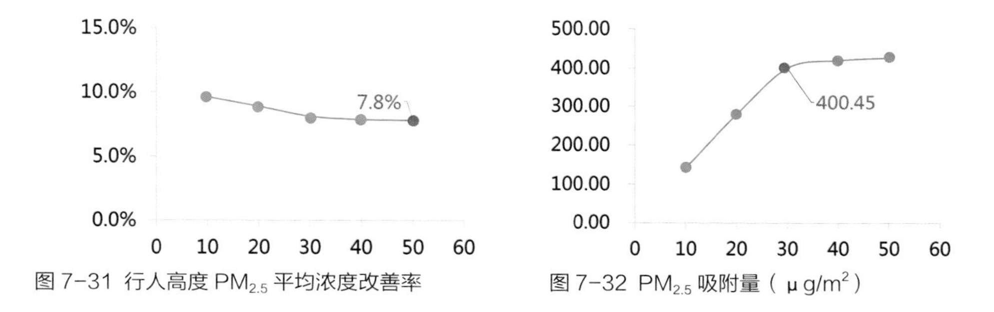

图 7-31 行人高度 $PM_{2.5}$ 平均浓度改善率

图 7-32 $PM_{2.5}$ 吸附量（μg/m²）

b. 模拟结果

林带宽度增加可能阻挡 $PM_{2.5}$ 的扩散，但对于 $PM_{2.5}$ 的吸附量增加，却需平衡植物栽种宽度，以使其促进 $PM_{2.5}$ 扩散且能够较好地吸附 $PM_{2.5}$ 颗粒（图 7-30）。

林带宽度大于 50m 后，对浓度的改善作用趋于平衡，变化稳定在 7.8%（图 7-31）。林带宽度大于 30m 后，植物吸附量趋于饱和，吸附量增长缓慢，稳定在 400.45μg/m² 左右（图 7-32）。因此，为了发挥绿地改善污染浓度、增强污染吸附的作用，同时尽量不影响通风，工业集中发展区下游生态区内林带或工业集中发展区周边防护林带宜设置为 50m 左右的宽度。

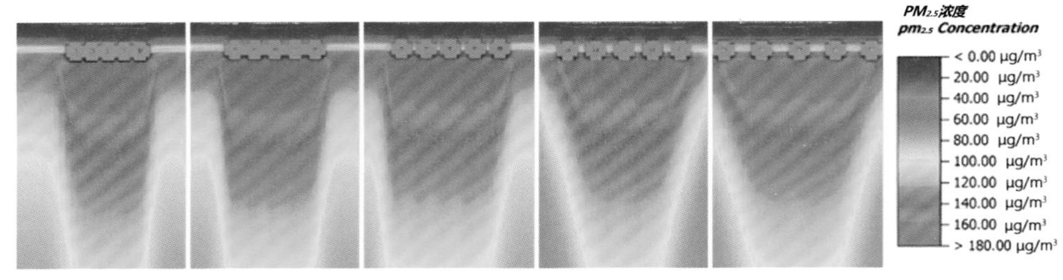

图 7-33 栽种密度对 $PM_{2.5}$ 浓度分布的影响

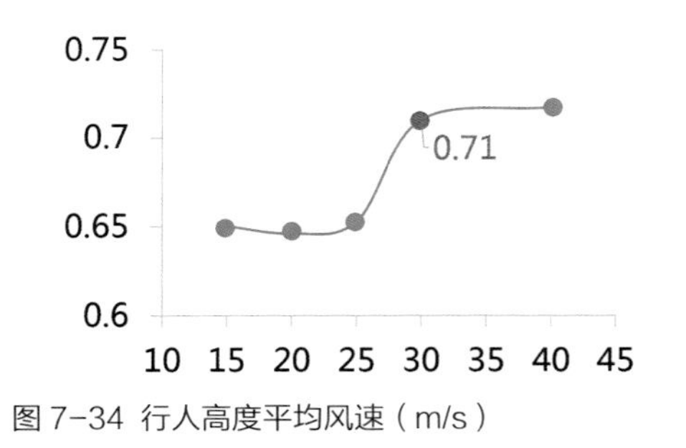

图 7-34 行人高度平均风速（m/s）

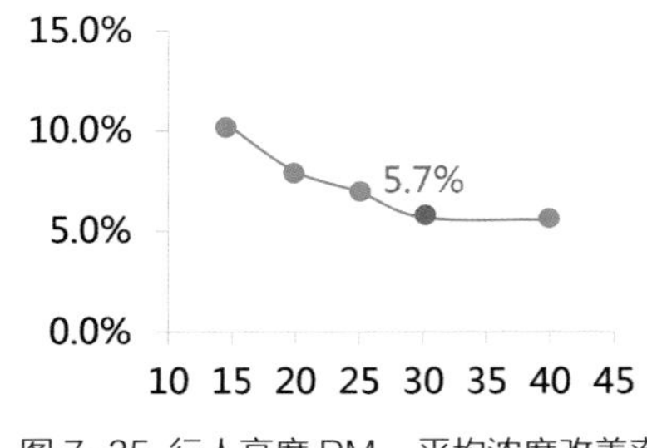

图 7-35 行人高度 $PM_{2.5}$ 平均浓度改善率

③种植密度

a. 模拟情景

分别模拟种植间隔 15m、20m、25m、30m 及 40m 的工业集中发展区林带，依次对应种植密度为: 0 冠幅 / 棵、0.1 冠幅 / 棵、0.3 冠幅 / 棵、0.5 冠幅 / 棵及 1 冠幅 / 棵（图 7-33）。

b. 模拟结果

当栽种密度为 0.5 冠幅 / 棵，通风效果显著改善，平均风速升高 9.2%（图 7-34）。并且该种植密度下，浓度改善率基本区域稳定，稳定在 5.7%（图 7-35）。因此，工业集中发展区下游生态区内林带或工业集中发展区周边防护林带宜按照栽种密度为 0.5 冠幅 / 棵栽植高大乔木，该栽种密度下既不妨碍引入新鲜空气又利于污染改善，对于一般高大乔木，栽种密度宜为 30m/ 棵。

④树种选择

根据 2010 年 11 月成都市林业和园林管理局编制完成的《成都市城镇绿化树种及常用植物应用规划（2010—2020 年）》，工业集中发展区周边绿化建设宜兼顾污染吸附作用和景观性，优选以本土颗粒污染物抗性强的常绿植物为主，根据污染空气通道区附近工业园区类型，适当配置对相应污染物抗逆性强的常绿及落叶树种，实现适境适种。

本研究根据园区特征及其主要污染物，细化各类工业集中园区适宜栽种的树种，并形成工业污染区抗逆性乔木植物清单（表 7-14）。

工业污染区抗逆性乔木植物清单 表 7-14

主要污染物	园区特征	落叶抗逆性树种	常绿抗逆性树种
$PM_{2.5}$、PM_{10}	产生颗粒污染物	榆树、泡桐、法国梧桐、臭椿、银杏、刺槐、槐、构树、梧桐、胡桃、无花果、黄葛树、榕树、紫叶李、石楠、毛叶丁香	樟树、圆柏、侧柏、法国冬青、黄杨、女贞、广玉兰、棕榈
SO_2、CO_2 和 H_2S 等	利用燃煤、石油及含硫原料	垂柳、楝树	黄杨、法国冬青、广玉兰、棕榈
HF	生产过程中使用冰晶石含氟、磷或萤石	榆树、桑、泡桐、梧桐、银杏	黄杨、女贞、法国冬青、广玉兰、桉树
Cl_2	利用含氯物质作为原料	合欢、臭椿、构树、梧桐、无花果	广玉兰、女贞

7.5 指导通风廊道内镇村规划及项目选址

通风廊道并非禁建区，其中涉及大量的镇、村及一些必要的项目，需要通过有效的风环境评估指导镇村建设和项目选址。目前，国内一些先进城市已经开展了针对独立选址项目的风环境评估工作。例如上海市《实施〈中华人民共和国土地管理法〉办法（修订）》中提出，应加强建设项目选址对自然环境条件的分析，包括地质、水文、气候、地形、植被以及地上地下的其他自然资源。香港发布《关于实施空气流通系统的可行性研究》，建立了空气流通评估系统的技术方法和准则，要求公共资金投资的建设项目必须经过风环境评估。

7.5.1 风环境评估指导镇村建设的成都市实践案例

1）成都市既有镇村规划管理要求梳理

《成都市城镇及村庄规划管理技术规定》（2015）对镇区的建设用地布局、形态以及开敞空间的布局有相应指导意见。要求镇的建设应组团化布局，充分预留生态隔离走廊；预留滨水岸线形成公共空间；镇区住宅建筑密度不大于 30%，商业服务业建筑密度不大于 50%；建筑高度必须满足通风、日照等要求，且不应超过 6 层，檐口高度不超过 24m。镇区宜设置 1 ～ 2 调景观廊道，至少一条宽度宜控制到 15 ～ 30m；一个镇宜设置至少一处镇区公园；镇区建设用地内公园绿地面积的 5% ～ 10% 宜以镇区公园的形式集中设置；镇区 500m 范围内应集中设置一处社区绿地，社区绿地硬化占地比例应不小于 35%。

《成都市生态守护控制规划》将城镇空间和生态保护红线以外的区域分为重要生态

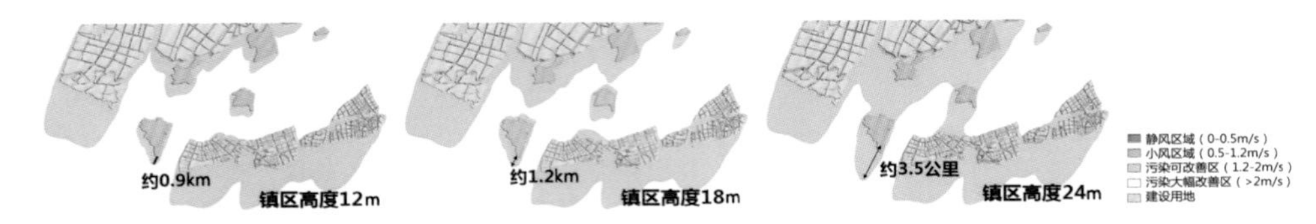

图 7-36 镇区高度管控风速分布图

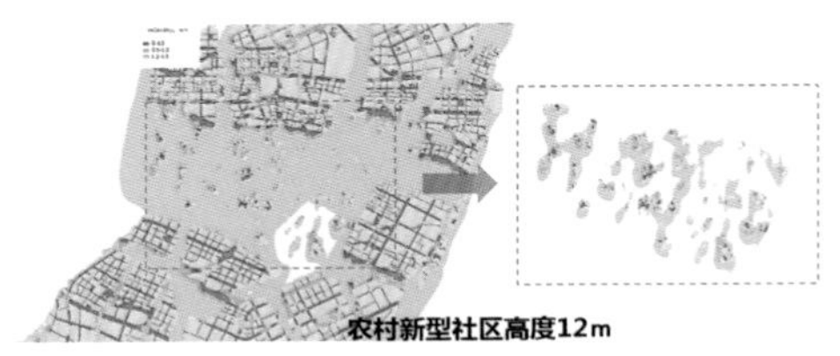

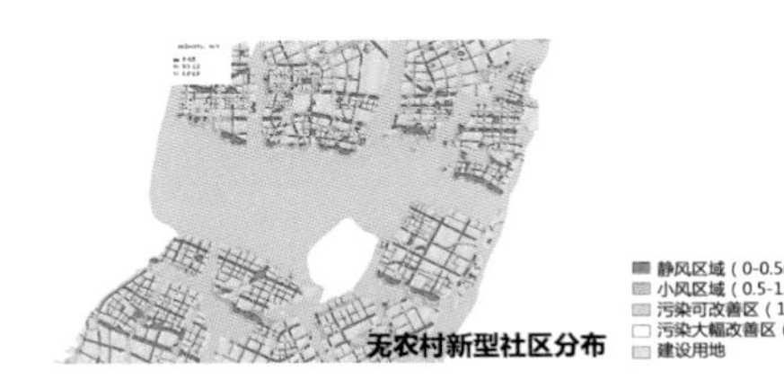

图 7-37 农村新型社区高度管控风速分布图

绿隔区和一般生态绿隔区，从总量功能、布局、形态四个方面进行分区管控。重要生态绿隔区包含除生态保护红线区外的“两山、两环、两网”，及重要交通干线廊道，防止城镇粘连发展控制带；要求现状村庄建设用地实行“拆二建一”，建设项目用地规模宜控制在 $10hm^2$ 以内，建设项目用地红线之间的距离宜控制在 600m 左右。一般生态绿隔区是指除生态保护红线区、重要生态绿隔区和城镇空间之外的区域；要求现状村庄建设用地实行“拆一建一”，建设项目用地规模宜控制在 $10hm^2$ 以内，建设项目用地红线之间的距离宜控制在 600m 左右。

2）运用 CFD 模型模拟指导明确通风廊道内镇村建设管理要求的具体方法

（1）情景设置

利用 CFD 模型模拟成都市既有镇区建设相关管理规定中的管理要求。以主导风向（NNE）和最常出现的典型风速（1.2m/s）为气象输入参数，设置三种不同形态的镇区建设情景，分别将镇区建筑高度控制在不高于 12m、不高于 18m 以及不高于 24m，对比各情景之下的通风影响。

（2）结果及建议

在成都市既有管控要求下（镇区建筑高度不超过 24m），位于集中建设区上风向 3.5km 内的镇区会对通风造成阻碍，气流在进入集中建设区时的风速会减弱。若将建筑高度控制在不高于 18m，能够有效改善通风条件（图 7-36）。

利用 CFD 模型模拟成都市既有村庄建设相关管理规定中的管理要求（具体参数设置参照 4.7.4），核实既有管控要求下，农村新型社区建设对通风条件的影响。

通过验证，在成都市既有管控要求下（村庄新型社区建设高度不超过 12m），农村新型社区建设不会对通风效果造成影响（图 7-37）。

7.5.2 风环境评估指导项目选址的成都市实践案例

虽然当前对于独立选址的风环境评估要求未在国内进行全面推广，但成都市作为风源稀缺的盆地城市，有必要对项目的风环境影响进行论证，从而最大程度减少项目建设对通风的影响。本节关于高静风频率城市的风环境影响评估结果，可为独立选址项目的风环境评估提供技术支撑，对独立选址项目的选址和具体建设进行全过程指导。

1）项目背景

拟选址项目具有国际会议中心、国际体育赛事中心及其生活配套设施等功能，除需考虑区位条件、现状建设、交通条件、与城镇的空间关系等情况外，对环境影响中还应重点考虑对风环境的影响。

2）风环境影响评估方法

（1）基于风源空间分布的风环境评估方法

将各种情景的建设范围输入地理信息数据平台，根据建设范围对风频网格的占用计算相应网格内的风频率影响值，对比既有规划情景，判断风频率降低的程度，作为初步判断对全市风源影响的依据。

（2）基于通风环境模拟的风环境评估方法

各个参数的主要内容和获得途径详见表7-15。

PHOENICS 模拟参数设置表　　表7-15

数据类型	参数	取值	取值思路及获取途径
气象	风速	2m/s	能够大幅改善污染且最常出现的典型风速
	风向	N-N-E	成都市重污染天气下的主导风向。成都市冬季风以NNE占主导
方程类型		指数方程	软件自带，用于模拟风热环境
下垫面性质	粗糙度	0.03	软件自带，用于模拟房屋密集的城市市区
网格	栅格网	500×500×80	经验取值，平衡模拟时间和模拟精度后的选择
	像元	10m×10m×5m（实体模型层垂直分辨率为1m）	根据实体模型大小计算得到
	递进系数	1.2	经验取值，加密模型区网格以实现快速精准的运算
计算	迭代步数	2 000	推荐取值，经过多次收敛测试后的推荐取值
	松弛因子及时间步长	风压P和湍流KE：linear，0.2；风速u、v、w：falsdt，0.1	经验取值，经过多次收敛测试后的推荐取值
	最值	风速不超过30m/s；风压不超过100Pa	最大最小值限制到速度不会超过的合理范围

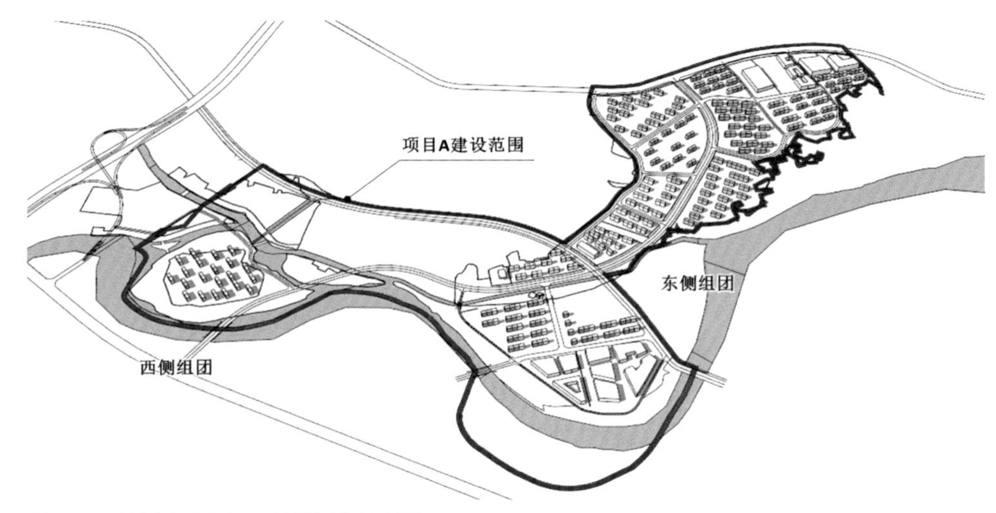

图 7-38 规划建设项目 A 组团划分示意图

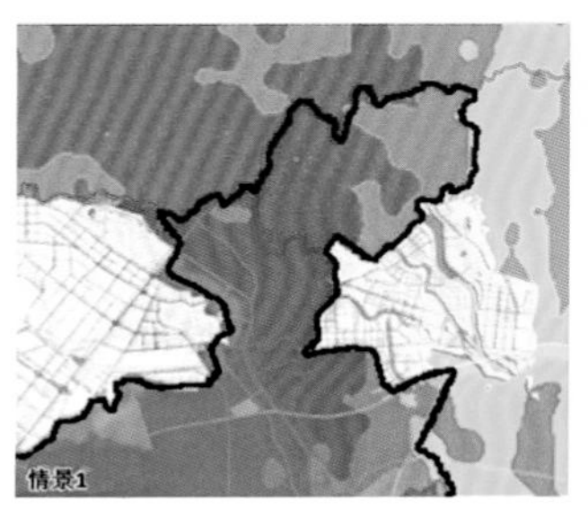

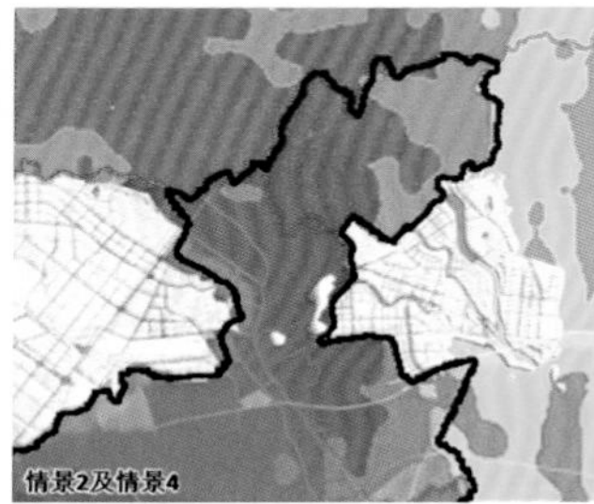

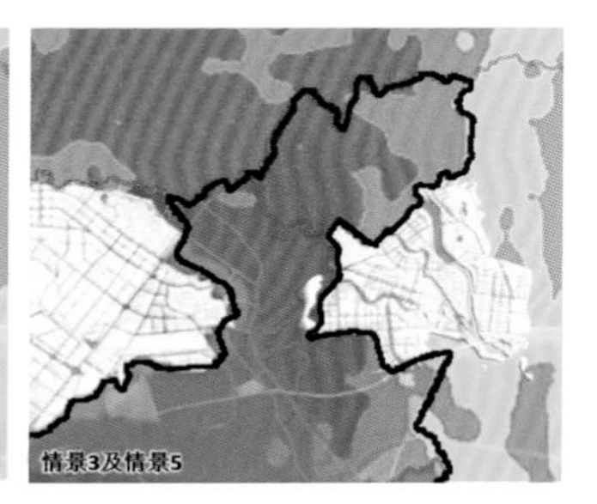

图 7-39 高风频区占用示意图

(3) 情景设置

根据建设需求形成以下模拟情景，开展风环境影响评估（图 7-38）：

情景 1：根据现行总体规划方案构建立体模型。

情景 2：规划新增建设项目 A，包含东西两侧组团，各组团建筑高度不大于 24m。

情景 3：规划新增建设项目 A，仅含东侧组团，组团建筑高度不大于 24m。

情景 4：规划新增建设项目 A，包含东西两侧组团，各组团建筑高度不大于 18m。

情景 5：规划新增建设项目 A，仅含东侧组团，组团建筑高度不大于 18m。

3）基于风源空间分布评估项目选址可行性

基于全市风源空间分布评估的基础，进一步使用 PHOENICS 模型判断项目可行性。在规划建设项目 A 建设的两种方案下，相比既有规划情景 1，情景 2 和情景 4 使五号风道风频率降低 0.34%，情景 3 和情景 5 使五号风道风频率降低 0.40%（图 7-39）。

4）基于通风模拟优化项目选址

从风速角度分析，两种方案均不会对下游城区风速造成影响（图 7-40）。但在情景 2 之下，

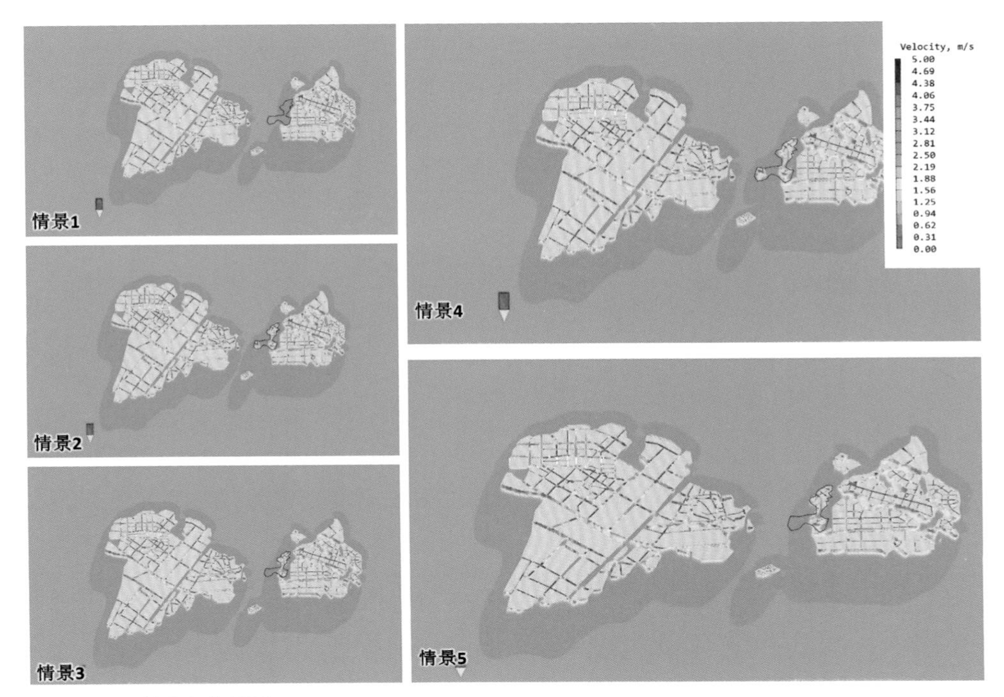

图 7-40 风速分布分析图

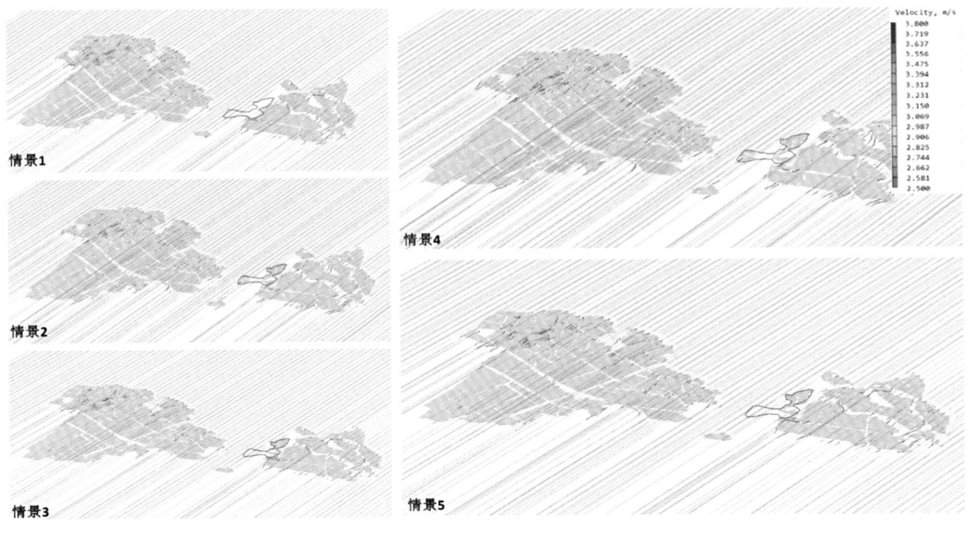

图 7-41 贯穿风分析图

会造成西侧组团下游 2.5km 的一处镇区平均风速减弱 9.6%。

从贯穿风角度分析，两种方案对进入下游中心城区贯穿风的影响有明显差异，情景 2 和情景 3 分别会造成风道内贯穿风损失 21.1% 和 10.6%，即情景 3 造成的影响仅为情景 2 的 50%（图 7-41）。

5）方法总结

对于通风廊道内新增选址的建设项目，风源空间分布评估模型模拟尺度大，难以准确量化新增建设项目对整体风环境的影响；可以进一步采用更精细化的 CFD 模型，分别从风速和贯通风两项指标来辅助判断项目的可行性。

7.6 从改善风环境角度指导旧城更新

7.6.1 其他城市实践案例

目前国内将风环境评估模型及模拟技术应用于旧城更新的实践中，香港、深圳市已经形成了一套较为成熟的技术方法，运用通风潜力评估对旧城更新规划方案进行精准指导。

1）香港

香港作为全球著名的超级大城市，由于地少人多，可建设用地范围内人口密度高达 2.5 万人 /km^2，迫使香港通过高密度建设的方式缓解人口压力。但这种高密发展造成通风受阻，热岛效应严重影响居民舒适体验。因此，香港特别行政区政府在旧城更新项目中一直在探索如何在不降低原有建设密度并保证原有功能结构的同时，实现通风状况改善的方法。

以大埔墟环境改善方案为例，通过利用流体动力学软件对该地区夏季通风状况进行模拟，针对通风不畅的部分区域提出城市形态的改进方案，包括区域之间功能置换、打通通风堵点；区域内部功能置换，形成更有利于通风的建筑形态；调整街区空间形态；改造建筑形态等。通过选取城市设计前后的技术经济指标和风环境参数进行比较，验证了在保障区域高建设密度不变的前提下，通过形态优化，即减低建筑覆盖率、提高建筑高度及透风度，从而改善区域行人层通风的可行性。

2）深圳

深圳市属于典型的高密发展城市，旧城内部风环境较差，此外，还存在较多密集低矮，通风不顺的城中村区域，导致建筑间产生大量无风区，加剧了城市炎热与不舒适感。针对以上情况，深圳在 2012 年颁布的《深圳市城市更新单元规划编制技术规定（试行）》中明确提出“对拆迁范围面积不小于 10hm^2 的更新单元，应进行建筑物理环境专项研究，研究单元空间组织、建筑布局等对区域小气候的影响”。截至 2017 年，全深圳总共已经有近 100 个项目进行了自然通风评估，实现了在保障高密度建设的同时，城市气候环境品质仍然维持在可接受范围内。

对城市更新项目进行自然通风评估须考虑与周边城市环境的相互影响。深圳地形复杂，背山面水，城市建设具有典型高密高强特点，城市冠层内的大气环流非常复杂，因此不同区域的风速、风向情况都存在较大差异，任意单一站点的气象数据都难以代替全市。因此，深圳市国家气候观象台在MM5中尺度数值模拟的基础上，利用城市自动气象站进行数据订正，从而获取1km×1km分辨率的网格化背景风场数据，作为城市自然通风评估的基础数据支持。

在此基础上，深圳市利用CFD模拟分析方法，从城市风环境影响的角度对城市更新规划方案进行模拟分析，通过方案比选优化，提出方案的优化调整措施，以保证规划方案实施后减少对周边风场的不良影响，避免出现狭管效应、分散涡群、空气死区等恶劣风环境问题，实现对现状不良风环境的尽可能改善。

除香港、深圳以外，武汉、广州、苏州等地也对如何利用风环境评估指导旧城改造规划实践进行了研究。武汉市提出通过“局部拆除改造”的方式，提升旧城片区近地面处的通风效应和热舒适度，基于拆除区域的空间布局提出了创造长街短巷、拓展潜力风道、构建插花布局、采用T形空间、点状优化生态基底等旧城“局部改造策略”。广州针对广州旧城更新改造规划提出“评估范围风速比”“红线范围风速比”等6项风环境评估指标及具体判断标准，作为旧城改造风环境模拟评估的具体方法指导。苏州针对历史片区的旧城改造，从优化风环境角度提出加宽局部道路、分散设置广场和院落、在上风向口和下风向口布置广场等优化策略。

综上所述，目前运用CFD模拟技术对旧城更新规划项目进行风环境分析评估，以此指导制定风环境优化策略，是各类旧城更新规划项目中改善通风环境的主流方法。CFD模拟方法能够对旧城更新规划项目从保护风环境角度提出精细化的优化建议，但在规划区域与周边地区的风道贯通、局地微循环构建等方面难以进行完整考虑。因此，在旧城更新项目风环境评估中加入区域整体考虑，实现整体风环境的优化，是下一步可优化考虑的方向。

7.6.2 成都市实践案例

与深圳、广州等城市类似，成都市旧城区也存在通风不佳问题，在旧城更新中需着力改善通风环境。根据第六章分析，旧城区考虑提升通风环境，主要有两条路径：一是打通与高风频自然风源区域的联系通道，往旧城区内引入自然风源；二是结合区域大型冷源，构建冷热环流的微循环，促进旧城区空气流动。这两种方法均需要在区域尺度上构建通风廊道体系，但现阶段的城市更新，已经从“大拆大建”过渡到“留改拆并存”式的社区微更新模式，很难在单个的城市更新项目的微观尺度中去考虑整个区域的通风廊道构建。

因此，在本次研究中，笔者结合旧城区用地特征，在旧城区划定了二级通风廊道和三级通风廊道，并且划定了穿越地块内部潜在风道（详见第6章），作为成都市旧城更新项目

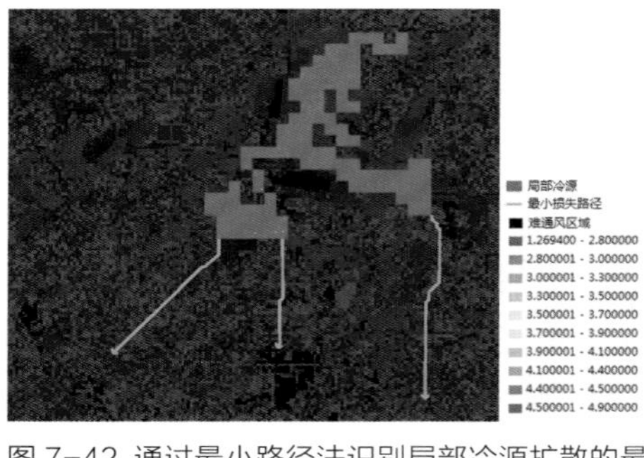

图 7-42 通过最小路径法识别局部冷源扩散的最小损失路径

图 7-43 最小损失路径叠加用地布局

改善通风环境提出具体建设指引。其中特别提出划定“潜在风道”，即在通风廊道体系构建过程中，不仅识别由生态区、绿地、水域、道路等开敞空间作为通风廊道的空间载体，同时进一步识别划定穿越地块内部的潜在风道，将现状建设用地内部的开敞空间，同样作为具有引风入城或构建冷热环流功能的通风廊道载体。通过划定并控制潜在通风廊道，要求在旧城更新规划项目进行地块详细设计时落实潜在风道的控制要求，保障穿越地块内部的潜在风道在旧城更新项目中能够被完整保留，保证区域风道系统的贯通性，能够有效保护旧城区域内的通风环境。潜在风道的具体划定方法为：在已建成区域，以细化到建筑尺度的现状建设数据为基础生成通风潜力评价结果，利用最小路径法计算生成通风阻力最小路径，将识别出的路径穿过地块内部的划定为潜在风道。以成都市凤凰山区域为例，凤凰山作为成都市旧城区内部的大型冷源，以凤凰山冷源为起点，以通风潜力评价为基础，利用最小路径法识别主导风向下形成的通风阻力最小路径，路径穿过区域主要为成都市旧城区，其中穿越地块内部部分识别划定为潜在风道（图 7-42、图 7-43）。

7.7 风环境研究指导城市设计的实践应用

在传统的城市设计中，对于风环境的考虑多数停留在定性的层面，缺乏精细化的定量研究，应用本研究的评估模型可为城市设计中的风环境改善提供定量化的技术支撑，为方案比选提供直观、清晰的效果展示，从多个方面支撑城市设计的科学性，提高环境品质。

7.7.1 特殊功能片区风环境改善设计指引

1）总体思路

城市中部分特殊功能对风环境较为敏感，需要在城市设计中予以特别关注。此类特殊功能片区在城市设计方案优化中的具体途径，总体思路为根据实践应用的不同方向，首先对不同特征的片区内涵进行界定，明确片区的基本特征，相关分析可包括片区的重要区位、特殊要求、形态特征等重点内容；同时，明确该类城市设计在基于风环境改善或提升下的优化目标；最后，确定基于优化目标的城市设计手法等内容。本节将以具体的城市设计方案作为典型案例，分析其在风环境改善目标下的优化策略及方案等内容。

2）成都市实践案例

（1）风口区域优化设计

①概念界定

风口区域是风从城市外围输送到城市内部的必经区域，对城市风环境有着举足轻重的作用，是风道构成的重要。一般具有以下特征：其一，一般是城郊边缘地带，空间较为开敞，是城市和郊区气候过渡带，也是新鲜空气进入城市的导入口；其二，风速或风频较大且持续，能够为城市提供稳定的优质风源；其三，风向多指向城市内部，风源能对城市内部产生优化作用，提升城市内部风环境。

对于风口区域对于城市内部的影响，本次研究主要从两方面进行考虑，一是风源强度，由于盆地城市地形相对封闭，大气逆温层和由气溶胶形成的污染物容易浮在城市大气表面，不利于污染物扩散，也不利于地面空气的流通散热。因此研究将城市建设形成的边界层称为影响边界层，并以模型模拟的风影区域大小进行度量，减小对进入城市内部的影响。二是风源质量，以减少片区污染聚集为目标，主要以片区内部通风情况进行度量。

②设计目标

本节对风口区域的优化设计研究主要从两个方面入手，第一，应保障风源强度无明显削弱，即风口区域的建设对到达城市内部的风源强度影响最小。因此应尽量减小风口建设区域影响边界层的范围，将建设形成的影响边界层（包含潜在污染）控制在一定范围内，为风源到达城市内部提供尽可能多的生态空间，以达到对风源的净化、降温和增湿作用（图 7-44）；第二，保障风源质量不恶化，由于风口区域建设增加了地表粗糙度，不仅削弱了区域通风能力，也可能对空气产生增温与污染作用，因此应尽量通过合理的功能布局、科学的城市设计等手段，优化风口建设区域内部通风环境，加强区域内部空气流动，提升空气质量，减少污染集聚，减少对风源的污染，保障风口区域的建设不降低风源品质与生态效能。

③优化策略

研究以成都市某风口区域为例，基于以上目标，对其原规划方案提出优化策略，其中包括对功能和规模提出了相关指引，在此不做详细介绍，主要选取城市设计相关管控指引内容进行探讨。

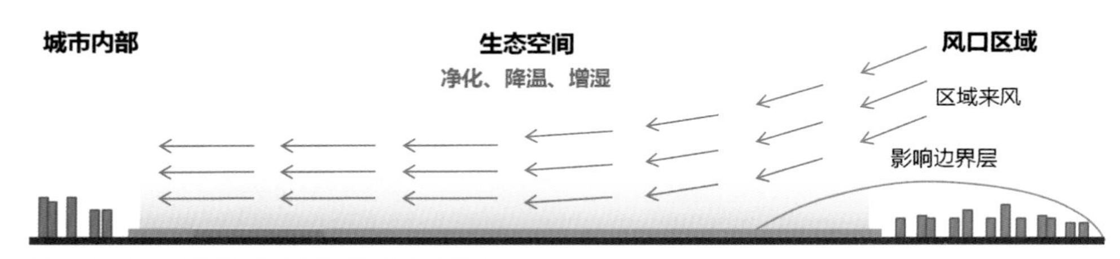

图 7-44 风口区域与中心城相互关系示意图

a. 规模管控：影响边界层与建成区规模呈正相关，但与开发强度关联性较弱

以城市建设垂直于主导风向平行开展的理想情景进行模拟，分别模拟不同建成区规模下影响边界层范围，由统计结果可得，影响边界层与建成区面积正相关（图 7-45）。因此，建议风口区域建设应尽量集聚，不宜开展大面积建设。

调整新增规划用地容积率分别进行模拟，影响边界层范围改善较小，开发强度整体上对影响边界层影响较小，可不对容积率进行特殊管控（图 7-46）。

b. 区位指引：根据现状建设情况识别“宜建设区”

在对风口区域现状建设情况进行风环境模拟的基础上，选取三处特殊地块分别增加相同的建设量再进行风环境模拟，模拟结果显示不同区位地块建设对影响边界层影响作用不尽相同，可由此优选“宜建设区”（图 7-47、图 7-48，表 7-16）。

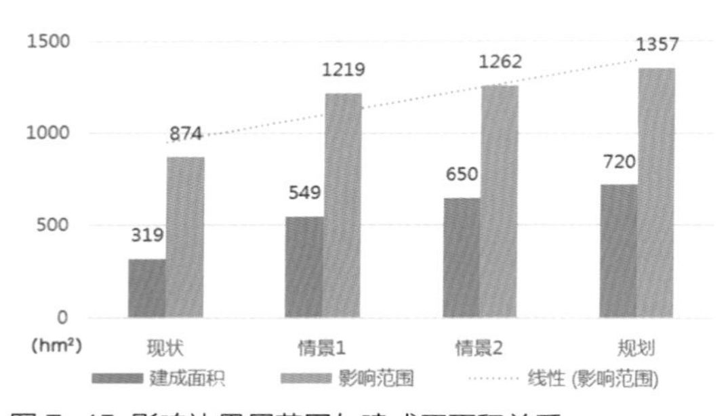

图 7-45 影响边界层范围与建成区面积关系

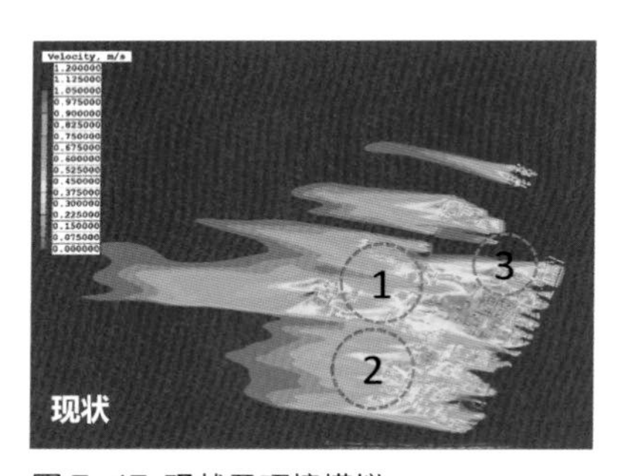

图 7-47 现状风环境模拟

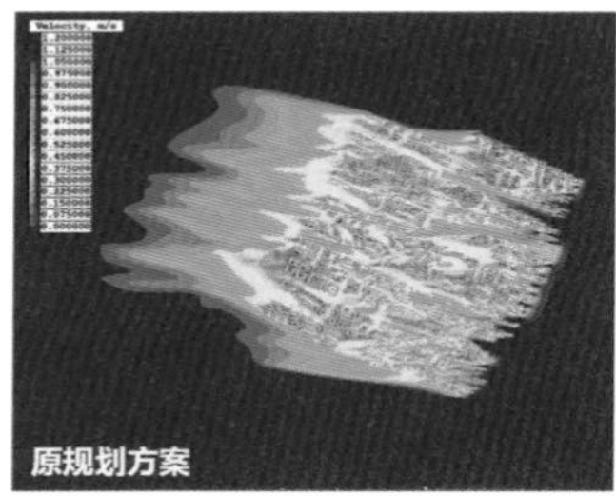

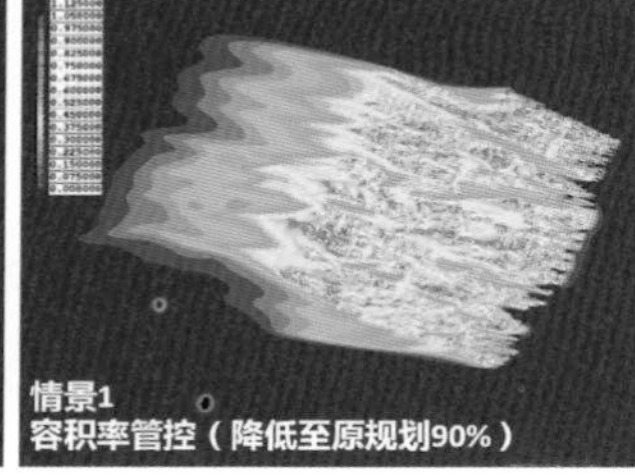

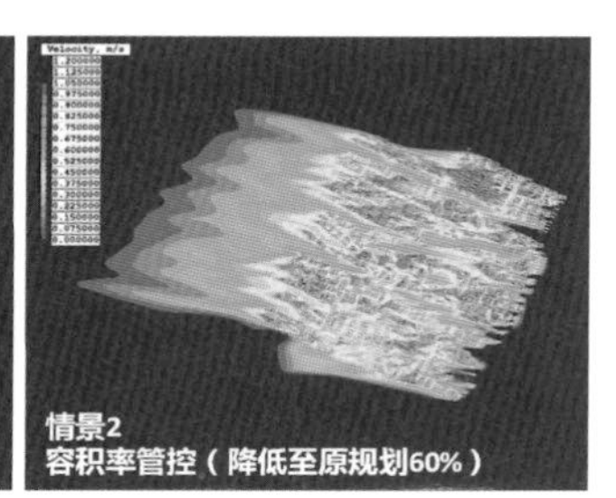

图 7-46 风速分布图

对于城市建设区位上的指引可以优化片区整体风环境，使风口区域建设对城市内部风环境的影响降低，同时也可以对城市分期建设提出基于风环境的相关意见。

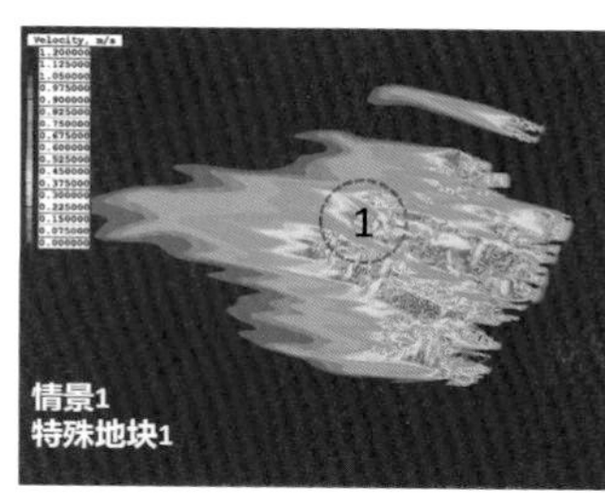

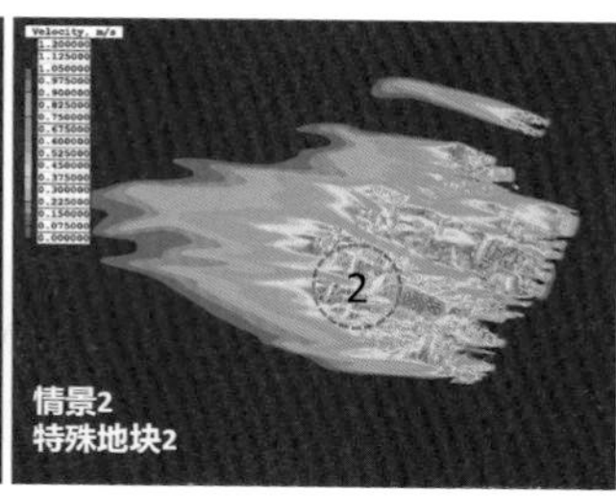

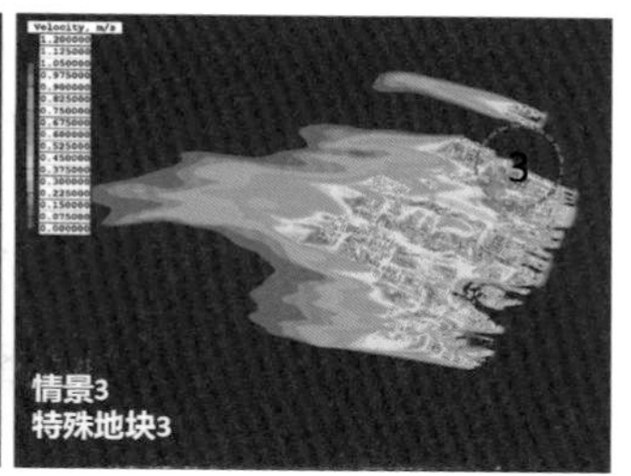

图 7-48 不同区位地块建设情景风环境模拟

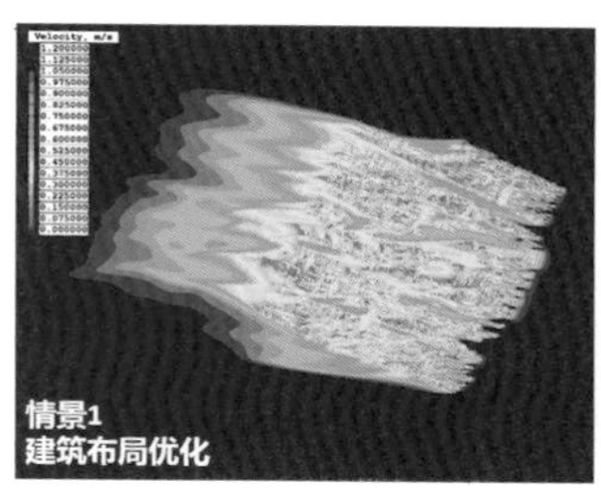

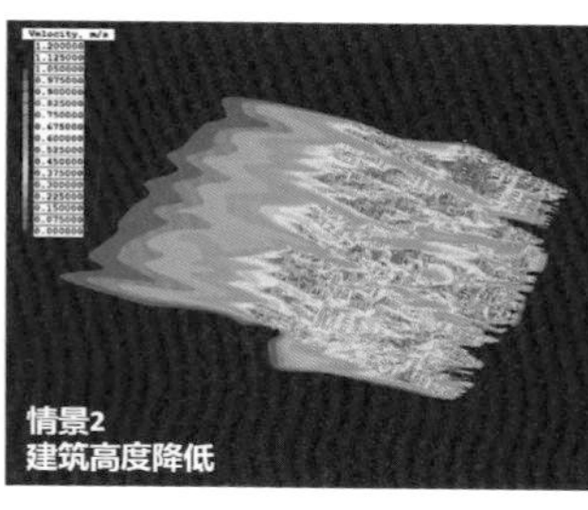

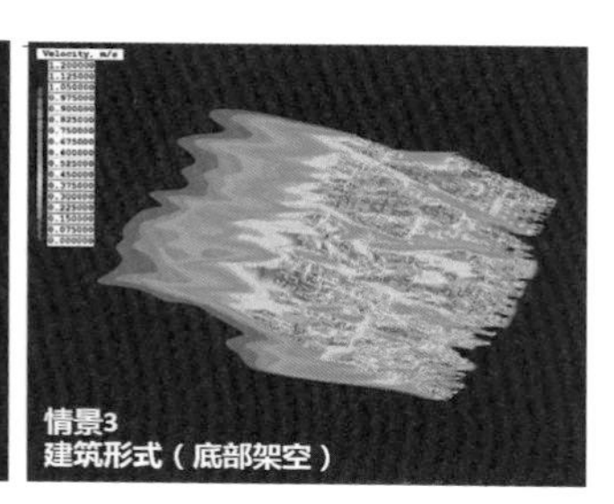

图 7-49 不同建筑指标建设情景风环境模拟

影响边界层与特殊地块建设关系 表 7-16

模拟情景	影响边界层面积（hm^2）	较现状增长比例（%）
现状建设情景	874	/
情景 1	927	106
情景 2	979	112
情景 3	877	101

c. 城市设计指标指引：与影响边界层范围关联性较弱，但可有效优化片区内部通风环境

通过调整原规划方案建筑布局、建筑高度、建筑形式（主要为增加底层架空）对新情景风环境进行模拟（图 7-49），由模拟结果可知，建筑尺度的相关设计优化实际对影响边界层的印象较小，但对片区整体风速有不同的提升，运用三种优化方式共同形成新的城市设计方案，优化后片区内 1.5m 处平均风速从 3.76m/s 提升至 3.91m/s，提升约 4%，同时片区内贯通风增加 26.3%，整体风环境明显改善（表 7-17，图 7-50、图 7-51）。

影响边界层与建筑要素关系 表 7-17

模拟情景	影响边界层面积（hm^2）	较现状增长比例（%）
原规划方案	1357	/
情景 1（布局）	1349	154.5
情景 2（高度）	1339	153.3
情景 3（形式）	1343	153.8

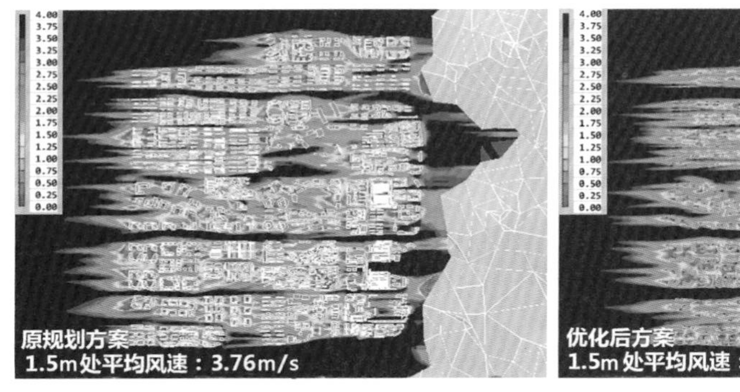

图 7-50 优化前后风口区域风环境模拟

图 7-51 优化前后风口区域贯通风情况模拟

（2）高密度功能区 / 城市中央商务区优化设计

①概念界定

高密度功能区包括高密度中心区、高密度住宅区、高密度办公区等。所谓高密度城区一般是指容积率、建筑密度、人口密度、建筑高度都比较高的功能片区。此处以高密度办公区，即中央商务区为典型代表，分析其风环境优化设计。

中央商务区（简称 CBD），是一个城市里商务活动集中进行的地方。CBD 一般位于城市中心，高度集中了城市的经济、科技和文化力量，作为城市的核心区域，一般在形态上呈现出高密高强的特征，包括高层建筑紧凑布局、建筑密度大等。这样的空间特征为其风环境带来直接的影响，高容积率、建筑密度、建筑层数导致下垫面粗糙度较高、街谷空间高宽比较大，使得各种气流变化较多，风环境更加复杂；高人口密度、交通流量使得高密度城区空间生活产热较高，空气污染物较大，通风要求更高。同时极易产生热岛、通风不畅等问题。

在香港城市气候级别分类中，这样建筑密度极高的区域，对应着超高的热压和超低的通风潜力，对人体舒适度的影响非常高。

②设计目标

高大密集的建筑群存在的风环境问题一般较多，一方面由于中央商务区聚集了高密度的人口、建筑、交通，环境要素的高度集聚极大增加了下垫面的粗糙程度。这种突变的下垫面会阻挡城市的自然通风，让城市空气更新的速度变化，从而使让污染气体聚集在街道中，产生热岛效应；另一方面，超高的建筑群之间的通道在气流通过时仿佛经过一个巨大的狭管，使得两边墙面的风汇集到一起，造成近地面的高风速，这种现象称为狭管效应。狭管效应造成的强风会给人带来不适感，甚至影响行人安全。基于以上原因，对于中央商务区的风环境优化迫在眉睫。在城市设计方案中将风环境研究融入设计将为增强设计方案的生态可持续性，为城市空间的形成提供更科学的技术支撑。

③方案优化

研究以成都市某中央商务区为例，以原城市设计方案为基础，在对其风环境进行分析判断的基础上，提出相应的优化建议形成新方案，对比两者风环境的差异，提出中心商务区城市设计中应该注意的相关要点。

原设计方案以“一带两轴一环”组织起片区空间，体现了中心商务区超高的强度和极高的土地使用效率（图 7-52）。对此方案进行风环境模拟，模拟结果显示，目前的主要通风廊道为北侧 50m 绿带，片区北侧的几条主通道出现风速波动变化的情况，同时商务区核心区域也出现了不规律的低速风场和高速风场交互的情况，在实际情况中会大大降低人体舒适度。

分析以上问题产生的原因，主要包括以下三点：其一，北侧几个主要通道是片区的入风口区域，但目前方案中北侧建设强度较高，该区域产生了较强的狭管效应；其二，北侧大型地块大量布局回字形的商业裙房，造成地块内形成回旋风，风场突然回旋加速，产生不规律波动；其三，核心区域缺乏必要的开敞空间来引导风场，过密的独栋高层建筑产生分离涡群，大大降低了区域环境品质（图 7-53）。

针对以上问题，优化方案对设计内容进行了调整，沿现有风道，结合地形，保留原始浅丘形成开敞的公园；在满足服务半径和匹配区域功能前提下，将部分中小学调整至北部入风口区域；结合城市慢行系统和步行商业空间的考虑，主风道道路两侧增加退界空间；在核心区小街区临道路设置开敞空间；对大型地块内的建筑形式和布局进行调整；减少带状小进深的回形商业裙房，改为集中式的大体量商业综合体和结合高层的低层商业；地块内设置步行通道和开敞空间并调整板式商务高层的朝向（图 7-54）。

对优化后设计方案进行风环境模拟，北侧主要通道的狭管效应得到一定的缓解，通风效能提升，出现了气流贯通的风道；核心区域内低、高速风场交互的现象得到一定的改善；

图 7-52 某中央商务区城市设计方案

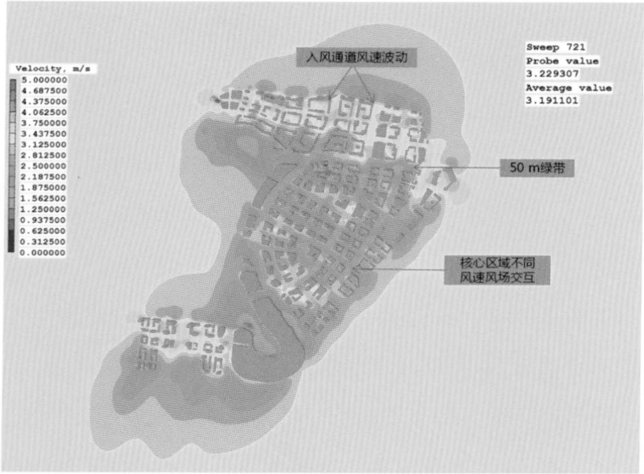

图 7-53 原设计方案中主要的风环境问题

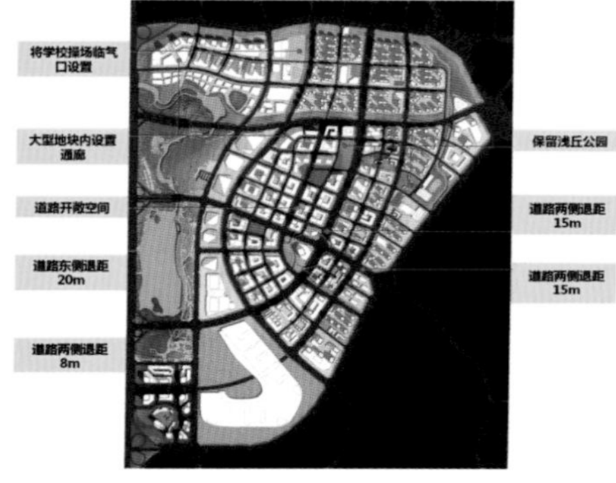

图 7-54 某中央商务区优化后城市设计方案

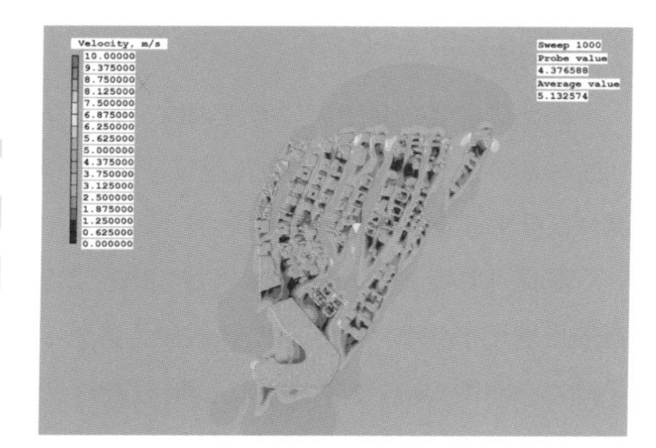

图 7-55 优化后城市设计方案风环境模拟

通过浅丘公园、道路退界和开敞空间的控制形成了中部新的开敞空间带，可作为片区的新风道（图 7-55）。

综上所述，通过城市设计手法对于中央商务区风环境的优化包括：第一，可保留片区地形打造成为公园等开敞空间，同时在空间布局上与区域风道相结合，接入整体风道系统；第二，在满足服务需求的基础上，中小学、体育场等具备较大开阔空间的公服设施宜布置在片区入风口区域；第三，城市设计时宜将作为风道的道路与城市特色商业街区结合考虑。通过加大道路两侧建筑退界或带状开敞空间的控制，即能形成适宜步行和室外商业空间的街道，又能拓宽风道进深、缓解狭管效应。

（3）其他特殊片区优化设计

①概念界定

城市发展中有一些特殊的功能设施对于风热环境要求较高，对于片区环境设计会有特

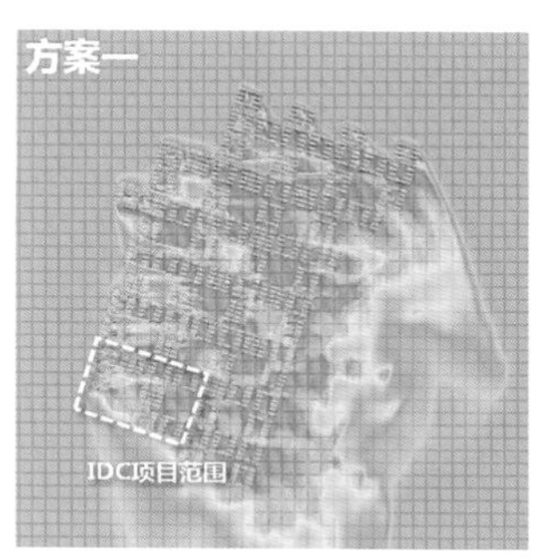

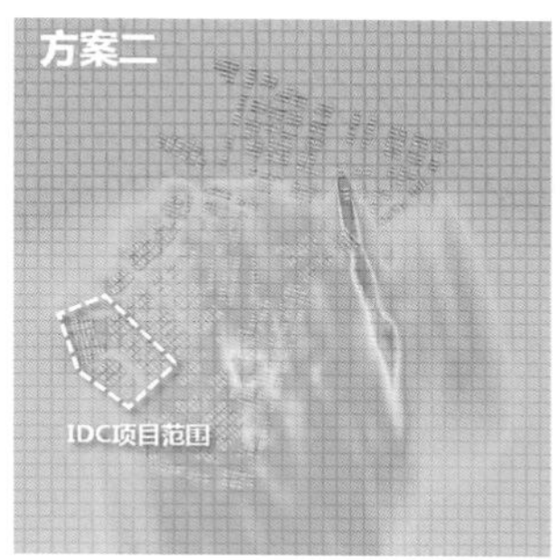

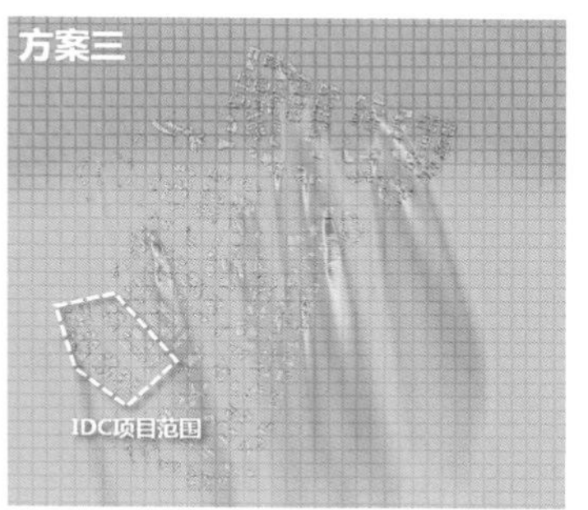

图 7-56 某产业园多方案风环境模拟

殊的需求。本节以某产业区园规划设计为例，其中涉及数据中心（简称 IDC）的选址及布局，其特点是占地大、电力能耗高，且可能对周边产生一定不利后果，如废热、噪声等影响，对片区通风散热需求较高，需要重点考虑其风环境的优化提升。

②设计目标

数据中心由于设施性能的要求，在工作工程中会产生大量废热，在不断优化冷却节能技术的同时，良好的自然通风对其本身和周边片区都是必不可少的环境条件。其中部分数据中心采取利用新风进行直接冷却，如 Facebook 在美国俄勒冈州普林维尔的数据中心，即是利用室外新风经过过滤处理后，进行加湿降温，然后通过风扇墙送入机架的进风口，室外新风经服务器加热后排到室外。这种方式对室外空气质量要求较高。由此可见，数据中心及其片区对于风环境方面的考虑主要在强化其通风散热能力，整体提升通风性能。

③优化策略

城市设计中通过对方案的风环境进行模拟，片区以非静风建设用地占比为指标，数据中心以其平均风速为指标，分别评估两个层次的风环境。

a. 方案比选

对三个方案同时进行风环境模拟，评估其风环境情况，以此作为优化设计的技术性支撑（图 7-56）。

方案一由于开敞空间布局过于均质化，同时建筑布局形式单一、回字形建筑群过多，片区存在大面积静风区域，风速高于 0.5m/s 的建设用地占比仅为 40%，且对片区南部风速影响较大，同时在片区北部形成了大面积的高、低风场交互地区；IDC 区域的平均风速为 0.72m/s，不利于设施通风散热。

方案二通过道路骨架、开敞空间的调整，形成了顺应风向的绿化通风廊道，片区风环境得到极大优化，风速高于 0.5m/s 的建设用地占比为 82%，但片区仍存在一些风场混乱区域，同时对片区东部风速状况仍有影响；由于片区风环境情况有显著提升，IDC 区域入风条件得到改善，平均风速达到 1.42m/s。

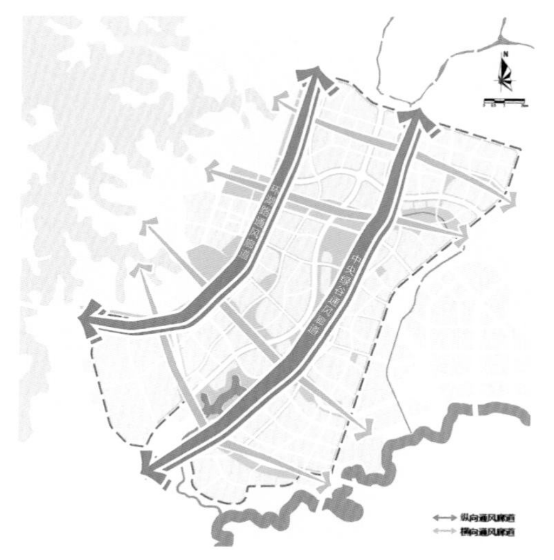

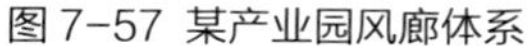
图 7-57 某产业园风廊体系

图 7-58 某产业园建筑布局管控

方案三在道路骨架、开敞空间系统优化的基础上，对建筑布局进行精细化管控，包括建筑密度、建筑方向、建筑布局、建筑高度四种方式对具体地块提出管控要求，形成优化方案。优化后片区风环境持续改善，片区风道发挥重要作用，风速高于 0.5m/s 的建设用地占比高达 90%，同时片区东部的通风环境较前两个方案改善明显；IDC 区域平均风速达到 1.59m/s，达到通风散热的目标。

综合以上基于风环境条件的方案比选，建议以方案三作为最终方案，同时从城市风廊建设和精细化建筑布局管控两大方面对片区及体块提出要求。

b. 城市风道建设

城市通风廊道由绿地、道路、建筑退界空间共同构成。利用开敞空间骨架，承接区域主要风廊，根据主导风向形成“两纵五横”的主要通风廊道体系（图 7-57），依托主干路和快速路控制 2 条纵向通风廊道，宽度不小于 100m；依托主干路和次干路预留 4 条横向通风廊道，宽度不小于 50m。

c. 精细化建筑布局管控

在确定通风廊道体系的基础上，以精细化建筑布局管控，强化城市形态的风环境适应性。对纵向通风廊道两侧第一层街坊的建筑顺应风道方向，建筑方向控制在北偏东 10°～ 20°，保证建筑山墙面为迎风面；临西侧纵向通风廊道一二层街坊及配套居住片区的建筑采用错列排列，要求退距 10m，间距 30m 以上；临东侧纵向通风廊道一、二层街坊的建筑高度错落变化；规划范围内所有居住用地建筑密度不高于 22.5%，商业用地不高于 40%（图 7-58）。

7.7.2 城市一般片区风环境改善设计指引

1）总体思路

基于风环境改善、提升人体舒适度的总体目标，本节将对城市一般片区的建设提出风环境改善设计指引，以设计指引的方式广泛提高城区内通风环境，促进城市自然通风。研究成果主要运用于优化对规划设计中常用的控制指标，如建筑密度、容积率、建筑高度等，以引导形成良好的片区风环境。

2）具体指引

（1）建筑密度与容积率

研究参考常见容积率和建筑密度区间设置，运用 PHOENICES 模拟一般地块中，建筑在容积率和建筑密度变化时，通风能力的变化情况，得到最优的容积率和建筑密度（图 7-59，表 7-18）。

模拟参数一览表　　表 7-18

容积率	建筑密度 /%	建筑高度 /m	建筑尺寸 /m×m	建筑数量
2.5	15	55	33×33	16
2.5	17.5	47	35×35	16
2.5	20	41	38×38	16
2.5	22.5	37	40×40	16
2.5	25	33	42×42	16
2.5	27.5	30	44×44	16
2.75	25	36	42×42	16
2.25	25	30	42×42	16
2.0	25	26	42×42	16
1.75	25	23	42×42	16
1.5	25	20	42×42	16

①建筑密度取定值，容积率变化的模拟结果如下（图 7-60，图 7-61）：

根据模拟结果统计静风区（风速小于 0.2m/s）和弱风区（风速小于 2m/s）的面积占比。

容积率（此处为高度变化）对通风能力的影响较弱，静风区比例和弱风区比例在容积率下降时变化不明显，仅在容积率由 2.5 下降至 2.25 时静风区比例下降 2%。

②容积率取定值，建筑密度变化的模拟结果如下（图 7-62）：

建筑密度对通风能力的影响显著。静风区和弱风区比例均随建筑密度的增加而显著提升（图 7-63）。

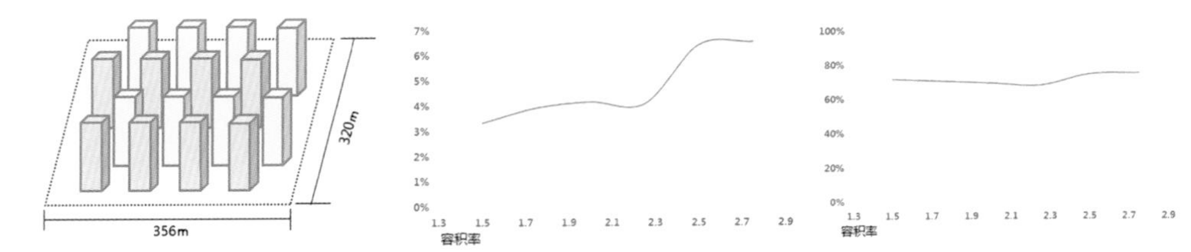

图 7-59 模拟地块建筑布局示意图

图 7-61 随容积率变化静风区（左）和弱风区（右）比例变化情况

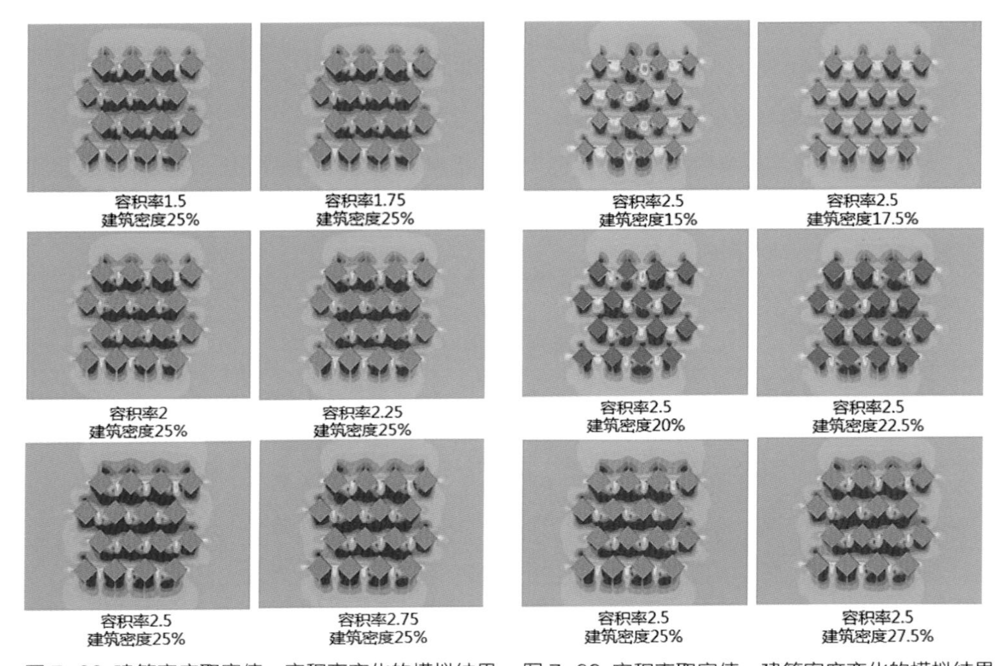

图 7-60 建筑密度取定值，容积率变化的模拟结果

图 7-62 容积率取定值，建筑密度变化的模拟结果

建筑密度在 20% ～ 22.5% 之间时，静风区和弱风区比例变化均比较平稳，说明建筑密度取 22.5%，建设强度与通风能力达到局部平衡，即建筑密度取值为 20% ～ 22.5% 时可保证中等的建筑密度，同时也保持较好的通风环境。因此建议在有条件的地块建设过程中，建筑密度≤ 22.5%，可保障该地块通风环境较优。

（2）建筑高度

模拟采用四种建筑高度变化方式：先低后高（沿主导风向）、先高后低、中间高两边低和高低错落，如图 7-64 所示。

为了更全面反映建筑高度变化对通风的影响，研究监测了地面（1.5m）和高空（30m）的风速变化情况。

地面风速模拟监测结果（图 7-65）：

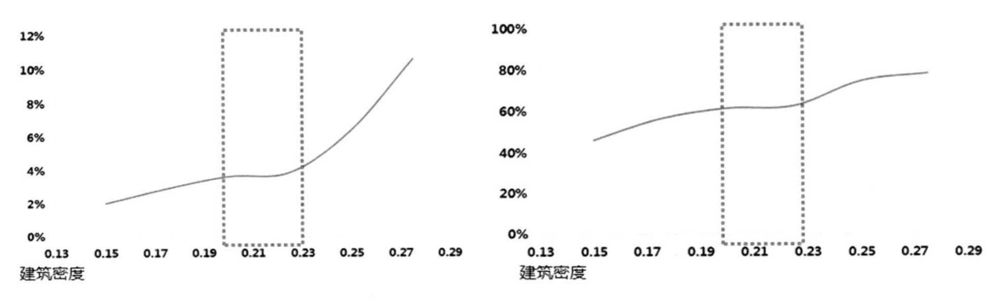

图 7-63 随建筑密度变化静风区（左）和弱风区（右）比例变化情况

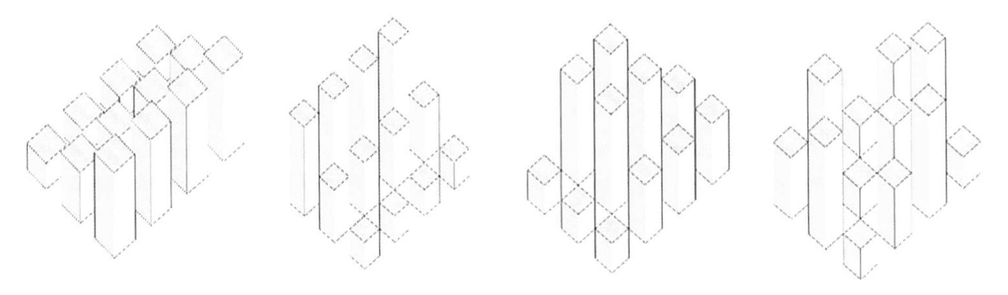

图 7-64 模拟建筑高度变化方式，从左至右：先低后高、先高后低、中间高两边低、高低错落

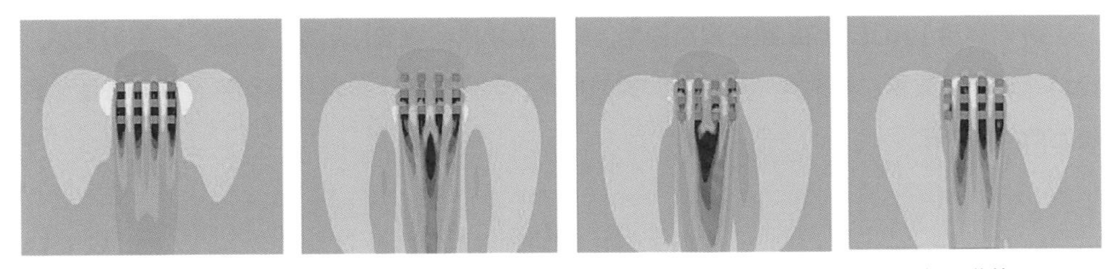

图 7-65 地面风速模拟监测结果，从左至右：先低后高、先高后低、中间高两边低、高低错落

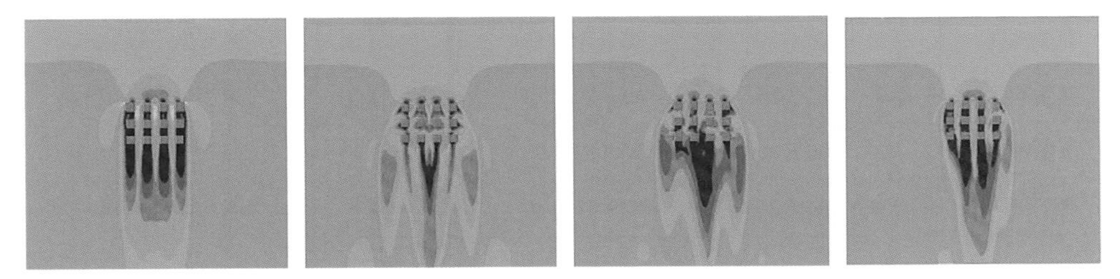

图 7-66 高空风速模拟监测结果，从左至右：先低后高、先高后低、中间高两边低、高低错落

高空风速模拟监测结果（图 7-66）：

综合地面和高空的监测结果，高低错落的建筑高度变化形式更有利于小区及其下风向的通风。

（3）建筑布局

模拟采用的建筑模型为 30m×30m，高度 80m，分别采用等间距平行排列、非等间距

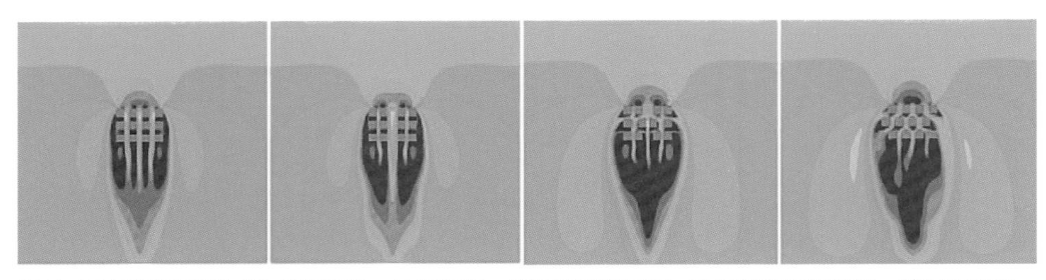

图 7–67 不同排列形式的模拟结果，从左至右：等间距平行排列、非等间距平行排列、等间距错列、非等间距错列

平行排列、等间距错列、非等间距错列四种平面布局形式，模拟结果如下（图 7-67）：

根据模拟结果，平行排列形式小区内部通风较差，对小区下风区影响较小；错列排列在小区内部通风较好，对小区下风区影响较大。因此，对于建筑通风要求不高的小区，可采用平行排列形式，减小对下风向的影响；对于建筑通风要求较高的小区，可采用错列形式，但下风向宜布局较宽的道路和绿地，使下风向的小区也具有较好的通风条件。

（4）迎风面建筑间距

研究利用 PHOENCIS 建立模拟模型，进行区域风环境模拟运算。根据区域面积大小，设定模拟网格数量；根据实地采样监测到的风速、风向结果，设定风场初始条件，具体参数设定如表 7-19：

PHOENCIS 参数设置一览表　表 7-19

	运算区域网格设置	外围区域网格设置	递进系数	风向	风速
典型街区一	200×200×20	70×70×15	1.3	东北风	6m/s
典型街区二	150×150×15	60×60×10	1.3	东北风	2m/s
典型街区三	100×100×20	50×50×15	1.3	东北风	2m/s
典型街区四	200×200×30	80×80×20	1.3	西北风	5m/s

①典型街区一、二模拟结果及优化建议：根据模拟结果可以发现，老式小区阵列式的建筑布局对主导风的畅通有明显的阻隔作用。在街坊内部控制 30m、15m 两种廊道的情况下，对通风的影响非常显著，尤其 30m 时可以形成连续的微风廊道，有效减少静风、无风区域面积。因此在对老式阵列式小区实施旧城更新时，可在顺应主导风向的方向上打通 30m 左右的开敞空间廊道，有效改善通风环境（图 7-68）。

在该模拟实例中，区域风场平均风速为 4.76m/s，下风界面风速仅为 1.1 ～ 1.7m/s。而与之相比，1 号采集点实测风速和模拟风速均达到 3.2m/s。即使继续向南衰减，达到 2 号采集点，

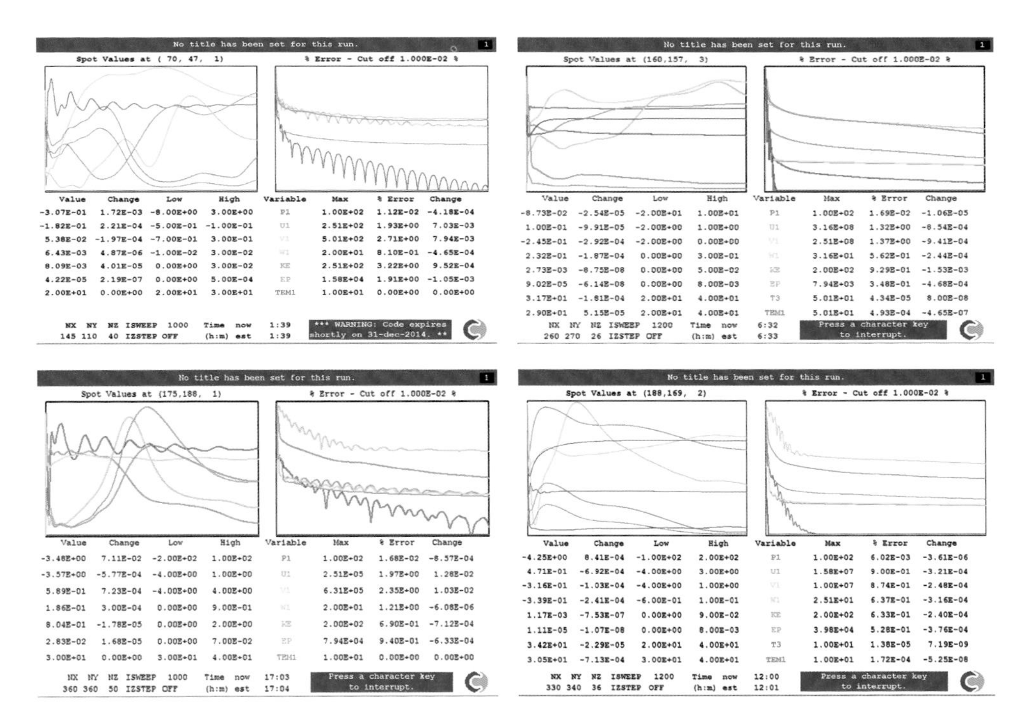

图 7-68 PHOENCIS 运算结果图

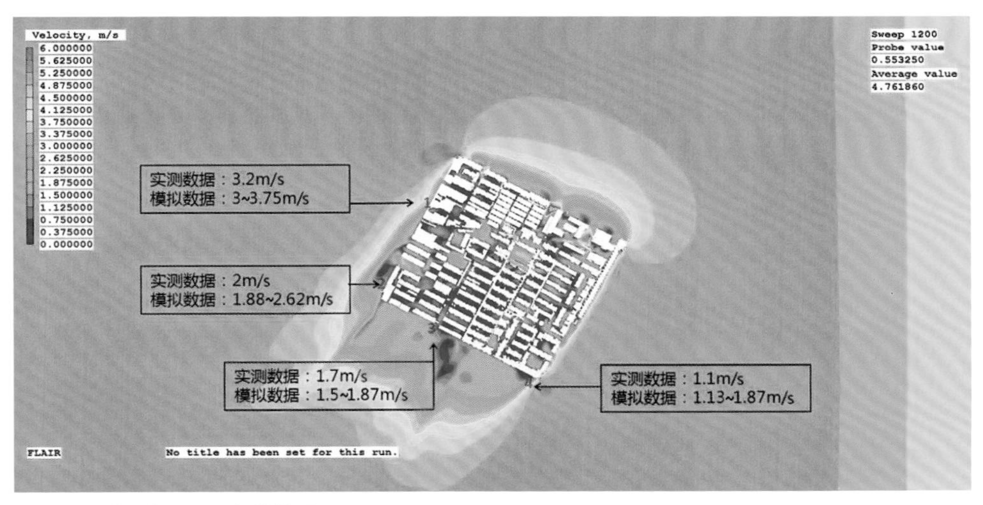

图 7-69 典型街区一风场模拟图

其实测风速和模拟风速仍达到 2m/s，高于被阵列建筑完全阻挡的下风界面区域（图 7-69）。

在该模拟实例中，区域风场的平均风速为 1.595m/s，下风界面大部分风速仅为 0.4 ～ 0.8m/s，而模拟模型 4 号采样点，由于处于街坊的开敞廊道末端，其实测数据和模拟数据均达到了 1.1m/s。在街坊内部控制 30m、15m 两种廊道的情况下，对通风的影响

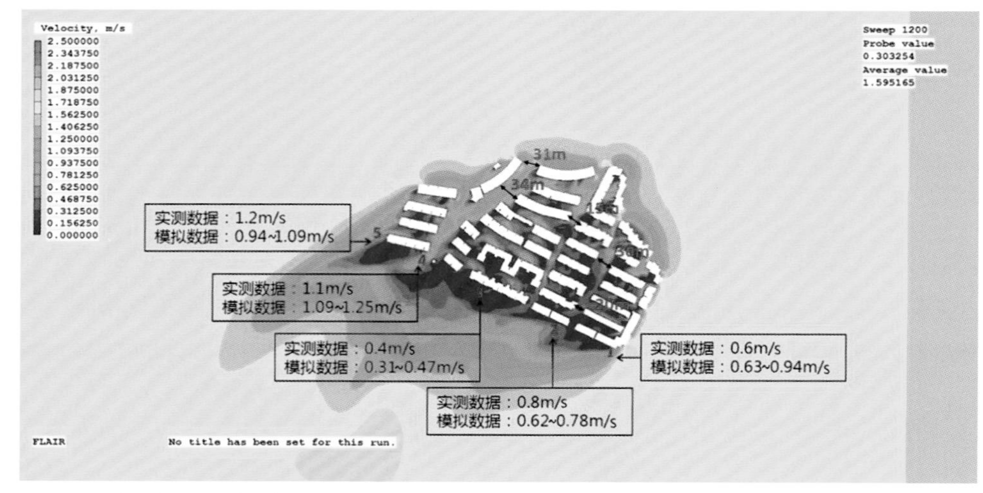

图 7-70 典型街区二风场模拟图

非常显著，30m 时可以形成连续的微风廊道，而 15m 时廊道风速明显降低，微风廊道不通畅（图 7-70）。

②典型街区三模拟结果及优化建议：高层住区迎风面建筑间距过小时，易产生狭管效应，导致局部区域风速异常增强，同时其他区域风速减小。当高层住区迎风面建筑间距达到 15m 以上时，狭管效应能够得到有效改善。因此，对于高层住区的旧城更新，可考虑在迎风面，通过拆除部分建筑，扩大山墙之间间隔，有效缓解狭管效应。

迎风面建筑间距为 13m 时，1.5m（人行高度）现状静风区比例为 63%，平均风速为 1.005836m/s；北部地区风速较高，狭管效应较强，风速增强（图 7-71）。

迎风面建筑间距为 14m 时，1.5m（人行高度）静风区比例为 61%，平均风速为 1.005901m/s；北部地区风速较高，狭管效应较强，风速增强，但较 13m 山墙间距时有一定改善（图 7-72）。

迎风面建筑间距为 15m 时，1.5m（人行高度）静风区比例为 56%，平均风速为 1.00626m/s；北部地区风速较高，狭管效应较 13m 山墙间距时有较好改善（图 7-73）。

迎风面建筑间距为 16m 时，1.5m（人行高度）静风区比例为 53%，平均风速为 1.006377m/s；北部地区风速较高，狭管效应较 15m 山墙间距时改善情况不明显（图 7-74）。

③典型街区四模拟结果及优化建议：大体量的裙房和高层塔楼组合布局的街区中，连续超长裙房会形成挡风界面，导致气流阻挡并形成加速回旋旋涡。因此在城市商业、商务聚集的功能区域，应尽量避免超长的连续裙房界面，如果商业项目的开发量确实需要超长的连续界面支撑，也应在项目建筑设计时，考虑一些贯穿连续界面的内步行街或开敞的中庭集散

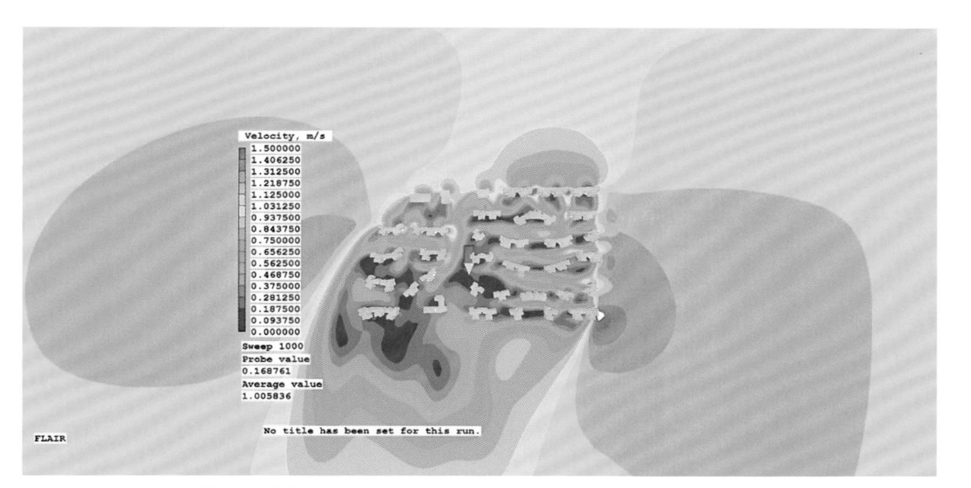

图 7-71 现状风场模拟图（临风面第一排建筑山墙距 13m）

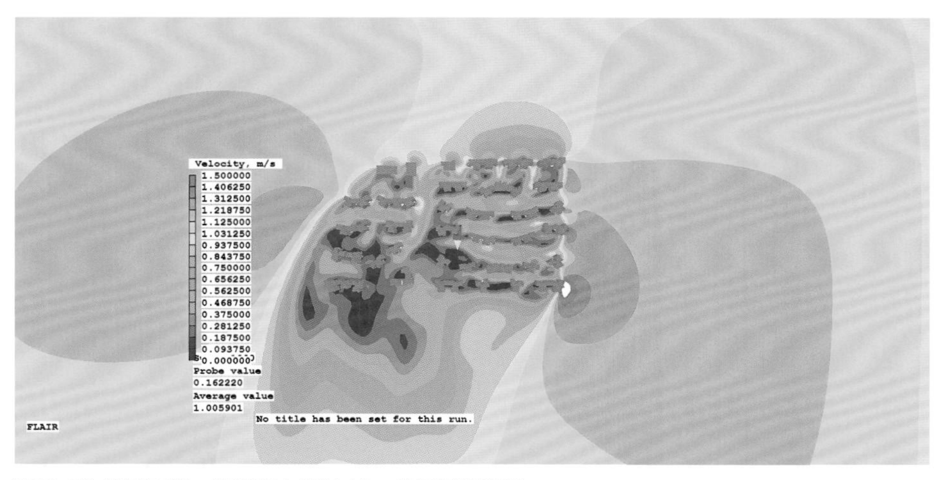

图 7-72 临风面第一排建筑山墙距 14m 的风场模拟图

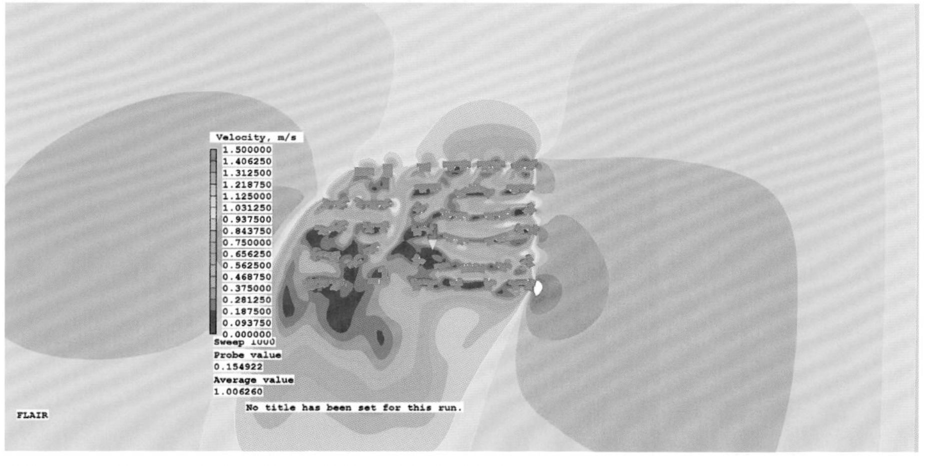

图 7-73 临风面第一排建筑山墙距 15m 的风场模拟图

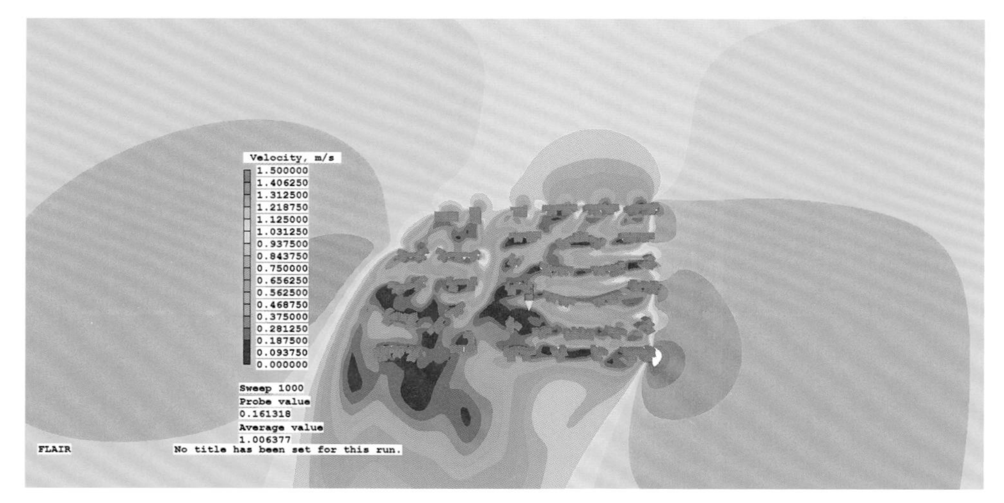

图 7-74 临风面第一排建筑山墙距 16m 的风场模拟图

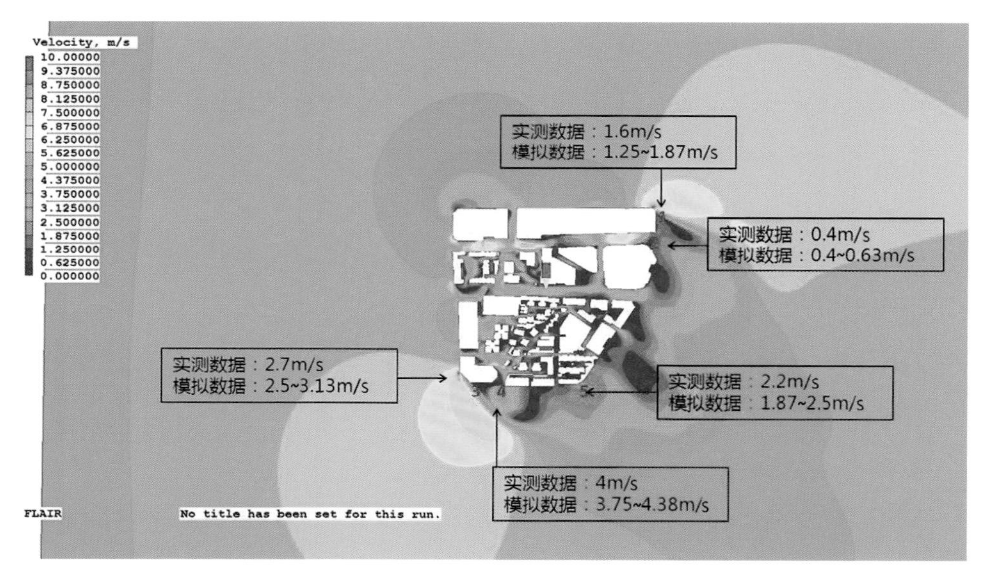

图 7-75 典型街区四风场模拟图

空间，能够较好地引导风场，营造舒适的步行体验度。

从街区北侧和西侧两主要临风界面对比来看，北侧界面由于是连续的超长裙房（长度达到 380m），1.5m 高度的西北风被完全阻挡并回旋加速，在北界面形成了清晰的加速回旋漩涡；而西界面由于存在若干条东西方向街道，因此西侧界面能够将风场向街坊内延伸（图 7-75）。因此，从风速场和风压场的模拟图中，能够明显看出北界面的风场比西界面紊乱，而风压整体也达到 30Pa 以上，整体高于西界面，这样的结果会使行人在北侧的商业步行空间更容易遇到紊乱的回旋风场，从而影响步行的舒适度（图 7-76）。

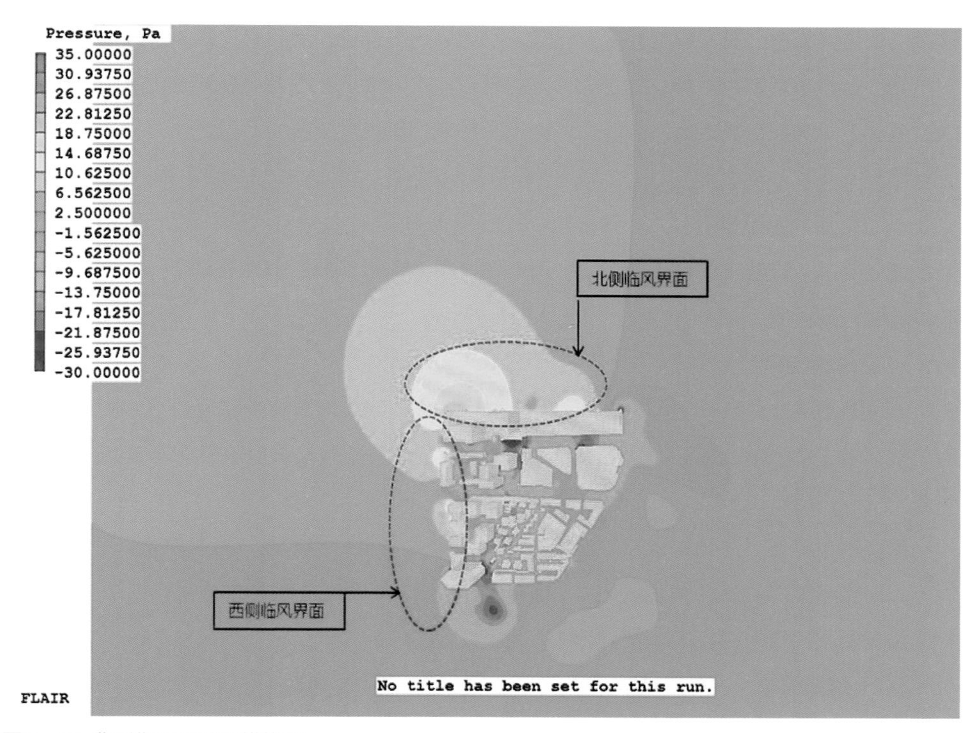

图 7-76 典型街区四风压模拟图

7.7.3 通风廊道两侧地块城市设计指引

1）总体思路

城市建设中的指引与管控方式多种多样，在不同的目标导向下往往会有不同的指标选择，而不同的指标在实际操作中也有不同的难易程度。对于通风廊道两侧地块的城市设计指引，本次研究中主要考虑以下三个方面来确定需要管控和指引的内容。

首先，是以全局统筹的视角，对地块的管控要与实际规划管理中已有的指标项目相衔接，保障管控指标在规划管理中具有可操作性，且能通过规划管理保证并一定程度上扩大城市风道的通风效能；其次，是考虑建设时序的不同，不同的地块在不同的时期建设遵循的要求不尽相同，因此应考虑选择适宜的指标对城市建设进行连贯有序的管控指引；最后，研究提出考虑管控成本，提倡以低成本管控的方式降低管控难度，强化其可实施性。

综合以上三个方面的考虑，研究对于通风廊道两侧地块城市设计的指引，重点考虑对风道两侧第一排建筑进行设计指引，以保障风道基本通风效能，并扩大其通风影响。

2）具体指引

目前，多地均设置地方性规划技术管理规定对建筑间距、建筑退距、建筑形态等城市建设内容进行管理，管控内容详尽，但缺乏根据风道内容进行统一管控的相关内容。借鉴中国香港、日本东京管控案例，结合成都市规划管控实际情况，在考虑规划建设时序、管控成本的基础上，为提高风道通风效能，扩大风源影响，建议对风道内及周边第一排建筑进行重点管控。

以二级通风廊道（宽度不小于 50m）作为主要研究对象，利用 PHOENICES 模型对通风廊道两侧第一排建筑的退距、高度、间口率及朝向进行模拟，研究其对于提升风环境的最佳或是建议设计值。

（1）建筑退距

研究建立 50m 宽街道模型作为二级风道模型的基础，设置 6 组建筑退距依次递增的街道模型，在 PHOENICES 中输入初始风速 2m/s，通过计算其风道内平均风速判断其通风效能。

模拟结果显示，总体来说建筑退距越大，风道内平均风速越高，通风效能越好，而 3m 以上的建筑退距均对风道风速提升有明显作用，且有助于风道内气流贯通（图 7-77，图 7-78）。建议风道两侧建筑退距大于 3m，可保证良好通风效果。

（2）建筑高度

参考部分城市是对建筑高度的控制要求进行模型参数设置，如斯图加特要求风道内建筑物高度≤ 10m，广州市主风廊两侧的建筑高度不大于风廊宽度的一半。设置风道两侧第一排建筑不同高度模型共 6 组，第一组建筑高度与风道宽度相同（50m），此后建筑高度依次递减，最后一组建筑高度为风道宽度的 1/10（5m），同样在 PHOENICES 中输入初始风速 2m/s。

模拟结果显示周边第一排建筑高度≤ 25m 时，对风道贯通性影响较小，且对风道内风速影响较小，同时建筑高度越低风道的贯通性越好，通道内风速越高（图 7-79，图 7-80）。结合国内外城市管控实例，兼顾实际经济效益等要素，建议风道两侧第一排建筑高度≤ 1/2 风道宽度。

（3）建筑间口率

为对风道两侧整体界面进行有效控制，建议引入建筑间口率的概念对风道两侧界面进行控制。国外相关研究基于真实城市的建筑界面变化特征，建议建筑间口率在 10% ～ 30% 之间较为适宜，参考此标准设计不同建筑间口率的模型方案 5 组，同样在 PHOENICES 中输入初始风速 2m/s。模拟结果显示，改变建筑间口率能够有效提升片区风环境，同时对于风道内部的风速影响较小。考虑管控成本等要求，建议控制风道两侧第一排建筑间口率在 10% ～ 30% 之间（图 7-81）。

对于建筑之间具体的间距管控，研究设置 5 组不同间距的模型（建筑模型为 30m×30m，高度 80m），间距分别为 10m、20m、30m、40m、50m，模拟结果如下（图 7-82）：

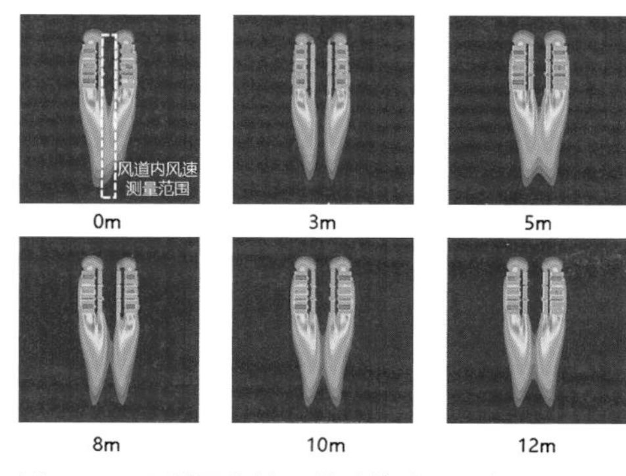

图 7-77 风道周边第一排建筑（60m）不同退距风环境模拟

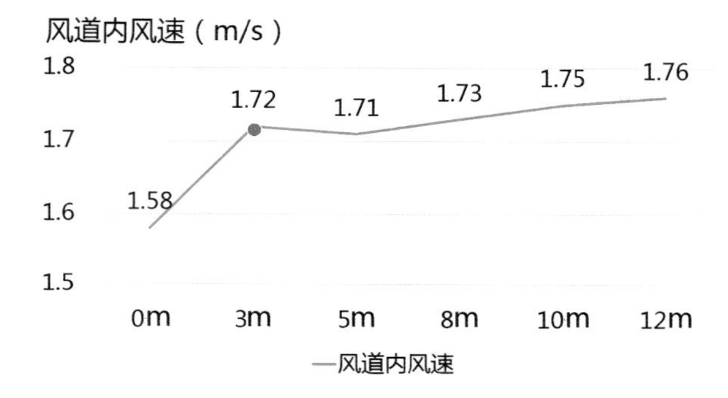

图 7-78 第一排建筑不同退距风道（50m）内风速（初始风速 2m/s）

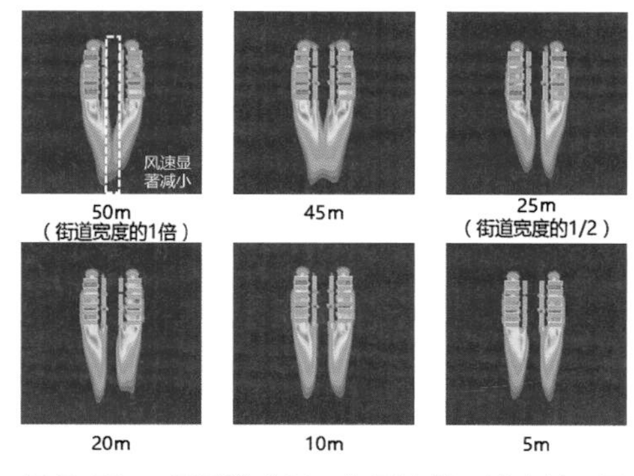

图 7-79 二级风道（50m）周边第一排建筑不同高度风环境模拟

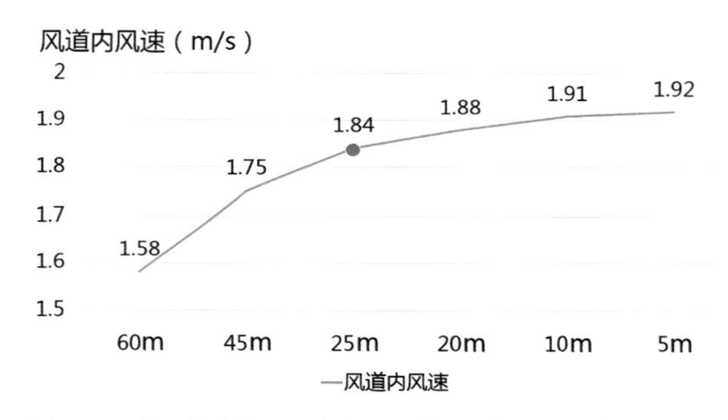

图 7-80 第一排建筑不同高度风道（50m）内风速（初始风速 2m/s）

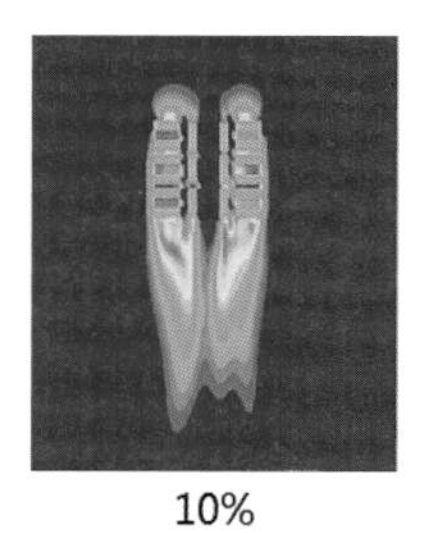
10%

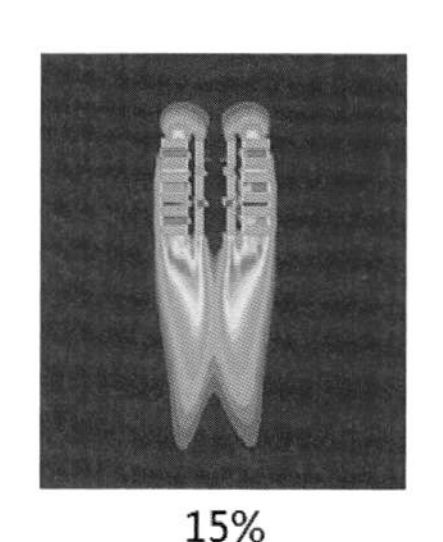
15%

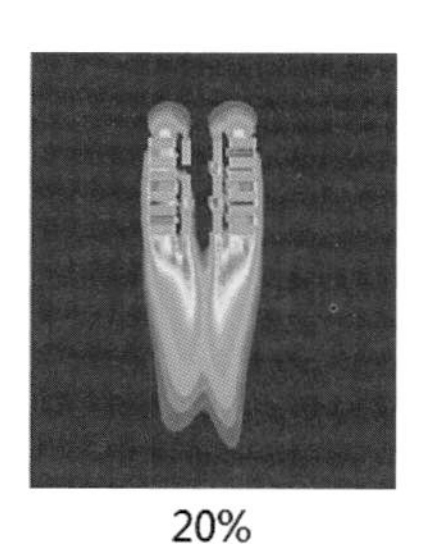
20%

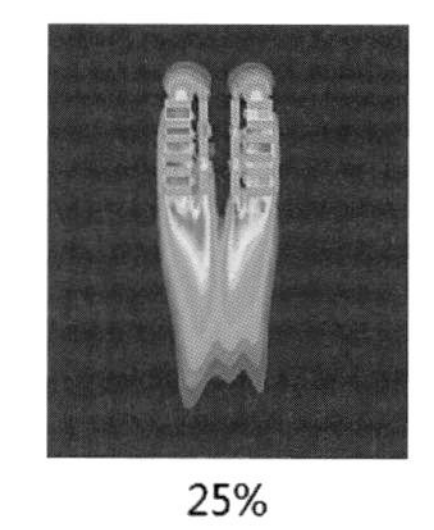
25%

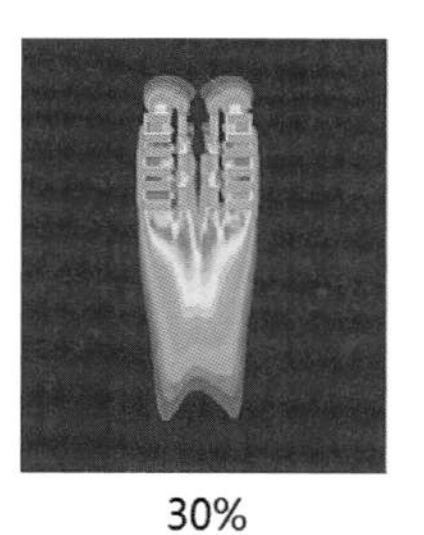
30%

图 7-81 风道周边第一排建筑不同间口率风环境模拟

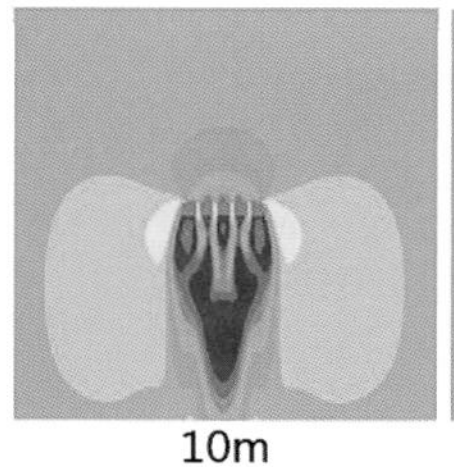
10m

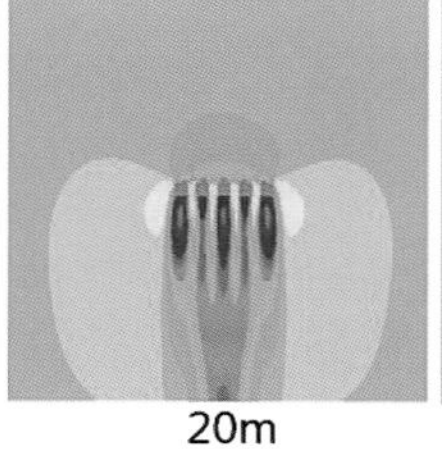
20m

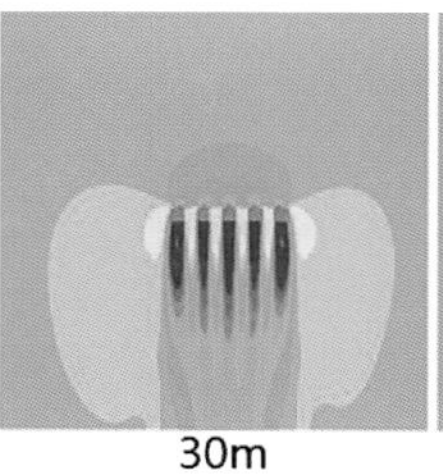
30m

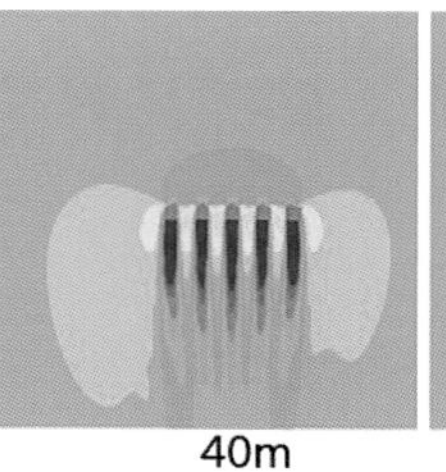
40m

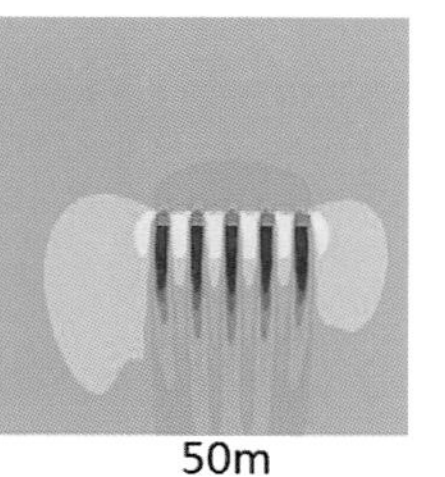
50m

图 7-82 不同建筑间距 CFD 模拟结果

将风速减少 40% 以上的区域称为低风速区，则低风速区比例与建筑间距的关系如下：其一，建筑间距越大，低风速区比例越小；其二，建筑间距 30m 以上可保证良好的通风能力；其三，建筑间距增加至 30m 以上时，低风速区减少量变化很小，表明建筑间距 30m 是一个既能保证一定建筑量，又能保证一定通风能力的取值。综上所述建议建筑间距控制在 25m 以上，可以保障地块通风能力较好（图 7-83）。

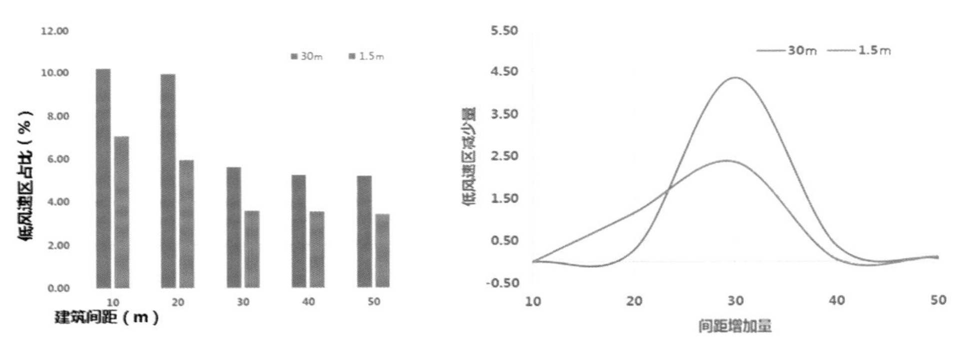

图 7-83 低风速区与建筑间距关系（左），低风速区减少量与建筑间距增加量关系（右）

（4）建筑朝向

众多城市对于建筑朝向都有相似的管控，最常见的为建筑朝向与风道夹角应≤ 30°。参考相关管控实践，设置风道周边第一排建筑不同朝向的模型 4 组，建筑朝向与风道夹角分别为 0°、15°、30°和 45°，同样在 PHOENICES 中输入初始风速 2m/s。

模拟结果显示建筑朝向对片区风环境和风道内风速均有不同程度的影响，可根据通风目标，因地制宜地选择适宜的建筑朝向。鉴于风道周边建筑的管控目标重点在于保障风道通风效能，因此建议风道周边第一排建筑与风道的夹角小于 15°时，能够保障风道内较好的气流贯通性；当两者夹角在 15°～ 30°之间时，对片区风环境提升和风道通风贯通可以达到较好平衡（图 7-84）。

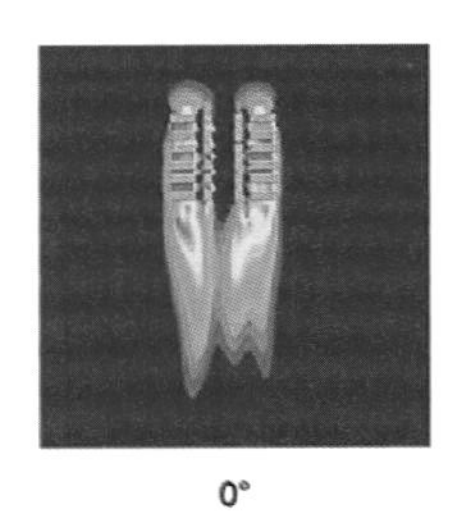
0°
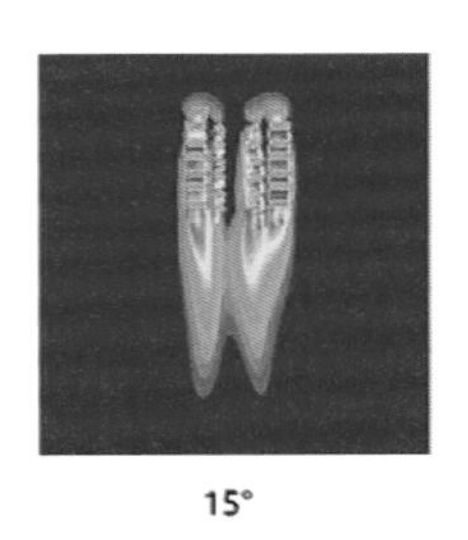
15°
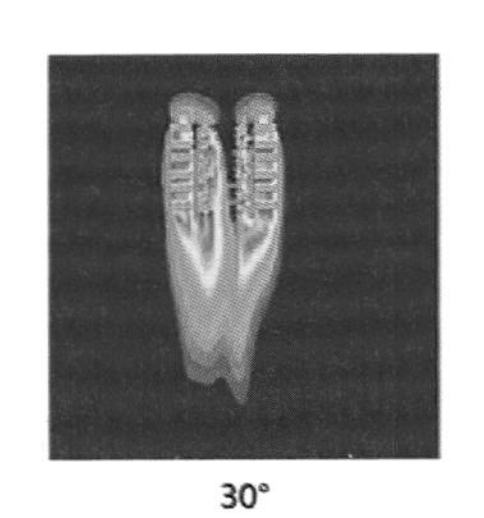
30°
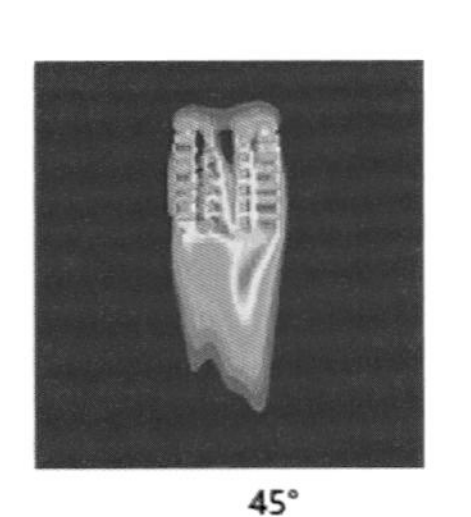
45°

图 7-84 风道周边第一排建筑不同朝向风环境模拟

第 8 章　环境科学技术的跨界支撑

Chapter 8

Cross Border Support of Environmental Science and Technology

8.1 研究目的

城市自身是一个复杂、开放的人工系统，在对城市进行研究时，应融贯城市规划、地理信息科学、城市气候学、社会科学、计算机模拟技术等多种学科理论与方法。目前，通风廊道的规划与建设逐步成为城市工作的重要抓手，对风环境的保护与建设也并不是孤立的，一方面需要与区域上下风向地区相协调，另一方面需要对区域内部通风潜力地区进行建设，但区域通风廊道由于受到数据收集等影响，往往缺乏对区域风环境的结构化判断，城市尺度的城乡规划学研究注重对规划管控研究而缺乏对区域气象条件及环境问题的统筹考虑，环境科学作为城市问题管理与处理的载体，对城市的定量研究应用越来越广泛，随着科学技术的发展，其基于计算机数据模拟技术对城市环境及气象进行模拟，为城市规划设计方案提供数据与技术支撑能力越来越强。区域尺度的环境科学技术可以从区域环境尺度出发，运用 WRF 模式对区域风环境进行模拟，剖析区域通风环境特点，反映风频率空间分布特点，得到区域进风口、通风廊道潜力地区，提出通风廊道的建设实施建议，初步搭建区域通风廊道的城市规划研究方法，为规划尺度的风道研究奠定基础。在构建出城市风道后，通过模型模拟也可以实现风源空间分布的精细化定量评估，研究风道对区域范围内的气象条件及大气污染时空变化特征的影响，为决策部门科学制定城市规划政策提供科学依据和方法实践。综合运用多学科理论与知识将成为城市研究、城市规划的发展趋势。

8.2 技术路线

城市通风廊道的划定高度依赖对城市风场[1]特征的认识，如何识别城市主要通风路径则是其中需要解决的核心问题，而通风路径可以认为是城市气象特征问题之一，因此重现城市气象特征也就成为解决城市通风廊道划定的关键点。目前国内外通风廊道以定性划定为主，高度依赖从业人员经验，本研究则提出了一种基于气象模型驱动的轨迹模型模拟技术，对区域气象特征进行再现后，明确研究区域气流输入路径，定量评估不同空间位置通风能力差异，从而辅助开展通风廊道划定工作。

本研究将重点介绍三部分内容，第一，区域气象特征再现技术，主要是利用 WRF 模型模拟将气象观测数据进行空间再现，将成都市多年的气象观测数据在空间上进行量化；第二，气流轨迹模拟技术，利用传输模型将风源轨迹可视化，在空间上得到具化的气流轨迹，并基于目标区域筛选有效气流，可得到有效风源的空间分布数据；第三，通风特征综合分析技术，主要是结合气象观测数据和环境监测数据对通风特征数据进行订正，以保证模拟数据结果的有效性和科学性。

1 风场是环境影响评价专业术语，用来评价范围内存在局地风速、风向等因子不一致的风场。

8.3 区域气象特征再现技术

8.3.1 方法原理

在城市通风特征研究中，目前主流的模拟技术包括数米到数百米分辨率的计算流体力学（CFD）模拟和适用于数公里至数百公里分辨率的气象模型，前者将气象参数以边界条件的形势，针对建筑等下垫面信息进行建模后进行模拟，通常用于建筑群、工业区等小范围研究对象，若针对城市开展研究，一方面城市尺度建筑特征建模所需工作量巨大，进行流体力学模拟所需的计算资源较多；另一方面城市长时间的通风特征需要进行不同季节不同时间的模拟，使得计算成本和时间成本超过可接受范围。相比 CFD 方法，气象模型由于数据易于获取，计算量可根据实际模拟精度要求灵活调整，更适合用于开展城市尺度通风特征的研究工作中。

早在 1904 年，现代气象学之父威廉·皮叶克尼斯 (Vilhelm Bjerknes) 就发表文章，提出了通过求解非线性偏微分方程组来预测天气变化的设想，随后，在一战期间，英国数学家刘易斯·福莱·理查德森（Lewis Fry Richardson）对皮叶克尼斯提出的方法进行研究并尝试求解，开展了单点位气压 6 小时预报，虽然结果不理想，但是却给予了现代天气预报启发，后来他组织了大量人力进行数值预报实验, 在手摇计算机的帮助下, 耗时 12 个月才得以完成，提出要实现未来 24 小时的预报，一个人日夜不停需要耗时 64 000 天方可实现，因此需要建立一个由 64 000 人构成的计算工厂才能赶上天气系统的实际变化，这一构想虽从未实现，但几十年后，随着气象观测、研究和技术的发展，尤其是电子计算机的出现，使得理查德森所构想的计算工程以另一种形式成为现实，开辟了现代气象数值预报的新领域，使得通过计算机技术重现大气运动过程得以实现。如今，利用数值模拟技术对区域气象场进行回顾模拟已在大气科学、环境科学等领域得到了广泛应用，提高了科研人员对区域气象特征和大气污染特征的认识。因此，本书采用气象数值模拟技术对区域气象特征进行重现，并结合实际工作中的经验和认识进行解读，供读者参考。

8.3.2 技术路线

在城市通风廊道研究中，气象模型需解决的核心问题是近地面城市及周边的气流输送路径问题，需要气象数据在空间分布和时间分布上达到一定的密度，具备可用的精度，从而反映不同区域、不同时间的通风特征。利用数值模型模拟得到区域大气环流特征可弥补观测数据在空间分布上的离散性，同时也解决了高空观测数据缺乏的问题。在数值模型投入实际研究工作前，需要对模型进行必要的本地化，结合观测数据验证模型各因子的模拟效果，确保模型具备一定的可用性，方能准确反映区域的气流输送特征。

综合考虑城市通风特征研究的需求和实际应用情况，本研究选择使用 WRF 模型对区域气象特征进行再现，一方面，WRF 模型应用成熟，国内外模型本地化研究较多，成都市规划设计研究院在成都市的本地化上也有一定的工作基础，具有灵活的本地化空间；另一方面则是考虑气象模型与其他模型的连用，WRF 模型可以驱动轨迹模型（如 Hysplit）和空气质量模型（如 CMAQ），可实现气象模拟结果的深入应用，拓展应用空间。

8.4 气流轨迹模拟技术

8.4.1 方法原理及技术路线

为定量评估城市通风特征，课题组建立了一个以高分辨率 WRF 模拟结果为驱动的气团轨迹模拟技术，利用拉格朗日模型模拟质点在研究区域内的迁移路径，用以表征城市通风特征。针对研究区域建立网格化格点，将不同格点设置为气流终点，采用多点位轨迹模拟以代表研究区域的总体通风特征，通过综合分析多点位轨迹模拟结果并结合气象、环境监测数据进行订正，得到最终的评价结果。

使用 WRF 模型模拟结果作为气象驱动，有助于提高轨迹模型的模拟精度，高分辨率气象数据有助于更好表征地形、土地利用类型等敏感要素对气流轨迹的影响，一般来说城市尺度的通风特征需要使用 3Km 及以上分辨率的气象模型数据，本研究使用 2Km 分辨率数据开展轨迹模拟。

目前应用较多的气团轨迹模型为美国国家海洋和大气局（NOAA）发布的后向轨迹模式（Hysplit）模型和大气扩散模式（FLEXPART）模型，Hysplit 模型即混合单颗粒拉格朗日轨迹模型，广泛用于研究气流的来源，适用于气团、水汽、污染物等的来源分析，具有驱动数据多样，计算速度快等优点，将城市通风问题抽象为气流轨迹问题后，即可利用 Hysplit 模型进行后向轨迹模拟，从而获得不同点位的不同时段内的逐小时气流来源轨迹。FLEXPART 是由挪威大气研究所开发的拉格朗日粒子扩散模型，通过计算点、线、面或体积源释放的大量粒子的轨迹，来描述示踪物在大气中长距离、中尺度的传播、扩散、干湿沉降和辐射衰减等过程，该模式可以通过前向运算来模拟示踪物由源区向周围的扩散，也可以通过后向运算来确定对于固定站点有影响的潜在源区的分布，尤其当研究区域内站点数量少于排放源数量时，后向运算更具有优势。该模式具有移植方便，计算时间短，难度介于简单的轨迹计算和复杂的化学模式之间，可以有效利用现有计算机硬件等优点。

由于风道模拟涉及大量点位的轨迹模拟，为缩减计算量，选择机理更为简单的 Hysplit 模型作为轨迹模拟模型，此外，Hysplit 模型数据结构简单，便于后续对模拟结果进行分析。

课题组建立了一种基于高分辨率 WRF 气象场模拟结果驱动的 Hysplit 轨迹模拟方法，通过对研究区域建立网格代表不同地理位置，实现多点位后向轨迹模拟，并结合气象观测数据、$PM_{2.5}$ 浓度监测数据和空气质量模型示踪模拟结果进行订正，得到研究对象通风特征模拟结果，方法技术路线如图 8-1 所示。

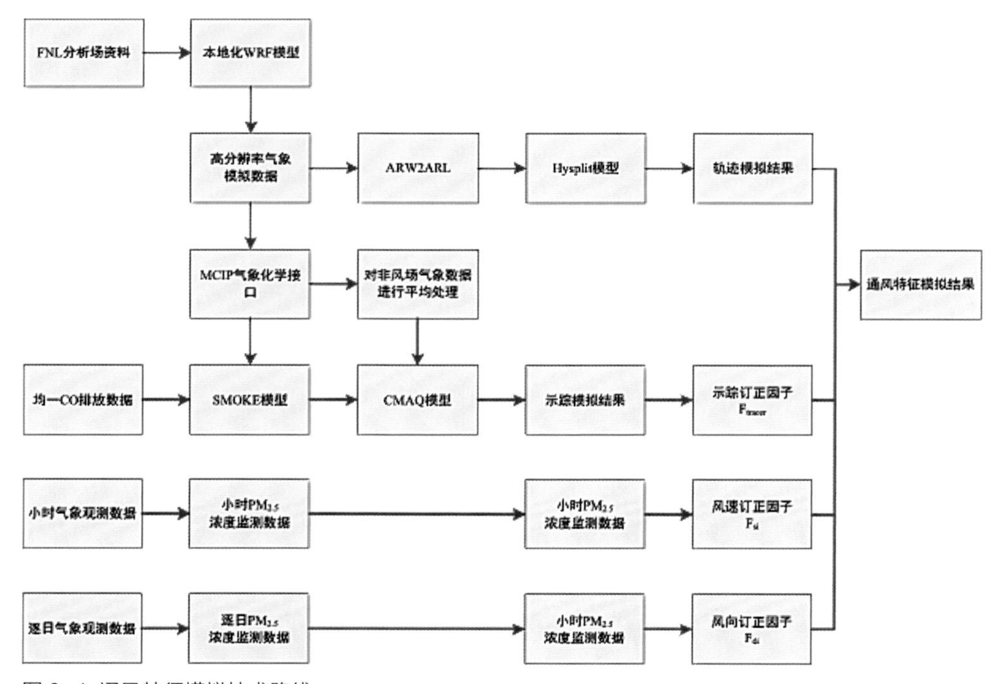

图 8-1 通风特征模拟技术路线

8.4.2 模拟过程

Hysplit 模型需要气象数据作为驱动，气象数据分辨率直接影响轨迹模拟的空间精度，而气象数据模拟准确性则直接影响后向轨迹模拟的可靠性，因此基于本地化高分辨率 WRF 模拟结果作为 Hysplit 模型的驱动数据可提高轨迹模拟的效果，可通过 Hysplit 模型中的 arw2arl.exe 进行格式转换。

完成 WRF 模拟结果的转换需对 WRFDATA.CFG 进行配置，做好 WRF 模型输出结果变量与 Hysplit 模型所需变量的映射关系，课题组使用的参数配置如下。

```
&SETUP
 num3dv = 9,
 arw3dv = ‘P’,’T’,’U’,’V’,’W’,’X’,’QVAPOR’,’TKE_PBL’,’X’
```

```
cnv3dv = 0.01, 1.0, 1.0, 1.0, 1.0, 1.0, 1.0,1.0,1.0
arl3dv = 'PRES','TEMP','UWND','VWND','WWND','DIFW','SPHU','TKEN','DIFT'
num2dv = 12,
arw2dv = 'HGT','PSFC','RAIN','PBLH','UST','ZNT','SWDOWN','HFX','LH','T2','U10','V10',
cnv2dv = 1.0, 0.01, 0.001, 1.0, 1.0, 1.0, 1.0, 1.0, 1.0, 1.0, 1.0, 1.0,
arl2dv = 'SHGT', 'PRSS', 'TPP1', 'PBLH', 'USTR', 'RGHS ', 'DSWF', 'SHTF', 'LHTF', 'T02M', 'U10M', 'V10M',
/
```

由于 Hysplit 模型模拟过程中需要定义轨迹的终点，而对于城市通风特征的研究而言需要对城市范围进行网格化布点并计算各点位的后向轨迹，结合不同点位的轨迹模拟结果进行综合分析，从而对不同空间位置的气流通过情况加以评价，根据评价对象的面积和网格化布点的精度，计算的点位数量从数百到上万个，由于城市范围通常为不规则形状，需要针对不同的点位进行批量化模拟。

Hysplit 模型的运行较为简单，相关的配置信息从 CONTROL 文件中读取，因此仅需通过程序脚本生成CONTROL 文件并调用 Hysplit 模型的执行文件即可，为进一步提高效率，课题组在 R 语言开源程序包 openair 的基础上修改得到了适用于并行处理的批量化模拟程序，核心代码如下。

```
procTraj_para=function(lat = 30.68, lon = 104.06, year = 2017, name = "chengdu",
                out = "F:\\MetData\\HysplitOUT\\",
                hy.path = "C:\\hysplit4\\",
                met = "F:\\MetData\\Hysplit\\",
                    hours = 72, height = 10,btime=" 2 hour",mtop=' 5000',stard-day=" 01-01",
                endday=" 12-31",ifvis=F,psid=1,totcores=12) {
  totcores=totcores+1
  coreid=psid%%totcores
  lapply(c("openair", "plyr", "reshape2"), require, character.only = TRUE)
  dir.create(paste0(hy.path, "working",coreid," /"))
  setwd(paste0(hy.path, "working",coreid," /"))
  path.files <- paste0(hy.path, "working",coreid," /")
  bat.file <- paste0(hy.path, "working",coreid," /test.bat") ## name of BAT file to add to/run
  files <- list.files(path = path.files, pattern = "tdump")
  lapply(files, function(x) file.remove(x))
```

```
start <- paste(year, "-" ,stardday , sep = "" )
end <- paste(year, "-" ,endday ," 23:00" , sep = "" )
dates <- seq(as.POSIXct(start, "GMT" ), as.POSIXct(end, "GMT" ), by = btime)
for (i in 1:length(dates)) {
 year <- format(dates[i], "%y" )
 Year <- format(dates[i], "%Y" ) # long format
 month <- format(dates[i], "%m" )
 day <- format(dates[i], "%d" )
 hour <- format(dates[i], "%H" )
 print(paste( "Time Step:" ,year,month,day,hour))
 x <- paste( "echo" , year, month, day, hour, " >CONTROL" )
 write.table(x, bat.file, col.names = FALSE,
        row.names = FALSE, quote = FALSE)
 x <- "echo 1 >>CONTROL"
 write.table(x, bat.file, col.names = FALSE,
       row.names = FALSE, quote = FALSE, append = TRUE)
 x <- paste( "echo" , lat, lon, height, " >>CONTROL" )
 write.table(x, bat.file, col.names = FALSE,
       row.names = FALSE, quote = FALSE, append = TRUE)
 x <- paste( "echo ", "-" , hours, " >>CONTROL" , sep = "" )
 write.table(x, bat.file, col.names = FALSE,
       row.names = FALSE, quote = FALSE, append = TRUE)
 x <- paste0( "echo 0 >>CONTROL
       echo ",mtop," >>CONTROL
       echo 2 >>CONTROL" )
 write.table(x, bat.file, col.names = FALSE,
       row.names = FALSE, quote = FALSE, append = TRUE)
 months <- as.numeric(unique(format(dates[i], "%m" )))
 months <- c(months-1, months)
 for (i in 1:2)
  add.met(months[i], Year, met, bat.file)
 x <- "echo ./ >>CONTROL"
 write.table(x, bat.file, col.names = FALSE,
       row.names = FALSE, quote = FALSE, append = TRUE)
 x <- paste( "echo tdump" , year, month, day, hour, " >>CONTROL" , sep = "" )
 write.table(x, bat.file, col.names = FALSE,
       row.names = FALSE, quote = FALSE, append = TRUE)
 x <- paste0( "cd ",hy.path, "working" ,coreid," /" )
```

```
  write.table(x, bat.file, col.names = FALSE,
        row.names = FALSE, quote = FALSE, append = TRUE)
  x <- paste0(substr(hy.path,1,2))
  write.table(x, bat.file, col.names = FALSE,
          row.names = FALSE, quote = FALSE, append = TRUE)
  x <- paste0(hy.path,” \\exec\\hyts_std” )
  write.table(x, bat.file, col.names = FALSE,
          row.names = FALSE, quote = FALSE, append = TRUE)
  system(paste0( “cmd /c  “,hy.path, “working” ,coreid,” /test.bat” ))
 }
 traj <- read.files.para(hours, hy.path,coreid)
 print(hours)
 file.name <- paste(out, name, Year, “.RData” , sep =  “” )
 save(traj, file = file.name)
 print(paste0(file.name,”  saved!” ))
 files <- list.files(path = path.files)
 lapply(files, function(x) file.remove(x))
 return(1)
}
```

由于气流传输具有明显的空间特征，以单点位进行轨迹模拟对城市范围的研究而言缺乏代表性，故课题组结合评价区域的空间范围，建立等经纬度网格，以网格中心经纬度作为轨迹模拟的终点。为说明方法，此处建立了一个以五城区经纬度为范围 0.1°分辨率的等经纬度网格作为示范（图 8-2）。

以该点位布局作为气流轨迹终点的经纬度，结合 WRF 模型模拟得到的高分辨率气象数据，设置 Hysplit 模型模拟参数，包括后向轨迹模拟的时间、模型模拟的顶层高度、终点高度等，完成不同点位的轨迹模拟，得到不同点位为终点、一段时间内的轨迹集合，即可得到研究区域内不同气流轨迹终点在某一时间段内的气流输送轨迹，即可认为该轨迹为研究区域有效通风路径。示例点位布局模拟得到的轨迹分布如图 8-3 所示，不同点位的轨迹使用不同颜色进行标注。

由于轨迹模拟结果数据量较大，且直接对路径进行分析存在难度，因此建立一套评价网格用于对气流轨迹进行网格化，作为示例，此处建立了 0.1°（约 10km）分辨率的网格，最终通风特征的模拟结果与该网格一致，实际应用过程中可根据计算能力和需求选择分辨率，如图 8-4 所示。

以网格为单位，判断不同轨迹与网格的位置关系，统计各网格内部轨迹通过的次数，即可得到量化的通风特征，网格气流通过次数越多则说明该网格通风能力越强，实际工作中可以结合高分辨率的 WRF 模拟结果，将评估网格做到 1km 以内，从而得到更为精细的评估结果（图 8-5）。

由于该结果仅仅考虑气流通过的次数，还需结合其他气象要素和环境监测数据进行综合分析，方可作为通风廊道划定的依据。

图 8-2 模拟网格设置示意图

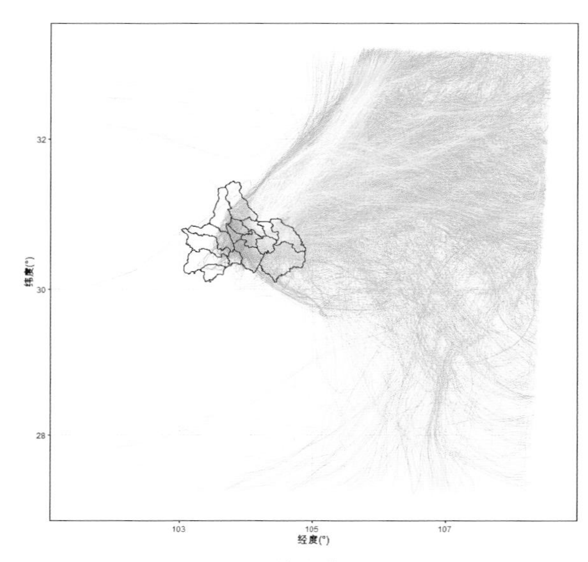

图 8-3 轨迹模拟结果

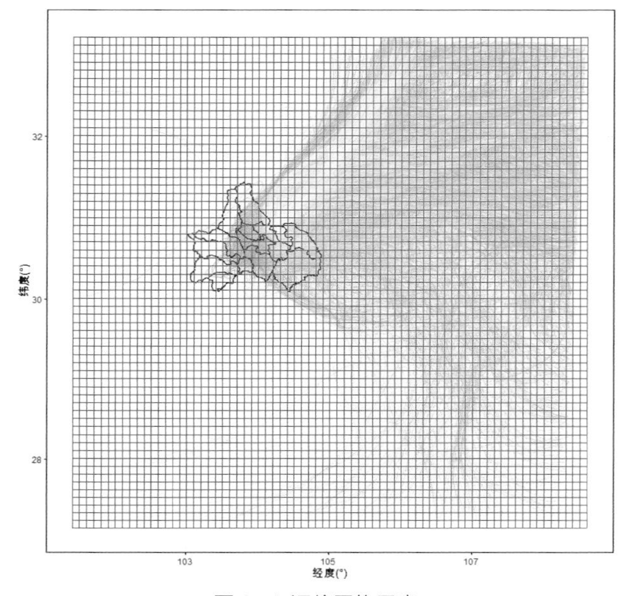

图 8-4 评价网格示意

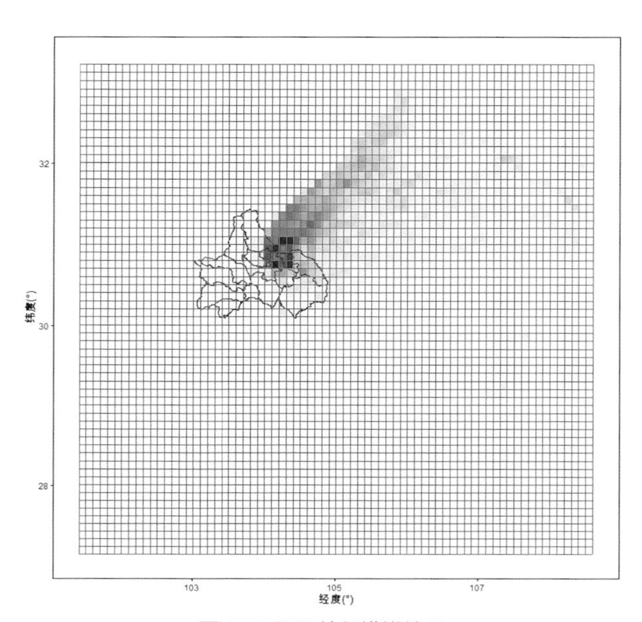

图 8-5 通风特征模拟结果

8.5 通风特征综合分析技术

8.5.1 方法原理

通风廊道的划定主要目的是留出气流入城通道，减少城市布局对气流的阻滞作用，从而改善城市热岛，促进城市内污染物扩散，从空间布局的角度优化城市环流，改善人居环境和空气质量，因此，有必要结合气象观测数据和环境监测数据对通风特征数据进行订正，分析不同风向、风速区间下污染物浓度水平，对不同风向和风速区间定义不同的订正系数，结合模型模拟所得的网格主导风向和风速区间对模拟所得的通风特征加以修正，风速（F_{si}）及风向（F_{di}）订正因子计算方法如下式，取平方根可降低订正因子之间的差异，避免过度订正。

$$F_{si}=\sqrt{\frac{\min(C_{si})}{C_{si}}} \qquad F_{di}=\sqrt{\frac{\min(C_{di})}{C_{di}}}$$

式中 C_{si} 和 C_{di} 分别为某风速区间和某风向下的平均浓度，结合通风特征模拟时间段内的气象和环境监测数据即可求得。通过订正，可以更好地体现不同网格气象特征对该网格通风特征的影响，从污染物浓度角度对风道价值进行划分。

此外，本书还尝试利用稳定标记物来辅助模拟区域通风特征，该方法中，使用一氧化碳（CO）作为标记物，对气象场数据进行处理，将除风速、风向外的其他气象要素均进行平均，使得模拟浓度的差异仅仅因风速、风向差异决定，结合空气质量模型对标记物的扩散、迁移进行模拟，通过标记物的浓度衡量研究区域内有利通风的区域（标记物浓度低）和不利通风的区域（标记物浓度高），并使用该模拟结果对轨迹模拟结果进行订正，得到更为准确的通风特征模拟结果，计算公式如下。

$$F_{trace}=\sqrt{1-normalize(C_{trace})}$$

该方法的核心是对排放数据、气象数据进行处理，其中排放数据需将除 CO 外的所有污染物置零，气象数据则需将除风速、风向外的其他要素置零，课题组编写了如下程序来实现这一过程。

```
library(RNetCDF)
library(compiler)
APPL="201701OBSD2"

FormatGrid=function(ingrdf){
  return(ingrdf)
}

Format2D=function(ingrdf){
```

```
  rdim=dim(ingrdf)
  ougrdf=array(0,dim=c(rdim[1],rdim[2],1,rdim[3]))
  ougrdf[,,1,]=ingrdf
  return(ougrdf)
}

FormatBDY=function(ingrdf){
  bdim=dim(ingrdf)
  if(length(bdim)==2){
    ougrdf=array(0,dim=c(bdim,1))
    ougrdf[,,1]=ingrdf
    return(ougrdf)
  }else{
    return(ingrdf)
  }
}

FormatICN=function(ingrdf){
  bdim=dim(ingrdf)
  ougrdf=array(0,dim=c(bdim,1))
  ougrdf[,,,1]=ingrdf
  return(ougrdf)
}

Args <- commandArgs()
if(length(Args)>5){
  APPL=Args[6]
  UPDSMK=F
  UPDBDY=F
  UPDICN=F
  UPDMET=F
  BOXEMS=F
  if(length(Args)>6){
    if(Args[7]=="T"){
      UPDSMK=T
    }
    if(Args[8]=="T"){
      UPDBDY=T
    }
```

```
    if(Args[9]=="T"){
      UPDMET=T
    }
  }
}else{
  print("Running this program with CDAQS_FDEMIS APPL UPDSMK UPDBCN UPDMET")
  quit()
}

if(UPDSMK){
  print(paste0("Process SMOKE(",APPL,")..."))
  SMK1=open.nc(paste0("//home//lcw//LCW//MODELOUT//SMOKE//",APPL,"//emis3d.ncf"),write
= T)
  T2=var.get.nc(SMK1,"NO")
  COL=att.get.nc(SMK1,"NC_GLOBAL","NCOLS")
  ROW=att.get.nc(SMK1,"NC_GLOBAL","NROWS")
  LAY=att.get.nc(SMK1,"NC_GLOBAL","NLAYS")
  TS=length(T2[1,1,1,])

  DX=att.get.nc(SMK1,"NC_GLOBAL","XCELL")/1000
  TL=att.get.nc(SMK1,"NC_GLOBAL","VAR-LIST")
  for(xi in 1:20){
    TL=gsub("  "," ",TL)
  }

  print(paste0("COL:",COL,",ROW:",ROW))
  VARL=as.vector(strsplit(TL," "))[[1]]

  for(xi in 1:length(VARL)){
    tmpdf=var.get.nc(SMK1,VARL[xi])
    tmpdf2=tmpdf*0
    print(paste0(">TO ZERO: ",VARL[xi]," ..."))
    var.put.nc(SMK1,variable = VARL[xi],data = FormatGrid(tmpdf2))
  }

  tmpdf=var.get.nc(SMK1,"CO")
  tmpdf=tmpdf*0
  tmpdf[,,,]=10
  var.put.nc(SMK1,variable = "CO",data = FormatGrid(tmpdf))
```

```
 close.nc(SMK1)
}

if(UPDBDY){
 print(paste0(“Process BCON(“,APPL,”)...”))
 BC1=open.nc(paste0(“//home//lcw//LCW//MODELOUT//CMAQ//bcon//”,APPL,”//BCON”),write = T)
 TL=att.get.nc(BC1,”NC_GLOBAL”,”VAR-LIST”)
 for(xi in 1:20){
  TL=gsub(“  “,” “,TL)
 }
 VARL=as.vector(strsplit(TL,” “))[[1]]

 for(xi in 1:length(VARL)){
  tmpdf=var.get.nc(BC1,VARL[xi])
  tmpdf2=tmpdf*0
  print(paste0(“>TO ZERO: “,VARL[xi],” ...”))
  var.put.nc(BC1,variable = VARL[xi],data = FormatBDY(tmpdf2))
 }
 close.nc(BC1)
}

if(UPDMET){
 P2D=T
 P3D=T
 print(paste0(“Process MCIP(“,APPL,”)...”))
 if(P2D){
  print(“Process METCRO2D”)
   BC1=open.nc(paste0(“//home//lcw//LCW//MODELOUT//CMAQ//mcip//”,APPL,”//MET-
CRO2D”),write = T)
   VARL=c(“PRSFC”,”PBL”,”MOLI”,”HFX”,”QFX”,”RADYNI”,”RSTOMI”,”TEMPG”,”-
TEMP2”,”Q2”,”GLW”,”GSW”,”RGRND”,”RN”,”RC”,”CFRAC”,”CLDT”,”CLDB”,”WBAR”,”SEAICE”-
,”WR”,”SOIM1”,”SOIM2”,”SOIT1”,”SOIT2”)
  for(xi in 1:length(VARL)){
   tmpdf=var.get.nc(BC1,VARL[xi])
   meandf=mean(tmpdf)
   tmpdf=tmpdf*0+meandf
   print(paste0(“>TO MEAN: “,VARL[xi],”->”,meandf,”...”))
   var.put.nc(BC1,variable = VARL[xi],data = Format2D(tmpdf))
  }
```

```
close.nc(BC1)
}
if(P3D){
print("Process METCRO3D")
BC1=open.nc(paste0("//home//lcw//LCW//MODELOUT//CMAQ//mcip//",APPL,"//METCRO3D"),write = T)
VARL=c("JACOBF","JACOBM","DENSA_J","WHAT_JD","TA","QV","PRES","DENS","ZH","ZF","QC","QR","QI","QS","PV")
for(xi in 1:length(VARL)){
print(paste0(">AVERAGING EMIS: ",VARL[xi]," ..."))
tmpdf=var.get.nc(BC1,VARL[xi])
meandf=tmpdf*0
vdim=dim(tmpdf)
for(yi in 1:vdim[3]){
mval=mean(tmpdf[,,yi,])
print(paste0(" >Layer",yi,"->",mval))
meandf[,,yi,]=mval
}
var.put.nc(BC1,variable = VARL[xi],data = meandf)
}
close.nc(BC1)
}

}
```

8.5.2 统计结果与检验

上一章节描述了不同的订正因子计算方法，此处以成都市通风特征模拟订正结果为例，首先需要利用气象观测数据和空气质量数据计算风速（F_{si}）订正因子及风向（F_{di}）订正因子，使用成都市中心城区 2016—2018 年 3 年小时风速观测数据和小时 $PM_{2.5}$ 浓度监测数据，以 0.2 为步长对风速进行切片，通过切片操作，可得到不同 $PM_{2.5}$ 浓度对应的风速区间，对 $PM_{2.5}$ 浓度按风速区间进行统计，可得到成都市不同风速区间下 $PM_{2.5}$ 浓度情况（图 8-6）。

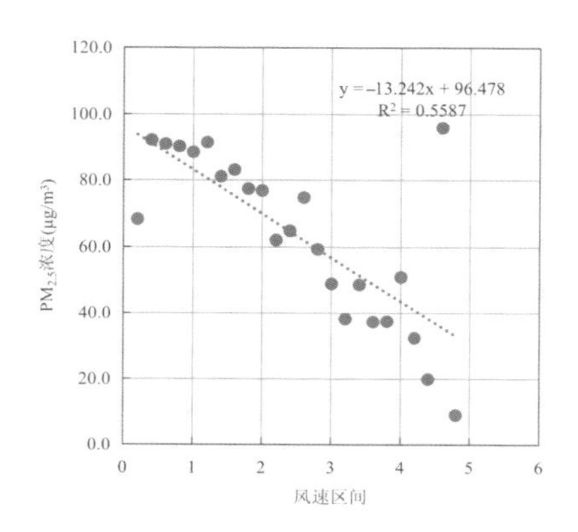

图 8-6 $PM_{2.5}$ 浓度及风速相关性示意图

可见，除部分区间浓度异常较高的情况外，成都市 $PM_{2.5}$ 浓度与风速区间基本符合负相关规律，即风速越大时，$PM_{2.5}$ 浓度越低，利用公式即可计算风速订正因子 F_{si}，不同风速区间 $PM_{2.5}$ 浓度及对应订正因子如表 8-1 所示，经风速订正前后通风特征模拟结果如图 8-7 所示。

成都市中心城区风速区间及对应 $PM_{2.5}$ 浓度　表 8-1

风速区间	$PM_{2.5}$ 浓度	风速订正因子	风速区间	$PM_{2.5}$ 浓度	风速订正因子
(0,0.2]	68.3	0.132	(2.4,2.6]	74.8	0.120
(0.2,0.4]	92.2	0.098	(2.6,2.8]	59.4	0.152
(0.4,0.6]	91.0	0.099	(2.8,3]	49.0	0.184
(0.6,0.8]	90.3	0.100	(3,3.2]	38.2	0.236
(0.8,1]	88.5	0.102	(3.2,3.4]	48.7	0.185
(1,1.2]	91.5	0.098	(3.4,3.6]	37.3	0.241
(1.2,1.4]	81.2	0.111	(3.6,3.8]	37.4	0.240
(1.4,1.6]	83.2	0.108	(3.8,4]	51.0	0.176
(1.6,1.8]	77.5	0.116	(4,4.2]	32.4	0.278
(1.8,2]	76.9	0.117	(4.2,4.4]	20.0	0.450
(2,2.2]	62.1	0.145	(4.4,4.6]	96.0	0.094
(2.2,2.4]	64.9	0.139	(4.6,4.8]	9.0	1.000

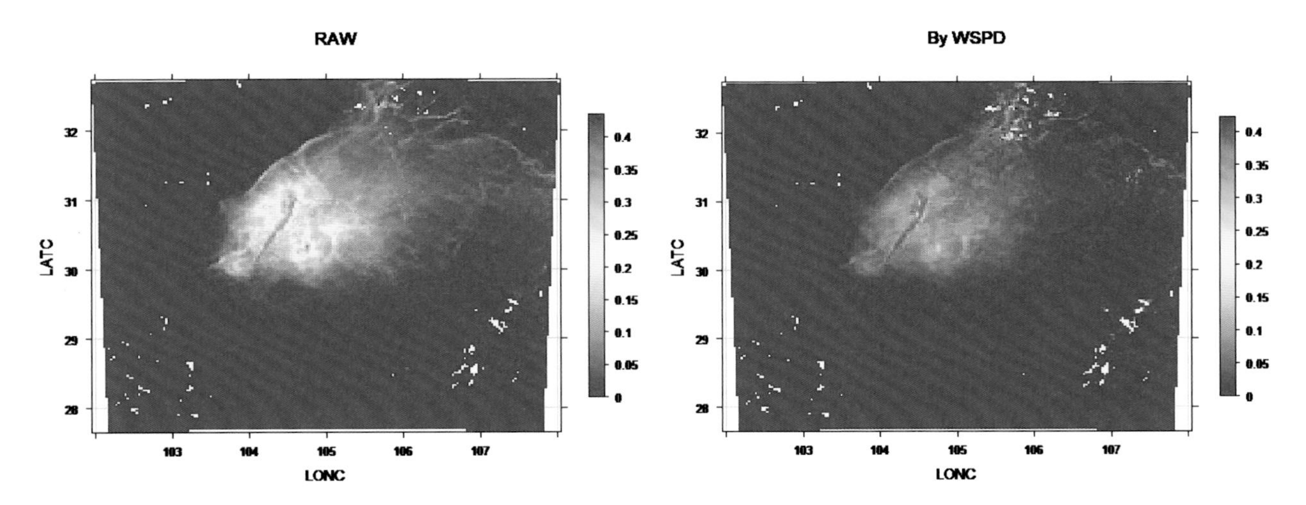

图 8-7　风速订正前后结果对比（使用测试数据示例，下同）

风向订正因子则需使用日均风向观测数据和日均 $PM_{2.5}$ 浓度数据，首先需计算每日主导风向，随后根据主导风向对日均 $PM_{2.5}$ 浓度进行统计，为避免风向订正因子过大导致不同主导风向的订正过大，计算结果如表 8-2，订正前后对比如图 8-8 所示。

成都市中心城区风向订正因子　表 8-2

MWD	$PM_{2.5}$ 浓度	风向订正因子
C	59.2	0.650
E	25.0	1.000
N	55.2	0.673
NE	60.0	0.645
NW	47.7	0.723
S	54.1	0.680
SE	29.6	0.918
SW	75.7	0.575
W	111.6	0.473

可见，成都市中心城区以偏东风为主导风向时，$PM_{2.5}$ 浓度相对较低，而偏西风控制下往往浓度较高。对气象数据、边界条件等进行处理后，使用 CMAQ 模型模拟均一 CO 排放后，可得到示踪分布情况，如图 8-9 所示。

可见，通风条件好的地区示踪值较低，但不利通风区域相对较高，示踪具体数值不具备实际意义，故按公式对 CMAQ 模型示踪模拟结果进行归一化处理后，可作为订正系数参

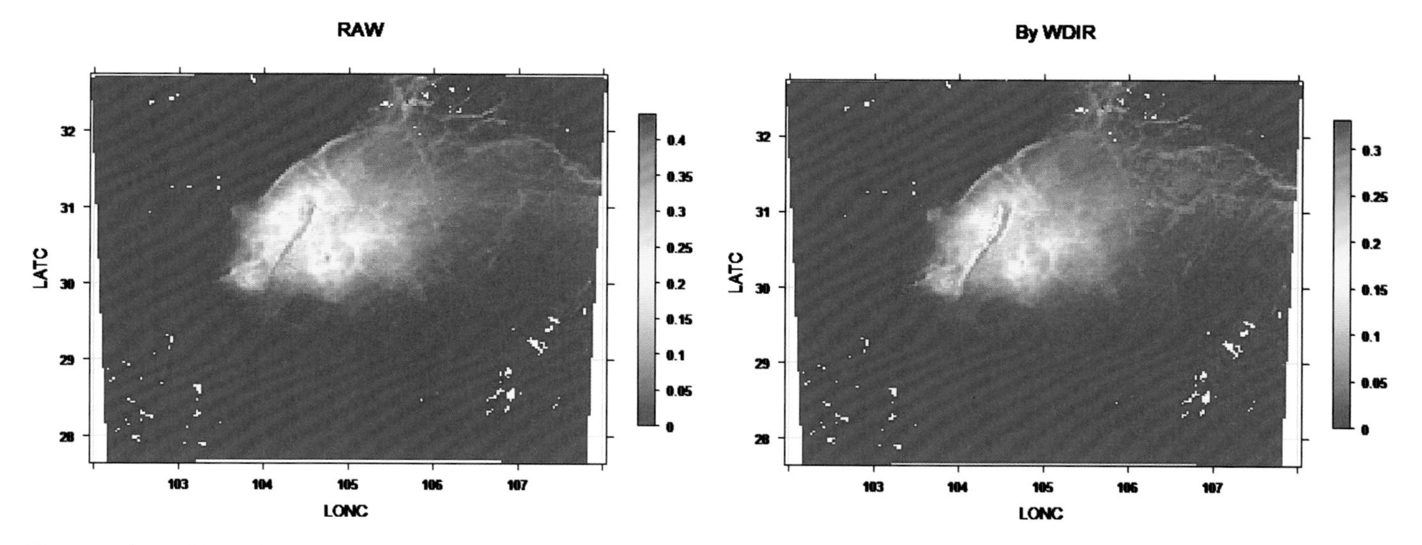

图 8-8 风向订正前后对比

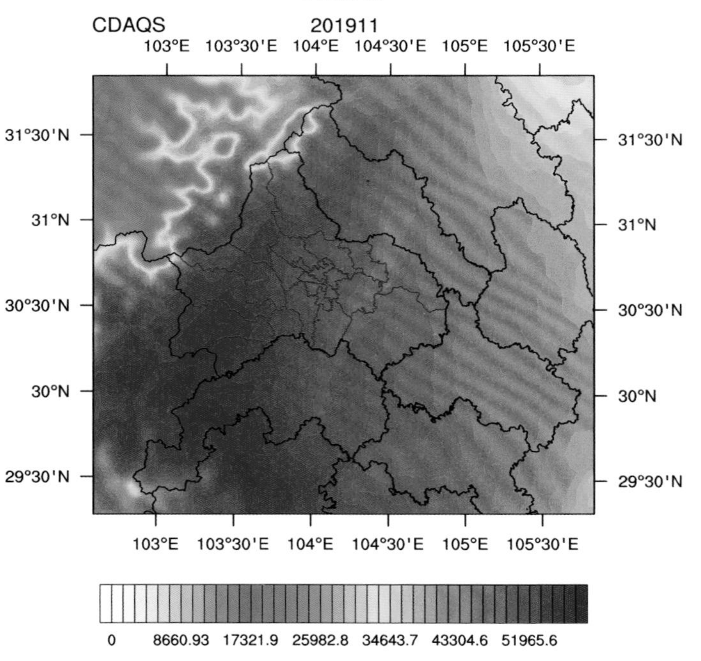

图 8-9 示踪模拟结果

与订正，前后对比如图 8-10 所示。

模型模拟结果中可提取网格化的平均风速和主导风向，不同的风速区间和主导风向分别对应不同的订正因子，同时示踪模拟订正因子空间位置关系与 WRF 模拟结果一致，判断 WRF 模拟网格与通风特征模拟结果的位置关系，即可对网格化通风特征模拟结果进行综合订正，公式如下。

$$W=normalize(C\times F_{si}\times F_{di}\times F_{trace})$$

上述示例模拟经综合订正后对比如图 8-11 所示。

以成都市中心城区（11+2 区域）为研究对象，模拟得到的通风特征经综合订正前后通对比如图 8-12 所示。

可见，对于冬季而言，成都市中心城区主要的气流来源为东北部地区，可见沿龙门山脉一线、沿龙泉山脉一线两条主要的高通风价值区域，且青白江区、德阳市部分地区对于中心城区通风而言较为重要，可识别到龙泉山以东存在通风区域，可跨越龙泉山脉低海拔区域影响成都市中心城区。

就通风廊道划定而言，该模拟结果仍然是对区域通风特征的描述，难以满足精确到片区的需求，因此，实际工作中，还需结合研究区域实际规划情况和下垫面分布特征进行划分。

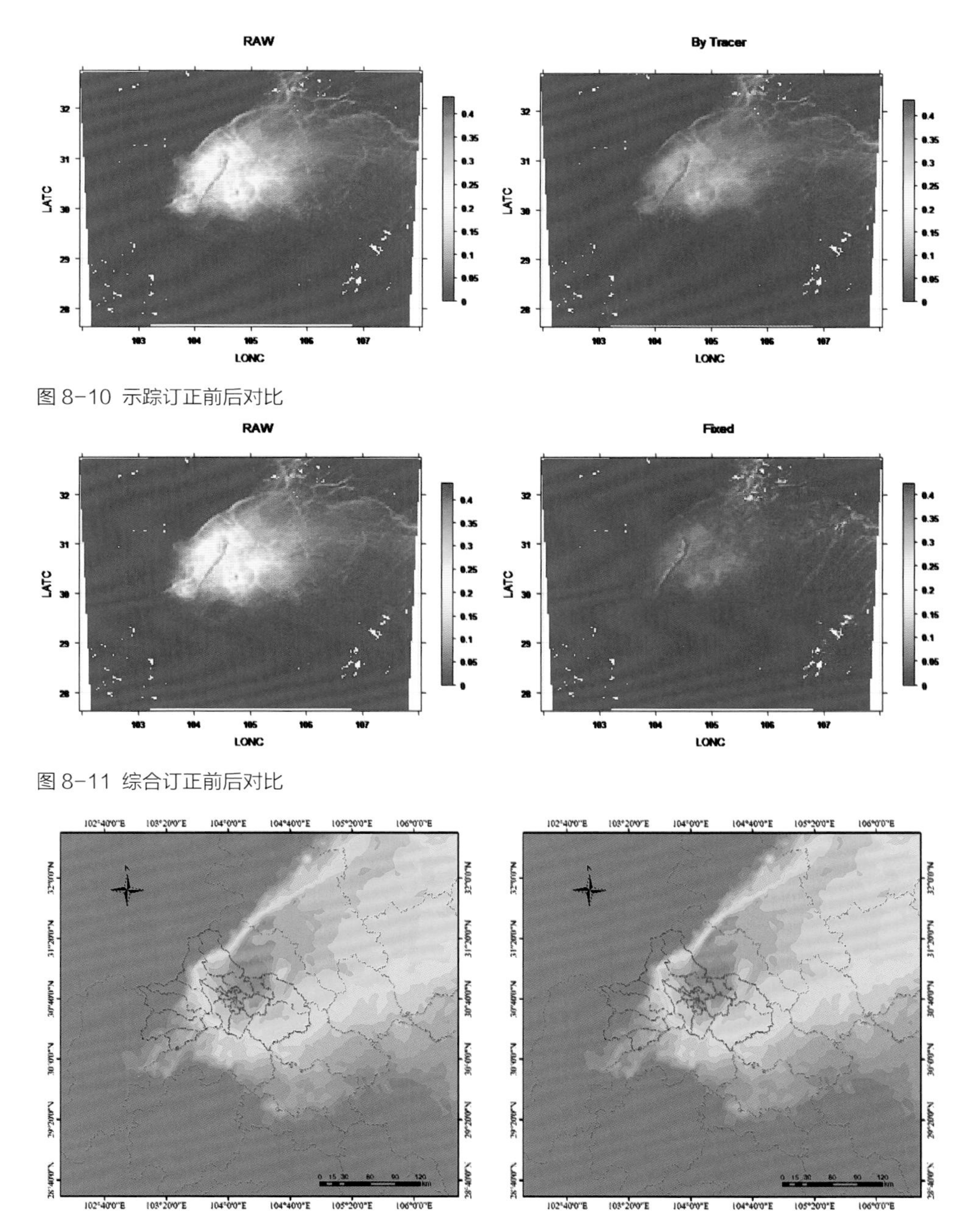

图 8-10 示踪订正前后对比

图 8-11 综合订正前后对比

图 8-12 综合订正前后通风特征模拟结果

参考文献

[1] Abutaleb K, Ngie A, Darwish A, et al. Assessment of Urban Heat Island Using Remotely Sensed Imagery over Greater Cairo, Egypt [J]. Advances in Remote Sensing, 2015, 4(04):35-47.

[2] Bealey WJ, McDonald AG, Nemitz E, Donovan R, Dragosits U, Duffy TR, Fowler D. Estimating the reduction of urban PM_{10} concentrations by trees within an environmental information system for planners [J]. Journal of Environmental Management, 2007, 85(01): 44-58.

[3] Beckett KP, Freer-Smith PH, Taylor G. Particulate pollution capture by urban trees: effect of species and wind speed [J]. Global Change Biology, 2000, 6(08): 995-1003.

[4] Bruse M, Fleer H. Simulating surface-plant-air interactions inside urban environments with a three dimensional numerical model [J]. Environmental Modelling & Software, 1998, 13(03-04): 373-384.

[5] Chen X L , Zhao H M , Li P X , et al. Remote sensing image-based analysis of the relationship between urban heat island and land use/cover changes[J]. Remote Sensing of Environment, 2006, 104(02):133-146.

[6] Chow WTL, Pope RL, Martin CA, Brazel AJ. Observing and modeling the nocturnal park cool island of an arid city: horizontal and vertical impacts [J]. Theoretical and Applied Climatology, 2011, 103(01-02): 197-211.

[7] Clinton N, Gong P. MODIS detected surface urban heat islands and sinks: global locations and controls [J]. Remote Sensing of Environment, 2013, 134: 294-304.

[8] Edward Ng. Policies and technical guidelines for urban planning of high-density cities-air ventilation assessment (AVA) of Hong Kong [J]. Building and Environment, 2009, 44(07):1478-1488.

[9] Fan H, Sailor D J. Modeling the impacts of anthropogenic heating on the urban climate of Philadelphia: a comparison of implementations in two PBL schemes[J]. Atmospheric environment, 2005, 39(01):73-84.

[10] Gillespie, A.R., Temperature/Emissivity Separation Algorithm Theoretical Basis Document, Version 2.4. [EB/OL]. [2016-07-27].http://www.science.aster.ersdac.or.jp/en/documnts/pdf/2b0304.pdf, 1999.

[11] Imhoff M L, Zhang P, Wolfe R E, Bounoua L. Remote sensing of the urban heat island effect across biomes in the continental USA[J]. Remote Sensing of Environment, 2010, 114(03): 504-513.

[12] Jiménez-Muoz, Juan C. A generalized single-channel method for retrieving land surface temperature from remote sensing data[J]. Journal of Geophysical Research, 2003, 108(D22):4688.

[13] Johnson H, Kovats R S, McGregor G, Stedman J, Gibbs M, Walton H. The impact of the 2003 heat wave on daily mortality in England and Wales and the use of rapid weekly mortality estimates[J]. Euro Surveill, 2005, 10(07): 168-171.

[14] Kalnay E, Cai M . Impact of urbanization and land-use change on climate[J]. Nature, 2003, 423(6939):528-531.

[15] Ken Watson. Spectral ratio method for measuring emissivity[J]. Remote Sensing of Environment, 1992, 42(02):113-116.

[16] Kress R. Regionale Luftaustauschprozesse Und Ihre Bedeutung Fiir Die Riumliche Planung[M]. Dortmund: Institut fur Umwehschutz Der Universitat Dortmund, 1979: 154-168.
[17] Kuttler W, D. Dütemeyer, Barlag A B. Influence of regional and local winds on urban ventilation in Cologne, Germany[J]. Meteorologische Zeitschrift, 1998, 7(02):77-87.
[18] Mohan M, Kandya A. Impact of urbanization and land-use/land-cover change on diurnal temperature range: a case study of tropical urban airshed of India using remote sensing data[J]. Science of the Total Environment, 2015, 506-507:453-465.
[19] Ng W-Y, Chau C-K. Evaluating the role of vegetation on the ventilation performance in isolated deep street canyons [J]. International Journal of Environment and Pollution, 2012, 50(01-04): 98-110.
[20] Ng E . Designing High-density Cities for Social and Environmental Sustainability[M]. Earthscan, 2009.
[21] Oke T R.City size and the urban heat island[J].Atmospheric Environment (1967) ,1973,7(08) : 769-779.
[22] Online US Environmental Protection Agency. [EB/OL]. [2019-07-27]. http: / /www.epa.gov/ heatisland/about/index.htm.
[23] Pugh TAM, MacKenzie AR, Whyatt JD, Hewitt CN. Effectiveness of Green Infrastructure for Improvement of Air Quality in Urban Street Canyons [J]. Environmental Science & Technology, 2012, 46(14): 7692-7699.
[24] R K. Regionale Luftaustausehprozesse and ihre Bedeutung fitr die raumliche Planung[M]. Dortmund: Institut fur Umweltsehutzder Universitat Dortmund, 1979.
[25] Rao, P.K, Remote sensing of urban heat islands from an environmental satellite[M]. 1972.
[26] Raynolds M K, Comiso J C, Walker D A, et al. Relationship between satellite-derived land surface temperatures, arctic vegetation types, and NDVI[J]. Remote Sensing of Environment, 2008, 112(04):1884-1894.
[27] Sobrino J A, Li Z L, Stoll M P, et al. Multi-channel and multi-angle algorithms for estimating sea and land surface temperature with ATSR data[J]. International Journal of Remote Sensing, 1996, 17(11):2089-2114.
[28] Sobrino, J.A. and J.C. Jiménez-Muoz, Land surface temperature retrieval from thermal infrared data: An assessment in the context of the Surface Processes and Ecosystem Changes Through Response Analysis (SPECTRA) mission[J]. Journal of Geophysical Research Atmospheres, 2005. 110.
[29] Tran H, Uchihama D, Ochi S, Yasuoka Y. Assessment with satellite data of the urban heat island effects in Asian mega cities[J]. International Journal of Applied Earth Observation and Geoinformation, 2006,8(01): 34-48.
[30] Wan Z, Zhang Y, Zhang Q, et al. Quality assessment and validation of the MODIS global land surface temperature[J]. International Journal of Remote Sensing, 2004, 25(1):261-274.
[31] Yoshika Yamamoto. Measures to mitigate urban heat island[J]. Quarterly Review, 2006(18):66-83.
[32] Zhao L, Lee X, Smith R B, Oleson K. Strong contributions of local background climate to

urban heat islands[J]. Nature, 2014, 511 (7508) :216-219.
[33] 八都市首脑会议环境问题对策委员会干事会．“风之道”调查研究——调查报告书 [R]. 2007.
[34] 柏春．城市路网规划中的气候问题 [J]. 西安建筑科技大学学报：自然科学版，2011 (4): 557-562.
[35] 北京市规划和自然资源委员会．北京市城市总体规划（2016-2035 年）[EB/OL]. 2017-09-29 [2020-06-12]. http://ghzrzyw.beijing.gov.cn/zhengwuxinxi/gzdt/sj/201912/t20191223_1421777.html.
[36] （美）G·Z·布朗，马克·德凯．太阳辐射·风·自然光——建筑设计策略 [M]. 北京：中国建筑工业出版社，2008:359.
[37] 曹靖，黄闯，魏宗财等．城市通风廊道规划建设与对策研究：以安庆市中心城区为例 [J]. 城市规划，2016(08):53-58.
[38] 陈爱莲，孙然好，陈利顶．基于景观格局的城市热岛研究进展 [J]. 生态学报，2012,32(14):4553-4565.
[39] 陈利顶，傅伯杰，徐建英，巩杰．基于“源—汇”生态过程的景观格局识别方法——景观空间负荷对比指数 [J]. 生态学报，2003(11):2406-2413.
[40] 陈赛华，周广强，朱彬等．一种快速定量估计大气污染物来源的方法 [J]. 环境科学学报，2017, 37(07)：2474-2481.
[41] 陈训来，冯业荣，范绍佳，李江南，林文实，王安宇，冯瑞权．离岸型背景风和海陆风对珠江三角洲地区灰霾天气的影响 [J]. 大气科学，2008,32（03）：530-542.
[42] 陈云浩，李晓兵，宫阿都．基于遥感的城市空间热环境寻因分析 [J]. 同济大学学报（自然科学版），2006(06):782-785.
[43] 笃鸣，李跃清，蒋兴文等．2016. WRF 模式多种边界层参数化方案对四川盆地不同量级降水影响的数值试验 [J]. 大气科学，40 (02): 371-389.
[44] 方宇婷．城市气候评估在空间规划中的应用研究 [D]. 深圳：深圳大学，2017.
[45] 冯悦怡，胡潭高，张力小．城市公园景观空间结构对其热环境效应的影响 [J]. 生态学报，2014,34(12):3179-3187.
[46] 宫阿都，徐捷，赵静，李京．城市热岛研究方法概述 [J]. 自然灾害学报，2008, 17(06):96-99.
[47] 龚珍，胡友健，黎华．城市水体空间分布与地表温度之间的关系研究 [J]. 测绘通报，2015(12):34-36.
[48] 龚志强，何介南，康文星等．长沙市城区热岛时间分布特征分析 [J]. 中国农学通报，2011(14):207-211.
[49] 郭飞．基于 WRF 的城市热岛效应高分辨率评估方法 [J]. 土木建筑与环境工程，2017,39(01):13-19.
[50] 郭家林，王永波．近 40 年哈尔滨的气温变化与城市化影响 [J]. 气象，2005(08):75-77.
[51] 韩素芹，刘彬贤，解以扬等．利用 255m 铁塔研究城市化对地面粗糙度的影响 [J]. 气象，2008(01):56-60，133.
[52] 胡嘉骢，魏信，陈声海．北京城市热场时空分布及景观生态因子研究 [M]. 北京：北京师范大学出版社，2014.
[53] 胡嘉骢．北京城区热场时空分布及其相关因子研究 [D]. 北京：北京师范大学，2006.
[54] 胡永红，秦俊，王丽勉，高凯．景观绿化与城镇居住区热岛效应的改善 [C]. 第三届国际智能、绿色建筑与建筑节能大会论文集——绿色建筑生态专项技术：中国城市科学研究会，2007:124-130.
[55] 《环境科学大辞典》编委会．环境科学大辞典（修订版）[M]. 北京：中国环境科学出版社．2008.
[56] 黄麟，吴丹，孙朝阳．基于规划目标的京津风沙源治理区生态保护与修复效应 [J]. 生态学报，2020,40(6)：1923-1932.
[57] 季崇萍，刘伟东，轩春怡．北京城市化进程对城市热岛的影响研究 [J]. 地球物理学报，2006, 049(01):69-77.

[58] 贾宝全，仇宽彪．北京市平原百万亩大造林工程降温效应及其价值的遥感分析 [J]. 生态学报，2017,37(03):726-735.

[59] 贾海鹰，马晶昊，程念亮等．珠三角地区大气污染物浓度改善气象与减排影响分析 [J]. 环境科学与技术，2019, 42(7):172-180.

[60] 寇利等．不同风向下城市街区风环境的模拟 [J]. 洁净与空调技术，2008(4),21-25.

[61] 匡晓明，陈君，孙常峰．基于计算机模拟的城市街区尺度绿带通风效能评价 [J]. 城市发展研究，2015(09):91-95,157.

[62] 李彪，罗志文，刘京，水滔滔．板式建筑通风廊道的多角度构成对风环境的影响 [J]. 建筑科学，2014,30(08):85-89.

[63] 李灿，崔术祥，杨维等．相对湿度对室内细颗粒物粒径分布影响的试验研究 [J]. 安全与环境学报，2014(04):254-258.

[64] 李鹄，余庄．基于气候调节的城市通风道探析 [J] 自然资源学报，2006, 21(06): 991-997.

[65] 李海峰．多源遥感数据支持的中等城市热环境研究 [D]. 成都：成都理工大学，2012.

[66] 李虹，钱帅，王婧．景观生态学在城市规划和管理中的应用 [J]. 城市建设理论研究（电子版）, 2015, (029):2298-2298.

[67] 李军，荣颖．武汉市城市风道构建及其设计控制引导 [J]. 规划师，2014,30(08):115-120.

[68] 李鹍，余庄．基于气候调节的城市通风道探析 [J]. 自然资源学报，2006(06):141-147.

[69] 李磊，吴迪，张立杰，袁磊．基于数值模拟的城市街区详细规划通风评估研究 [J]. 环境科学学报，2012,04:946-953.

[70] 李磊．基于应对局地气候变化需求的深圳城市气候服务 [J]. 气象科技进展，2019,9(03):112-118.

[71] 李敏．现代城市绿地系统规划 [M]. 北京：中国建筑工业出版社，2002.

[72] 李膨利，穆罕默德·阿米尔·西迪基，刘东云．基于遥感技术的城市下垫面参数与热环境关系的研究——以北京市朝阳区为例 [J]. 风景园林，2019,26(05):18-23.

[73] 李廷廷．基于城市形态和地表粗糙度的城市风道构建及规划方法研究——以深圳为例 [D]. 深圳：深圳大学，2017.

[74] 李雯霏．结合气候条件的金帛岛城市设计优化方法研究 [D]. 沈阳：沈阳建筑大学，2016.

[75] 李晓君．基于风环境模拟的城市更新规划方案优化研究——以深圳上步一单元为例 [M]// 中国城市规划学会中国城市规划学会．城乡治理与规划改革——2014 中国城市规划年会论文集（04 城市规划新技术应用）．北京：中国建筑工业出版社，2014:411-424.

[76] 李岩，安兴琴，姚波等 .2003. 北京地区 FLEXPART 模式适用性初步研究 [J]. 环境科学学报，33(08)：1674-1681.

[77] 李影虹，张秋明，苏文．浅析城市发展对风的影响 [J]. 气象研究与应用，2017, 038:56-57.

[78] 李元征，尹科，周宏轩，王晓琳，胡聃．基于遥感监测的城市热岛研究进展 [J]. 地理科学进展，2016,35(09):1062-1074.

[79] 李召良，段四波，唐伯惠，吴骅，任华忠，阎广建，唐荣林，冷佩．热红外地表温度遥感反演方法研究进展 [J]. 遥感学报，2016,20(05):899-920.

[80] 梁颢严，李晓晖，何朗杰．广州城市尺度的热环境改善区划方法 [J]. 城市规划学刊，2013, 000(0z1):107-113.

[81] 梁颢严，李晓晖，肖荣波．城市通风廊道规划与控制方法研究——以广州市白云新城北部延伸区控制性详细规划为例 [J]. 风景园林，2014, (05):92-96.

[82] 梁颢严，孟庆林，李晓晖，滕熙．岭南旧城更新改造规划中风环境评估方法研究——以广州市黄埔区鱼珠旧城更新改造规划为例 [J]. 南方建筑 ,2018(04):34-39.
[83] 林欣．基于数值模拟的城市多尺度通风廊道识别研究 [D]. 哈尔滨：哈尔滨工业大学，2014.
[84] 林长城，吴滨，陈彬彬，郑秋萍，陈晓秋，林文．海峡西岸海陆风特征及对大气污染物浓度影响 [J]. 环境科学与技术 ,2015,38（06）： 56-60,99.
[85] 刘德义，黄鹤，杨艳娟等．天津城市化对市区气候环境的影响 [J]. 生态环境学报，2010, 19(03):610-614.
[86] 刘姝宇，沈济黄．基于局地环流的城市通风道规划方法——以德国斯图加特市为例 [J]. 浙江大学学报 (工学版), 2010(10):148-154.
[87] 刘帅，李琦，朱亚杰．基于 HJ-1B 的城市热岛季节变化研究——以北京市为例 [J]. 地理科学，2014,34(01):84-88.
[88] 刘文杰，李红梅．景洪市城市热岛效应对城市高温的影响及其防御对策 [J]. 热带地理，1998(02):143-146.
[89] 刘旭艳．京津冀 $PM_{2.5}$ 区域传输模拟研究 [D]. 北京：清华大学，2015.
[90] 马妮莎．水体对城市热环境影响的遥感和模拟分析 [D]. 广州：华南理工大学 ,2016.
[91] 苗曼倩，唐有华．长江三角洲夏季海陆风与热岛环流的相互作用及城市化的影响 [J]. 高原气象，1998,17(03):59-68.
[92] 潘萍．GIS 在城市园林绿化中的研究及应用 [D]. 昆明：昆明理工大学 ,2008.
[93] 庞光辉，蒋明卓，洪再生．沈阳市植被覆盖变化及其降温效应研究 [J]. 干旱区资源与环境，2016,30(01):191-196.
[94] 彭翀，邹祖钰，洪亮平，潘起胜．旧城区风热环境模拟及其局部性更新策略研究——以武汉大智门地区为例 [J]. 城市规划 ,2016,40(08):16-24.
[95] 彭少麟，周凯，叶有华等．城市热岛效应研究进展 [J]. 生态环境学报，2005, 014(04):574-579.
[96] 彭文甫，周介铭，罗怀良，杨存建，赵景峰．城市土地利用与地面热效应时空变化特征的关系——以成都市为例 [J]. 自然资源学报 ,2011,26(10):1738-1749.
[97] 乔治，田光进．基于 MODIS 的 2001 年—2012 年北京热岛足迹及容量动态监测 [J]. 遥感学报，2015,19(03):476-484.
[98] 任超，吴恩融，叶颂文等．高密度城市气候空间规划与设计——香港空气流通评估实践与经验 [J]. 城市建筑，2017, (01):20-23.
[99] 任超，吴恩融．城市环境气候图：可持续城市规划辅助信息系统工具 [M]. 北京：中国建筑工业出版社，2012.
[100] 任超，袁超，何正军等．城市通风廊道研究及其规划应用 [J]. 城市规划学刊，2014, (03):52-60.
[101] 任国玉，郭军，徐铭志，初子莹，张莉，邹旭凯，李庆祥，刘小宁．近 50 年中国地面气候变化基本特征 [J]. 气象学报 ,2005(06):942-956.
[102] 任庆昌，魏冀明，戴维．区域风环境研究与通风廊道建设实施建议——以珠三角为例 [J]. 热带地理，2016,36（05）： 887-894.
[103] 深圳市规划国土委．深圳市拆除重建类城市更新单元规划编制技术规定 [EB/OL]. [2020-05-26].http://www.szns.gov.cn/xxgk/bmxxgk/qcsgxj/xxgk/zcfg/zcfgjgfxwj/201903/t20190305_16666531.htm.
[104] 沈洪艳，吕宗璞，石华定，王明浩．基于 HYSPLIT 模型的京津冀地区大气污染物输送的路径分析 [J]. 环境工程技术学报，2018,8(04):359-366.

[105] 沈新勇，黄文彦，王卫国等． 利用 TWP–ICE 试验资料对比两种边界层参数化方案 [J]. 应用气象学报，2014,25 (04): 385–396.

[106] 生态环境部．2018 中国生态环境状况公报 [EB/OL]. [2020-05-29]. http://www.mee.gov.cn/hjzl/zghjzkgb/lnzghjzkgb/201905/P020190619587632630618.pdf.

[107] 苏泳娴，黄光庆，陈修治，陈水森．广州市城区公园对周边环境的降温效应 [J]. 生态学报，2010,30(18):4905-4918.

[108] 孙武，王义明，王越雷，陈东梅，陈世栋．珠江三角洲地面风场的特征及其城市群风道的构建 [J]. 生态学报，2012, 32(18):5630-5636.

[109] 谭喆．哈南工业新城起步区绿地规划研究 [D]. 哈尔滨：东北林业大学，2011.

[110] 唐曦，束炯，乐群．基于遥感的上海城市热岛效应与植被的关系研究 [J]. 华东师范大学学报（自然科学版）,2008(01):119-128.

[111] 汪琴．城市尺度通风廊道综合分析及构建方法研究 [D]. 杭州：浙江大学，2016.

[112] 王栋．工业园区选址及其方法研究 [D]. 西安：西安建筑科技大学，2008.

[113] 王杰．空气质量指数月统计历史数据 [EB/OL]: $PM_{2.5}$ 历史数据网站，2020 [2020-06-12]. https://www.aqistudy.cn/historydata/monthdata.php?city=%E5%8C%97%E4%BA%AC.

[114] 王鹏，蒋昊成，雷诚．我国城市风道规划研究评论与展述 [J]. 规划与设计 ,2019(09):91-98.

[115] 王伟武．街区尺度城市风道量化模拟及规划指标参数化研究 [D]. 杭州：浙江大学 ,2017.

[116] 王勇，刘严萍，李江波，柳林涛．水汽和风速对雾霾中 $PM_{2.5}$/PM_{10} 变化的影响 [J]. 灾害学 ,2015,30 (01)：5-7.

[117] 王宇婧．北京城市人行高度风环境 CFD 模拟的适用条件研究 [D]. 北京：清华大学，2012.

[118] 王智嵘，张卫青．我国中学地理实验科学性问题研究综述 [J]. 内蒙古师范大学学报（教育科学版）,2018(09):109-116.

[119] 王梓茜，程宸，杨袁慧，房小怡，杜吴鹏．基于多元数据分析的城市通风廊道规划策略研究——以北京副中心为例 [J]. 城市发展研究 ,2018,25(01):87-96.

[120] 吴恩融等．武汉市城市风道规划管理研究 [R]. 武汉大学，香港大学，武汉市国土资源和规划局 ,2013.

[121] 吴婕．总体城市设计视角下的风廊模拟技术与规划应用 [C]. 中国城市规划学会、杭州市人民政府．共享与品质——2018 中国城市规划年会论文集（05 城市规划新技术应用）中国城市规划学会、杭州市人民政府：中国城市规划学会 ,2018:450-461.

[122] 香港特别行政区政府规划署．香港规划标准与准则 [S]．编号 49/05. 香港：规划及土地发展委员会，2009.

[123] 香港天文台．香港天文台总部录得的年平均气温 (1885—2019) [EB/OL]: 香港天文台，2020 [2020-06-12]. http://www.hko.gov.hk/sc/climate_change/obs_hk_temp.htm.

[124] 香港中文大学．都市气候图及风环境评估标准可行性研究 [R]. 2010.

[125] 徐涵秋．基于城市地表参数变化的城市热岛效应分析 [J]. 生态学报 ,2011,31(14):3890-3901.

[126] 徐慧燕，朱叶，刘瑞等．长江下游地区不同边界层参数化方案的试验研究 [J]. 大气科学，2013, 37 (01): 149–159.

[127] 徐军．基于 BIM 的绿色城市空间形态研究 [D]. 天津：河北工业大学 ,2014.

[128] 徐祥德，周秀骥，施晓晖．城市群落大气污染源影响的空间结构及尺度特征 [J]. 中国科学（地球科学）,2005, 035:1-19.

[129] 徐祥德，汤绪．城市化环境气象学引论 [M]. 北京：气象出版社，2001.

[130] 徐裕华．西南气候 [M]. 北京：气象出版社，1991.
[131] 许克福，张浪，傅莉．基于城市气候特征的城市绿地系统规划 [J]. 华中建筑，2011(02):178.
[132] 薛文博，付飞，王金南等．中国 $PM_{2.5}$ 跨区域传输特征数值模拟研究 [J]. 中国环境科学，2014,34(06):1361-1368.
[133] 薛志成，城市热岛效应威胁人类健康 [J]. 安全与健康，2002, (13): 15-16.
[134] 杨立新．编制城市绿地系统规划时应采用软微风玫瑰图 [J]. 中国园林，2013(09):73-77.
[135] 杨志强．基于大气敏感目标保护的平凉工业园区规划空间布局优化研究 [D]. 兰州：兰州大学，2015.
[136] 姚博．风环境影响下的陕南山区小城镇空间布局方法研究 [D]. 西安：西安建筑科技大学，2015.
[137] 姚远，陈曦，钱静．城市地表热环境研究进展 [J]. 生态学报，2018, 038(03):1135-1147.
[138] 叶祖达，龙惟定．低碳生态城市规划编制——总体规划与控制性详细规划 [M]. 北京：中国建筑工业出版社，2016.
[139] 殷会良，李枫，王玉虎等．规划体制改革背景下的城市开发边界划定研究 [J]. 城市规划，2017, 041(03):9-14,40.
[140] 尹慧君，吕海虹．基于气象条件的城市空间布局研究初探——以北京中心城区为例 [M]. 中国城市规划学会．城市时代，协同规划——2013 中国城市规划年会论文集．北京：中国建筑工业出版社，2013:60-70.
[141] 尹慧君，吕海虹，贺晓冬，崔吉浩．北京城市环境气候图构建与应用 [M]. 中国城市规划学会、重庆市人民政府．活力城乡 美好人居——2019 中国城市规划年会论文集．北京：中国建筑工业出版社，2019:683-693.
[142] 尹杰，詹庆明．城市通风与形态关联性探究——以武汉市为例 [J]. 环境保护，2016,44(22):59-63.
[143] 俞布，贺晓冬，危良华等．杭州城市多级通风廊道体系构建初探 [J]. 气象科学，2018,38(05) :625-636.
[144] 俞孔坚，王思思，李迪华．区域生态安全格局：北京案例 [J]. 中国园林，2012, 28(09): 128.
[145] 俞孔坚，李迪华．论反规划与城市生态基础设施建设 [C] // 中国风景园林学会，四川省建设厅，成都市建设委员会、成都市园林局．中国科协 2002 年学术年会第 22 分会场论文集 .2002:26-37.
[146] 玉华，何光碧，顾青源等．边界层参数化方案对不同性质降水模拟的影响 [J]. 高原气象，2010,29 (02): 331-339.
[147] 袁磊，张宇星，郭燕燕等．改善城市微气候的规划设计策略研究——以深圳自然通风评估为例 [J]. 城市规划，2017, 041(09):87-91.
[148] 袁磊，张宇星，郭燕燕，许雪松．改善城市微气候的规划设计策略研究——以深圳自然通风评估为例 [J]. 城市规划，2017,41(09):87-91.
[149] 袁钟．“多尺度”的城市风道构建方法与规划策略研究 [D]. 西安：西北大学，2017.
[150] 詹庆明，欧阳婉璐，金志诚等．基于 RS 和 GIS 的城市通风潜力研究与规划指引 [J]. 规划师，2015, (11):95-99.
[151] 张建忠，孙瑾，缪宇鹏．雾霾天气成因分析及应对思考 [J]. 中国应急管理，2014(01):16-21.
[152] 张金区．珠江三角洲地区地表热环境的遥感探测及时空演化研究 [D]. 广州：中国科学院广州地球化学研究所，2006.
[153] 张圣武．基于数值模拟的杭州住区风环境分析研究 [D]. 杭州：浙江大学，2016.
[154] 张宇，陈龙乾，王雨辰，陈龙高，周天建，张婷．基于 TM 影像的城市地表湿度对城市热岛效应的调控机理研究 [J]. 自然资源学报，2015,30(04):629-640.
[155] 赵红斌，刘晖．盆地城市通风廊道营建方法研究——以西安市为例 [J]. 中国园林，2014(11) :32-35.
[156] 赵敬源，刘加平．城市街谷热环境数值模拟及规划设计对策 [J]. 建筑学报，2007(03):37-39.

[157] 郑拴宁 , 苏晓丹 , 王豪伟等 . 城市环境中自然通风研究进展 [J]. 环境科学与技术 , 2012(04):93-98，200.
[158] 郑颖生 , 史源 , 任超 , 吴恩融 . 改善高密度城市区域通风的城市形态优化策略研究——以香港新界大埔墟为例 [J]. 国际城市规划 ,2016,31(05):68-75.
[159] 中华人民共和国国务院 . 国家中长期科学和技术发展规划纲要 (2006—2020 年). [EB/OL]. 2006-02-09. [2016-07-27]. http: / /www.gov.cn/jrzg/2006-02/09/content_183787.htm.
[160] 中华人民共和国住房城乡建设部 . 城市生态建设环境绩效评估导则 (试行) [EB/OL]. 2015[2016-07-27]. http: / /www.zjjs.com.cn/n71/n72/c345411/part/3.pdf.
[161] 中华人民共和国住房和城乡建设部 . JGJ 286-2013 城市居住热环境设计标准 [S]. 北京 : 中国建筑工业出版社 , 2014.
[162] 周洪昌 , 高延令 , 吴晓琰 . 街道峡谷地面源污染物扩散规律的风洞试验研究 [J]. 环境科学学报 , 1994, 14(04): 389-396.
[163] 周淑贞 , 余碧霞 . 上海城市对风速的影响 [J]. 华东师范大学学报：自然科学版 ,1988(03)：67-76.
[164] 周文婷 . 城市住区改造前后不同街区形态下的风环境差异——以苏州旧城改造城市切片为例 [J]. 中华民居 (下旬刊),2012(06):188-189.
[165] 朱蓉 , 张存杰 , 梅梅 . 大气自净能力指数的气候特征与应用研究 [J]. 中国环境科学 ,2018,38(10):3601-3610.
[166] 朱亚斓 , 余莉莉 , 丁绍刚 . 城市通风道在改善城市环境中的应用 [J]. 城市发展研究 ,2008(01)：46-49.